单片机原理及应用

基于Proteus单片机系统设计及应用

何宏 ◎ 主编

张志宏 沈敏 郭彬 ◎ 副主编

步春宁 白锌 侯甜甜 李德 杜瑶 金钰 张喜英 ◎ 编著

U0378219

清华大学出版社

北 京

内 容 简 介

本书系统阐述了基于 Proteus 和 Keil C 联合虚拟电子仿真技术的 80C51 单片机原理与接口技术。全书共 6 章,内容包括 MCS-51 单片机的结构和工作原理;单片机的指令系统;单片机的中断系统、定时器/计数器和串行口;MCS-51 单片机系统扩展;Proteus 应用指南;基于 Proteus 仿真的单片机实验。

本书可作为高等院校自动化、电气工程、电子信息、通信工程、计算机等专业本科生单片机课程的教材,还可作为相关行业工程师或科技人员的参考书。

图书在版编目(CIP)数据

单片机原理及应用:基于 Proteus 单片机系统设计及应用/何宏主编.—北京:清华大学出版社,2022.11

ISBN 978-7-302-61010-6

Ⅰ.①单… Ⅱ.①何… Ⅲ.①单片微型计算机 Ⅳ.①TP368.1

中国版本图书馆 CIP 数据核字(2022)第 097524 号

责任编辑:刘向威
封面设计:文 静
责任校对:韩天竹
责任印制:曹婉颖

出版发行:清华大学出版社
    网   址:http://www.tup.com.cn,http://www.wqbook.com
    地   址:北京清华大学学研大厦 A 座   邮   编:100084
    社 总 机:010-83470000   邮   购:010-62786544
    投稿与读者服务:010-62776969,c-service@tup.tsinghua.edu.cn
    质量反馈:010-62772015,zhiliang@tup.tsinghua.edu.cn
    课件下载:http://www.tup.com.cn,010-83470236
印 刷 者:北京富博印刷有限公司
装 订 者:北京市密云县京文制本装订厂
经 销:全国新华书店
开 本:185mm×260mm 印 张:20.75   字 数:508 千字
版 次:2022 年 11 月第 1 版   印 次:2022 年 11 月第 1 次印刷
印 数:1～1500
定 价:59.00 元

产品编号:093038-01

前　言

　　80C51/89C51 单片机是在国内最具代表性的主流机型。本书本着系统性、新颖性、科学性和实用性的原则，系统阐述了基于 Proteus 和 Keil C 联合虚拟电子仿真技术的 80C51 单片机原理与接口技术，主要内容包括：第 1 章 MCS-51 单片机的结构和工作原理；第 2 章单片机的指令系统，介绍 C51 语言的基本格式和应用方法；第 3 章单片机的中断系统、定时器/计数器和串行口；第 4 章 MCS-51 单片机系统扩展；第 5 章 Proteus 应用指南，介绍了 Proteus ISIS 工作界面、原理图设计、Proteus VSM 电路仿真分析、Proteus 软件与 Keil C 联合仿真；第 6 章基于 Proteus 仿真的单片机实验，以具体的单片机应用实例结合 Proteus 仿真工具和 Keil C 开发环境，由简单到复杂，引导读者学习使用 Proteus 和 Keil C 软件进行单片机应用系统的软、硬件设计和开发方法，最终具备单片机应用系统软、硬件设计的基本能力。

　　在单片机教学过程中，实现单片机软件和硬件无缝结合是个难题。应用 Proteus 软件作为单片机应用系统设计和仿真平台，使单片机的学习过程变得直观形象，可以在没有单片机实际硬件的条件下，利用计算机以虚拟仿真方式实现单片机系统的软、硬件同步仿真调试，使单片机应用系统设计变得简单易行。

　　本书内容突出实践、例题丰富、重点突出。采用计算机进行虚拟仿真实验要比采用单片机实际硬件进行实验更有效，因为用户在计算机上修改原理电路图比修改实际硬件电路容易得多，并能立即获得仿真结果。在通过反复修改得到期望的仿真结果后，再制作实际硬件进行在线调试，可以达到事半功倍的效果。书中配有大量单片机系统的 Proteus 设计与仿真实例。

　　本书由何宏教授担任主编，张志宏、沈敏和郭彬担任副主编，参加本书编写工作的人员还有步春宁、白锌、侯甜甜、李德、杜瑶、金钰、张喜英等，在此向他们表示衷心感谢。

　　由于单片机技术的发展日新月异，加之编者水平有限，尽管我们做了努力，本书仍难免有疏漏和不足之处，望读者指正。

编　者

2022 年 2 月

目 录

第1章

MCS-51单片机的结构和工作原理

1.1 概述

1.1.1 计算机控制系统概述

计算机控制系统是一门以计算机技术与控制理论为基础的工程应用技术,该技术使用数字计算机作为控制核心,并借助一些辅助部件与被控对象相联系,构成控制系统,最终实现一定的控制目的。

从20世纪50年代开始探索将数字计算机用于控制,到60年代出现应用计算机直接控制被控过程的变量,再到70年代微型计算机的出现与发展,使得计算机控制逐步取代传统的模拟控制,成为主流控制系统。80年代以来,微处理器器件发展迅速,对计算机控制系统产生了深远的影响,计算机控制系统得到了更为普遍的应用,目前广泛应用于很多领域,如工业生产过程、机械装置、交通工具、机器人、家庭生活设施等。

计算机控制系统与传统的模拟控制系统相比,主要有两点不同。其一,由于数字计算机的输入和输出是数字信号,而现场检测的参数以及送到执行机构的信号多为模拟信号,因此计算机控制系统通常需要有模/数(A/D)转换器和数/模(D/A)转换器这两个环节。其二,模拟控制器只是由硬件组成,而数字计算机则需要由硬件和软件相互配合,软件由工程师根据需要进行设计编写,可以较方便地把一些先进、复杂的控制理论应用其中,获得更优的控制效果。

计算机控制系统一般包括数字计算机、A/D转换器、D/A转换器、执行机构、测量元件、被控对象等几部分。设定值与被控对象参数(经测量元件检测、A/D转换器变为数字量)的差值送入数字计算机,被控对象的控制根据要求进行运算,所得的数字输出信号经过D/A转换器变为模拟量后送到执行机构,对被控对象进行控制,最终使被控参数稳定在设定值。计算机控制系统的典型结构如图1-1所示。

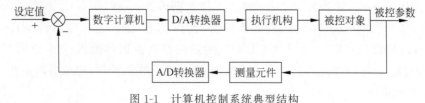

图 1-1 计算机控制系统典型结构

计算机控制系统中的数字计算机可以有不同的规模，小至隐藏在电路板中的一个微型芯片，大到用于密集计算、海量数据处理等领域的超级计算机。数字计算机也有很多不同的类型，有在个人计算机基础上改进和发展起来的适合工业现场的工控机；有专为工业环境应用而设计的可靠性高、编程灵活简单、易于扩展的可编程控制器；还有专为实时控制而设计制造的单片机，它小巧玲珑、集成度高、工作可靠，便于嵌入被控设备之内，只需进行适当扩展即可实现较为复杂的控制任务。

1.1.2　单片机概述

单片机也称为微型控制器，自从 20 世纪 70 年代崛起以来，发展极为迅猛，主流的 CPU 位数由原来的 8 位发展到现在的 32 位，集成度越来越高，存储器的容量也越来越大。另外，大量专用芯片不断涌现、软件日益完善，极大扩展了单片机的功能。本书从教学角度出发，选择功能简捷、易于入门的 MCS-51 系列单片机作为讨论内容。

MCS-51 系列单片机是经典的高性能 8 位单片微型计算机，它将构成计算机的中央处理器（CPU）、存储器、寄存器组、I/O 接口等主要逻辑功能部件制作在一块集成电路芯片中，从而构成较为完整的计算机。另外，在其内部还集成有定时器/计数器、串行通信接口等功能部件，因此可以方便地用于定时控制和远程数据传送。在 MCS-51 系列单片机中，主要有 8031、8051、8751 及 89C51 等型号。其中，8051 有 4KB ROM，8751 有 4KB EPROM（可擦除、可编程只读存储器），89C51 有 4KB Flash 程序存储器，8031 内部没有程序存储器，必须由外部配置。

随着超大规模集成电路的发展，单片机的内部结构不断地变化，功能则不断地提高，其型号与类型也在不断地变换。例如，8032AH、8052AH、8752BH 采用 HMOS 工艺制成，内部 ROM/RAM 的容量增大了一倍；MCS-51 系列采用 CHMOS 工艺制成，功耗低，其中 87C51 具有两层程序加密位，可防止非法复制；又如 8052AH-BASIC 芯片内部固化有 MCS-BASIC 解释程序，可使 BASIC52 语言与汇编语言混合使用。

又如，可编程计数阵列型单片机 80C51FA 有 5 个比较/捕捉模块，每个模块可执行 16 位的正跳变捕捉、负跳变捕捉和正负跳变捕捉，可执行 16 位软件定时、16 位高速输出及 16 位脉冲宽度调制输出等，另外还有一个增强的多机串行通信接口；A/D 型单片机 80C51GA 具有 8 路 8 位 A/D 转换器、半双工同步串行通信接口、16 位程序监视跟踪定时器，扩展了 A/D 中断和串行口中断，使中断源达 7 个之多；多并行接口型单片机 80CA51 增加了两个 8 位并行 I/O 接口——P4 口和 P5 口，从而提高了数据的吞吐能力；DMA（直接存储器存取方式）型单片机 80C152JA 具有用于 DMA 传送的目的地址寄存器、源地址寄存器和字节计数器，支持 DMA 传送，且在 80C152JA 中设有 128 字节（B）的双向先进先出（FIFO）RAM 阵列，支持从一个 RAM 到另一个 RAM 的高速数据传送。

目前，使用较多的还有 89C52 型单片机，其内部有 4KB/8KB/16KB/32KB/64KB 的 Flash 程序存储器、128B/256B/512B/1024B 的随机存取数据存储器、3 个定时器/计数器，采用双 DPTR（数据指针）结构，有 6 个中断源，分 4 个优先级控制，可低电压运行，且有较强的抗电磁干扰能力。

MCS-51 系列芯片的片内资源见表 1-1。

表 1-1　MCS-51 单片机片内资源

子系列	片内 ROM 形式				片内 ROM 容量	片内 RAM 容量	SFR 字节数	扩展的 最大寻 址范围	I/O 特性			中断源
	Flash ROM	无	ROM	EPROM					定时器	并行口	串行口	
51 子 系列	89C51	8031	8051	8751	4KB	128B	21	2×64KB	2×16	4×8	1	5
		80C31	80C51	87C51	4KB	128B	21	2×64KB	2×16	4×8	1	5
52 子 系列	89C52	8032	8052	8752	8KB	256B	26	2×64KB	3×16	4×8	1	6
		80C32	80C52	87C52	8KB	256B	26	2×64KB	3×16	4×8	1	6

注：SFR(special function rigister)特殊功能寄存器

51 子系列单片机以 8X51、8XC51 表示，X 的不同值表示片内 ROM 的不同类型(本书以下简称 80C51)，如下所示：

$$X=\begin{cases} 0, & ROM \\ 7, & EPROM \\ 9, & FlashROM \end{cases}$$

本章讲述 80C51 单片机的结构和工作原理，同时，介绍 80C51 单片机的组成与特点。

80C51 单片机的基本组成框图如图 1-2 所示，包含 1 个 8 位中央处理器 CPU、1 个 4KB 程序存储器 ROM、1 个 128B 随机存储器 RAM、4 个并行 I/O 接口、1 个全双工串行通信接口、2 个 16 位定时器/计数器及 21 个特殊功能寄存器。外部具有 64KB 程序存储器寻址能力和 64KB 数据存储器寻址能力。指令系统中增加了乘除法指令，提高了运算及数据处理能力，且具有位操作能力。

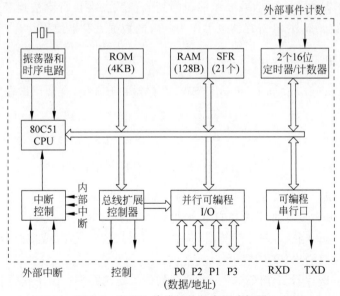

图 1-2　80C51 单片机的基本组成框图

1.2　中央处理器 CPU

中央处理器 CPU 是单片机内部的核心部件，它决定了单片机的主要功能特性，由运算器和控制器两大部分组成。

1.2.1　运算器

运算器是计算机的运算部件,用于实现算术逻辑运算、位变量处理、移位和数据传送等操作。它是以算术逻辑部件 ALU 为核心,加上累加器 ACC、寄存器 B、暂存器 TMP1 和 TMP2、程序状态字 PSW,以及十进制调整电路和专门用于位操作的布尔处理器组成的。

1. 算术逻辑部件

算术逻辑部件(arithmetic logic unit,ALU)(8 位)用来完成二进制数的四则运算和逻辑运算。通过对运算结果的判断影响程序状态标志寄存器的有关标志位。

2. 累加器

累加器(accumulator,ACC)为 8 位寄存器,是 CPU 中使用最频繁的寄存器。它既可用于存放操作数,也可用来存放运算的中间结果。MCS-51 单片机中大部分单操作数指令的操作数就取自累加器 ACC,许多双操作数指令中的一个操作数也取自累加器 ACC,单片机中的大部分数据操作都是通过累加器 ACC 进行的。

3. 寄存器 B

寄存器 B 是一个 8 位寄存器,是为 ALU 进行乘除运算设置的。在执行乘法运算指令时,寄存器 B 用于存放其中一个乘数和乘积的高 8 位数。在执行除法运算时,寄存器 B 用于存放除数和余数。此外,B 寄存器也可作为一般的数据寄存器使用。

4. 程序状态字

程序状态字(program status word,PSW)寄存器共有 8 位,全部用做程序运行时的状态标志,其格式如下:

PSW　字节地址 D0H　CY　　AC　　F0　　RS1　　RS0　　OV　　X　　P

　　　　位地址　　　　　D7H　D6H　D5H　D4H　D3H　D2H　D1H　D0H

P:奇偶标志位。当累加器中 1 的个数为奇数时,P 置 1,否则清零。在 MCS-51 单片机的指令系统中,凡是改变累加器内容的指令均影响奇偶标志位 P。

OV:溢出标志。当执行算术运算时,最高位和次高位的进位(或借位)相同时,有溢出,OV 置 1;否则,没有溢出,OV 清零。

RS1 和 RS0:寄存器工作区选择。这两位的值决定选择哪一组工作寄存器为当前工作寄存器组。由用户通过软件改变 RS1 和 RS0 值的组合,以切换当前选用的工作寄存器组。其组合关系如表 1-2 所示。

表 1-2　RS1、RS0 的组合关系

RS1	RS0	寄存器组	片内 RAM 地址
0	0	第 0 组	00H~07H
0	1	第 1 组	08H~0FH

RS1	RS0	寄存器组	片内 RAM 地址
1	0	第 2 组	10H～17H
1	1	第 3 组	18H～1FH

F0：用户标志位。

AC：辅助进位标志位。算术运算时,当低半字节向高半字节有进位(或借位)时,AC 置 1,否则清零。

CY：最高进位标志位。算术运算时,当最高位有进位(或借位)时,CY 置 1,否则清零。

X：保留未用位。

5. 布尔处理器

MCS-51 的 CPU 是 8 位微处理器,它还具有 1 位微处理器的功能。布尔处理器具有较强的布尔变量处理能力,以位为单位进行运算和操作。布尔处理器以最高进位标志(CY)作为累加位,以内部 RAM 中所有可位寻址的位作为操作位或存储位,以 P0～P3 的各位作为 I/O 位,同时它也有自己的指令系统。布尔处理器在位测试、外部设备的控制(位控制)及复杂组合逻辑函数的求解方面提供了优化程序设计手段,运行速度快,且简捷有效。

1.2.2　控制器

控制器是计算机的指挥控制部件,它包括程序计数器 PC、指令寄存器 IR、指令译码器 ID、数据指针 DPTR、堆栈指针 SP 以及定时控制与条件转移逻辑电路等。它对来自存储器中的指令进行译码,并通过定时和控制电路在规定的时刻发出各种操作所需要的控制信号,使各部件协调工作,完成指令所规定的操作。下面介绍控制器中主要部件的功能。

1. 程序计数器

程序计数器(program counter,PC)是一个 16 位计数器。实际上 PC 是程序存储器的字节地址计数器,其内容是将要执行的下一条指令的地址,寻址范围达 64KB。PC 有自动加 1 功能,从而实现程序的顺序执行。可以控制转移类指令改变其内容,以实现程序的转移。

2. 指令译码器

当指令从指令寄存器(instruction register,IR)取出送至指令译码器(instruction decoder,ID)时,ID 对该指令进行译码,即把指令转变成所需的电平信号。CPU 根据 ID 输出的电平信号使定时控制电路定时地产生执行该指令所需的各种控制信号,以使计算机能正确执行程序所要求的各种操作。例如,控制 ALU 的操作,传送 80C51 片内工作寄存器间数据,以及发出 ACC 与 I/O 口(P0 口～P3 口)或存储器之间通信的控制信号等。

3. 数据指针

数据指针(data pointer,DPTR)为 16 位寄存器。它的功能是存放 16 位的地址,作为访问外部数据存储器时的地址。编程时，DPTR 既可按 16 位寄存器使用，也可以按两个 8 位寄存器分开使用，即 DPH 为 DPTR 的高 8 位，DPL 为 DPTR 的低 8 位。

4．堆栈指针

堆栈指针（stack pointer,SP）为 8 位特殊功能寄存器。SP 的内容可指向 80C51 片内 00H～7FH RAM 的任何单元。系统复位后，SP 初始化为 07H，指向 RAM 中的 07H 单元。

1.2.3　布尔处理器

1．布尔处理器

布尔处理器实际上是一位字长的计算机，它有中央处理器、位累加器、位地址空间和位操作指令。通过编程可实现位处理或位控制功能，经常用于简单的开关信号控制系统。由于在 MCS-51 单片机中含有一个布尔处理器，因此它具有很强的位处理和开关控制功能。

2．MCS-51 单片机中布尔处理器的组成

在 MCS-51 单片机的内部 RAM 中，20H～2FH 16 个字节单元既可以按字节寻址，也可以由 CPU 按位直接寻址。这 16 个单元共有 128 位，每位有一个位地址，寻址范围为 00H～7FH。另外，有 11 个特殊功能寄存器，如累加器 A、寄存器 B、程序状态字寄存器 PSW 等，既有字节地址，也有位地址。在 PSW 中，进位标志位 C 作为位累加器使用。

在指令系统中，设有位操作指令，与位累加器 C 和位地址空间结合起来，构成一个完整的布尔处理器。位操作指令有位传送、位清零、位置 1、位取"反"、按位"与"、按位"或"及位测试转移等。中央处理器 CPU 可通过位操作指令对位累加器和位地址空间进行位操作。在整个单片机中，位地址空间可作为程序中的软件标志位，这样在使用时可以把组合逻辑转换为软件形式来表示，在构成逻辑控制系统时可简化硬件设计。MCS-51 单片机的 4 个 8 位并行 I/O 接口均具有位地址，即实现位输入、输出及位控制功能。

1.3　MCS-51 单片机存储器分类及配置

计算机的存储器配置有两种典型结构，即

两种结构 { 哈佛结构 ——ROM 和 RAM 分两个空间队列寻址
　　　　　 { 普林斯顿结构 ——ROM 和 RAM 同在一个（一般微机）空间队列寻址

80C51 单片机在系统上采用了哈佛结构型，程序存储器和数据存储器互相独立，物理结构也不相同。程序存储器为只读存储器（ROM），数据存储器为随机存取存储器（RAM）。从物理地址空间看，80C51 单片机共有 4 个存储地址空间，即片内程序存储器、片外程序存储器、片内数据存储器和片外数据存储器，I/O 接口与外部数据存储器统一编址，其示意如图 1-3 所示。

从用户使用的角度看，80C51 存储空间分为 3 类：片内、片外统一编址 0000H～FFFFH 的 64KB 的程序存储器地址空间；256B 数据存储器地址空间，地址为 00H～FFH；

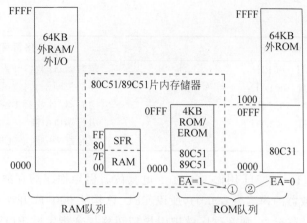

图 1-3 80C51 单片机存储器配置图

① $\overline{EA}=1$,单片机先从片内 ROM 开始寻址,之后再寻址片外 ROM;② $\overline{EA}=0$,单片机从片外 ROM 开始寻址,不再寻址片内 ROM。

64KB 片外数据存储器或 I/O 口地址空间,地址也为 0000H~FFFFH。

上述 3 个空间地址是重叠的,即程序存储器中片内、片外低 4KB 地址重叠,数据存储器与程序存储器 64KB 地址全部重叠,数据存储器中片内、片外低 256B 地址重叠。虽然地址重叠,但由于采用了不同的操作指令及进行了控制信号 $\overline{EA}$、$\overline{PSEN}$ 的选择,因此不会发生混乱。

1.3.1 程序存储器

程序存储器用来存放程序代码和常数。程序存储器包括内部程序存储器和外部程序存储器。80C51 内设 4KB ROM,87C51 内设 4KB EPROM,地址范围为 0000H~0FFFH;外部可扩展 64KB,地址范围为 0000H~FFFFH。由于单片机一般作为嵌入式专用计算机使用,因此程序存储器通常选用 ROM/EPROM,用来固化应用程序。

单片机要执行程序,是从片内 ROM 取指令,还是从片外 ROM 取指令,由 CPU 引脚 $\overline{EA}$ 的电平高低来决定。

当 CPU 的引脚 $\overline{EA}$ 接高电平时,PC 在 0000H~0FFFH 范围内,CPU 从片内 ROM 取指令;而当 PC>0FFFH 时,则自动转向片外 ROM 取指令。

当引脚 $\overline{EA}$ 接低电平时,80C51 片内 ROM 不起作用,CPU 只能从片外 ROM 取指令,地址可以从 0000H 开始编址。

程序存储器中存放的数据只能用查表指令访问,其格式如下:

```
MOVC  A,@A+PC
MOVC  A,@A+DPTR
```

程序存储器的某些单元是留给系统使用的,见表 1-3。

表 1-3 系统保留的存储单元

存 储 单 元	系统保留目的
0000H~0002H	复位后初始化引导程序
0003H~000AH	外部中断 0

存 储 单 元	系统保留目的
000BH～0012H	定时器/计数器 0 溢出中断
0013H～001AH	外部中断 1
001BH～0022H	定时器/计数器 1 溢出中断
0023H～002AH	串行端口中断
002BH	定时器 2 中断(80C52 才有)

存储单元 0000H～0002H 用做 80C51 上电复位后引导程序的存放单元。因为 80C51 上电复位后程序计数器的内容为 0000H,所以 CPU 总是从 0000H 开始执行程序。如果在这 3 个单元中存有转移指令,那么程序就被引导到转移指令指定的 ROM/EPROM 空间去执行。0003H～002AH 单元均匀地分为 5 段,用做 5 个中断服务程序的入口。

例如,外部中断引脚 $\overline{\text{INT0}}$(P3.2)有效时,即引起中断申请,CPU 响应中断后自动将地址 0003H 装入 PC,程序就自动转向 0003H 单元开始执行。如果事先在 0003H～000AH 存有引导(转移)指令,程序就被引导(转移)到指定的中断服务程序空间去执行。这里,0003H 称为中断向量地址。所有中断向量地址如表 1-4 所示。

表 1-4　中断向量地址表

中　断　源	中断服务程序入口地址
外部中断 0($\overline{\text{INT0}}$)	0003H
定时器/计数器 0 溢出	000BH
外部中断 1($\overline{\text{INT1}}$)	0013H
定时器/计数器 1 溢出	001BH
串行端口	0023H

1.3.2　数据存储器

数据存储器用来存放运算的中间结果、标志位,以及数据的暂存和缓冲等。数据存储器包括内部数据存储器和外部数据存储器。内部数据存储器分为 128B 的 RAM 区和 128B 的特殊功能寄存器区,总的地址范围为 00H～FFH。在特殊功能寄存器地址空间中离散地分布着 21 个特殊功能寄存器,如累加器 A、寄存器 B、程序状态字寄存器 PSW 等。外部可扩充 64KB 的数据存储器,地址范围为 0000H～FFFFH。

内部数据存储器和外部数据存储器在 00H～FFH 地址区重叠。对于内部数据存储器可以直接寻址,也可以间接寻址。间接寻址时,间接地址寄存器为 R0 和 R1,指令格式如下:

```
MOV  A,@R0
MOV  A,@R1
MOV  @R0,A
MOV  @R1,A
```

外部数据存储器只能间接寻址,间接地址寄存器为 R0、R1 和 DPTR。用 R0 和 R1 只能访问低 256B 单元,用 DPTR 可访问 64KB 单元。指令格式如下:

```
MOVX  A,@R0
MOVX  A,@R1
MOVX  A,@DPTR
MOVX  @R0,A
MOVX  @R1,A
MOVX  @DPTR,A
```

80C51 内部数据存储器配置如图 1-4 所示。

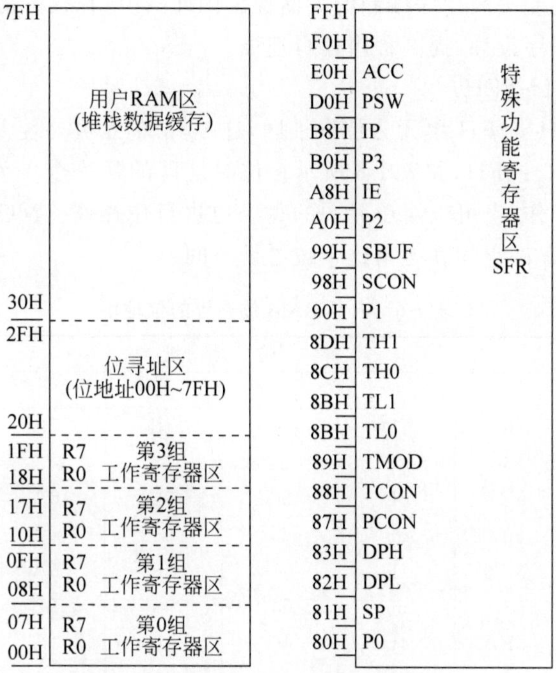

图 1-4 80C51 内部数据存储器配置

1. 内部 RAM

内部 RAM 共 128B 单元,分为工作寄存器、位寻址区和数据缓冲区 3 个区域。

1) 工作寄存器区(00H~1FH)

32 个 RAM 单元共分 4 组,每组 8 个寄存单元(R0~R7)。寄存器常用于存放操作数及中间结果等。由于它们的功能及使用不做预先规定,因此称为通用寄存器,也叫工作寄存器。4 组通用寄存器占据内部 RAM 的 00H~1FH 单元地址。

在任一时刻,CPU 只能使用其中的一组寄存器,并且把正在使用的那组寄存器称为当前寄存器组。当前寄存器组由程序状态字寄存器 PSW 中 RS1、RS0 位的状态组合决定,其对应关系如表 1-5 所示。非当前寄存器组可作为一般的数据缓冲器使用。CPU 复位后,选中第 0 组寄存器为当前寄存器组。

表 1-5 工作寄存器地址表

组	RS1	RS0	R0	R1	R2	R3	R4	R5	R6	R7
0	0	0	00H	01H	02H	03H	04H	05H	06H	07H
1	0	1	08H	09H	0AH	0BH	0CH	0DH	0EH	0FH

组	RS1	RS0	R0	R1	R2	R3	R4	R5	R6	R7
2	1	0	10H	11H	12H	13H	14H	15H	16H	17H
3	1	1	18H	19H	1AH	1BH	1CH	1DH	1EH	1FH

　　通用寄存器为 CPU 提供了就近存储数据的便利,有利于提高单片机的运算速度。此外,使用通用寄存器还能提高程序编制的灵活性。因此,在单片机的应用编程中应充分利用这些寄存器,以简化程序设计,提高程序运行速度。

　　2) 位寻址区(20H～2FH)

　　内部 RAM 的 20H～2FH 单元为位寻址区,这 16 个单元可寻址 128 个 8 位表示的位地址,位寻址范围为 00H～7FH,如表 1-6 所示。位寻址区的每一个单元既可作为一般 RAM 单元使用,进行字节操作,也可以对单元中的每一位进行位操作。MCS-51 具有布尔处理器功能。布尔处理器的存储空间就是指这个位寻址空间。

表 1-6　内部 RAM 位寻址的位地址

字节地址	位　地　址							
	MSB							LSB
2FH	7F	7E	7D	7C	7B	7A	79	78
2EH	77	76	75	74	73	72	71	70
2DH	6F	6E	6D	6C	6B	6A	69	68
2CH	67	66	65	64	63	62	61	60
2BH	5F	5E	5D	5C	5B	5A	59	58
2AH	57	56	55	54	53	52	51	50
29H	4F	4E	4D	4C	4B	4A	49	48
28H	47	46	45	44	43	42	41	40
27H	3F	3E	3D	3C	3B	3A	39	38
26H	37	36	35	34	33	32	31	30
25H	2F	2E	2D	2C	2B	2A	29	28
24H	27	26	25	24	23	22	21	20
23H	1F	1E	1D	1C	1B	1A	19	18
22H	17	16	15	14	13	12	11	10
21H	0F	0E	0D	0C	0B	0A	09	08
20H	07	06	05	04	03	02	01	00

　　注：MSB 为最高有效位,LSB 为最低有效位。

　　低 128B RAM 单元的地址范围也是 00H～7FH。80C51 访问 128B RAM 单元用直接寻址或间接寻址,而访问 128 个位地址用位寻址方式,这样就区分开了 00H～7FH 是位地址还是字节地址。

　　3) 数据缓冲区(30H～7FH)

　　30H～7FH 是供用户使用的数据缓冲区,共 80 个单元。对数据缓冲区的使用没有任何规定或限制,一般用于存放用户数据及做堆栈区使用。

2．特殊功能寄存器

80C51 片内高 128B RAM 中，除程序计数器 PC 外，还有 21 个特殊功能寄存器（special function register，SFR），又称为专用寄存器。它们离散地分布在 80H～FFH RAM 空间中。

1）特殊功能寄存器的字节寻址

80C51 片内 21 个特殊功能寄存器的名称、符号及单元地址如表 1-7 所示。

表 1-7　MCS-51 系列单片机的特殊功能寄存器表

符　号	名　称	单 元 地 址
＊ACC	累加器	E0H
＊B	B 寄存器	F0H
＊PSW	程序状态字	D0H
SP	栈指针	81H
DPTR	数据指针（包括指针高 8 位 DPH 和低 8 位 DPL）	83H（高 8 位），82H（低 8 位）
＊P0	P0 口锁存寄存器	80H
＊P1	P1 口锁存寄存器	90H
＊P2	P2 口锁存寄存器	A0H
＊P3	P3 口锁存寄存器	B0H
＊IP	中断优先级控制寄存器	B8H
＊IE	中断允许控制寄存器	A8H
TMOD	定时器/计数器工作方式寄存器	89H
＊TCON	定时器/计数器控制寄存器	88H
TH0	定时器/计数器 0（高字节）	8CH
TL0	定时器/计数器 0（低字节）	8AH
TH1	定时器/计数器 1（高字节）	8DH
TL1	定时器/计数器 1（低字节）	8BH
＊SCON	串行口控制寄存器	98H
SBUF	串行数据缓冲器	99H
PCON	电源控制及波特率选择寄存器	87H

注：凡是标有 ＊ 号的 SFR，既可按位寻址，也可直接按字节寻址。

对特殊功能寄存器的字节寻址问题说明如下。

（1）21 个特殊功能寄存器是不连续地分散在内部 RAM 高 128 单元之中，尽管还有许多空闲地址，但对空闲地址的操作无意义，对用户来讲，这些单元是不存在的。

（2）对特殊功能寄存器只能使用直接寻址方式，书写时既可使用寄存器符号，也可使用寄存器单元地址（例如：B 和 F0H，PSW 和 D0H，一般多使用寄存器符号，易于识别）。

2）特殊功能寄存器的位寻址

在 21 个特殊功能寄存器中，有 11 个寄存器具有位寻址，即表 1-7 中带 ＊ 者，其地址分布见表 1-8。

表 1-8　特殊功能寄存器地址表

SFR	位地址/位定义								字节地址
	MSB							LSB	
B	F7	F6	F5	F4	F3	F2	F1	F0	F0H
ACC	E7	E6	E5	E4	E3	E2	E1	E0	E0H
PSW	D7	D6	D5	D4	D3	D2	D1	D0	D0H
	CY	AC	F0	RS1	RS0	OV	F1	P	
IP	BF	BE	BD	BC	BB	BA	B9	B8	B8H
	/	/	/	PS	PT1	PX1	PT0	PX0	
P3	B7	B6	B5	B4	B3	B2	B1	B0	B0H
	P3.7	P3.6	P3.5	P3.4	P3.3	P3.2	P3.1	P3.0	
IE	AF	AE	AD	AC	AB	AA	A9	A8	A8H
	EA	/	/	ES	ET1	EX1	ET0	EX0	
P2	A7	A6	A5	A4	A3	A2	A1	A0	A0H
	P1.7	P1.6	P1.5	P1.4	P1.3	P1.2	P1.1	P1.0	
SCON	9F	9E	9D	9C	9B	9A	99	98	98H
	SM0	SM1	SM2	REN	TB8	RB8	TI	RI	
P1	97	96	95	94	93	92	91	90	90H
	P1.7	P1.6	P1.5	P1.4	P1.3	P1.2	P1.1	P1.0	
TCON	8F	8E	8D	8C	8B	8A	89	88	88H
	TF1	TR1	TF0	TR0	IE1	IT1	IT0	IE0	
P0	87	86	85	84	83	82	81	80	80H
	P0.7	P0.6	P0.5	P0.4	P0.3	P0.2	P0.1	P0.0	

　　表 1-8 中 11 个可位寻址寄存器中的字节地址正好能被 8 整除，而且字节地址与该字节最低位的位地址相同。如表中所列，11 个寄存器共 88 位，其中 5 位未用。所以全部特殊功能寄存器可寻址的位共有 83 位，这些位都具有专门的定义和用途。这样，加上 RAM 中可位寻址区的 128 位，在 MCS-51 的内部 RAM 中共有 128＋83＝211 个可寻址位。

3. 外部数据存储器

　　外部数据存储器，即片外 RAM，一般由 SRAM 芯片组成。用户可根据需要确定扩展存储器的容量。MCS-51 单片机访问片外 RAM 可用 1 个特殊功能寄存器——数据指针寄存器 DPTR——寻址，因为 DPTR 为 16 位，可寻址的范围为 0～64KB，所以扩展外部 RAM 的最大容量是 64KB。

　　外部 RAM 地址范围为 0000H～FFFFH，其中在 0000H～00FFH 区间与内部数据存储器空间是重叠的，CPU 使用 MOV 指令和 MOVX 指令加以区分。

　　另外应注意，若用户应用系统有扩展的 I/O 接口，数据区与扩展的 I/O 口统一编址，所有的外围接口地址均占用外部 RAM 的地址单元,因此要合理地分配地址空间,保证译码的唯一性。

4. 堆栈工作区

堆栈是一种数据结构,所谓堆栈就是只允许在其一端进行数据插入或数据删除操作的线性表。堆栈是为程序调用和中断操作而设立的,具体功能是保护断点和保护现场。因为在计算机中无论是执行子程序调用操作还是执行中断操作,最终都要返回主程序,所以在计算机转去执行子程序或中断服务程序之前,必须考虑返回问题。为此,应预先把主程序的断点保护起来,为程序的正确返回做好准备。

计算机在转去执行子程序或中断服务程序后,很可能要使用单片机的某些寄存单元,这样就会破坏这些寄存单元中的原有内容。为了既能在子程序或中断服务程序中使用这些寄存单元,又能保证在返回主程序之后恢复这些寄存单元的原有内容,CPU 在执行中断服务之前要把单片机中各有关寄存器中的内容保存起来,这就是所谓保护现场。

那么,把断点和现场的内容放在哪儿呢?保存在堆栈中。可见堆栈主要是为中断服务操作和子程序调用而设立的。为了使计算机能进行多级中断嵌套及多重子程序嵌套,所以还要求堆栈具有足够的容量,或者说要有足够的堆栈深度。

在 80C51 片内 RAM 中开辟一个区域(即在 SP 中装入一个地址,例如 60H),数据的存取是以“后进先出”的结构方式处理的,好像冲锋枪中压入的子弹。这种数据结构方式对于处理中断、调用子程序都非常方便。

在图 1-5 中,假设有 8 个 RAM 单元,每个单元都在其右面编有地址。栈顶由堆栈指针 SP 自动管理。每次进行压入或弹出操作以后,堆栈指针便自动调整以保持指示堆栈顶部的位置。这些操作可用图 1-5 说明。

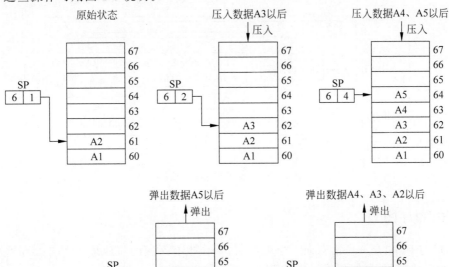

图 1-5 堆栈的压入与弹出

在使用堆栈之前，先给 SP 赋值，以规定堆栈的起始位置，称为栈底。当数据压入堆栈后，SP 自动加 1，即 RAM 地址单元加 1 以指出当前栈顶位置。80C51 的这种堆栈结构属于向上生长型的堆栈(另一种属于向下生长型的堆栈)。

80C51 的堆栈指针 SP 是一个双向计数器。进栈时 SP 内容自动增值，出栈时自动减值。存取信息必须按"后进先出"或"先进后出"的规则进行。

数据写入堆栈称为压入堆栈(PUSH)，也称入栈。数据从堆栈中读出称为弹出堆栈(POP)，也称出栈。先入栈的数据由于存放在栈的底部，因此后出栈；而后入栈的数据存放在栈的顶部，因此先出栈。

1.4　并行 I/O 接口

MCS-51 单片机内部设置有 4 个并行 I/O 接口，其中 P0 口为 8 位双向三态 I/O 接口，P1、P2、P3 口为 8 位准双向 I/O 接口。

1. P0 口与 P2 口

P0 口是一个 8 位双向三态 I/O 接口，P2 口是一个 8 位准双向 I/O 接口，而且每一位都有自己的位地址。中央处理器可按字节进行数据传送，也可按位进行位操作。在连接外部存储器时，P0 口一方面作为 8 位数据 I/O 口，另一方面输出外部存储器的低 8 位地址，地址/数据分时传送。因此，P0 口实际上是地址/数据总线接口。P2 口输出外部存储器的高 8 位地址。P0 口与 P2 口的连接如图 1-6 所示。

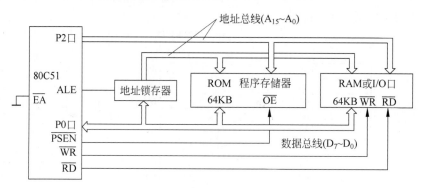

图 1-6　外部存储器连接

2. P1 口与 P3 口

P1 口与 P3 口是 8 位准双向 I/O 接口，每一位也有对应的位地址。中央处理器可按字节进行数据传送，也可按位进行位操作。

另外，P3 口具有第二功能，8 条 I/O 线可以独立地作为串行通信接口与其他控制信号线，其作用如 1.5.2 节表 1-9 所示。

1.5 MCS-51 单片机外部特性

1.5.1 引脚功能

MCS-51 系列单片机有 40 个引脚,采用双列直插式结构,其引脚分布与逻辑符号如图 1-7 所示。其中包括 2 条电源线、6 条控制信号线和 4 个 8 位并行 I/O 接口。另外,P3 口具有第二功能(见表 1-9)。按功能这些引脚可分为 4 类,说明如下。

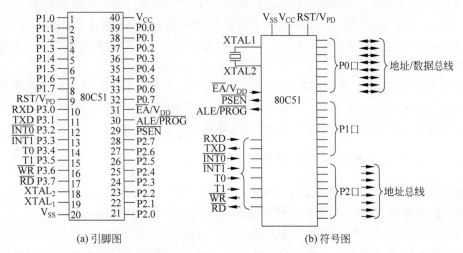

图 1-7 80C51 引脚图与符号图

1. 电源引脚(V_{CC} 和 V_{SS})

V_{CC}(40 引脚):接 +5V 电压。

V_{SS}(20 引脚):接地。

2. 时钟电路引脚(XTAL1 和 XTAL2)

XTAL2(18 引脚):接外部晶体和微调电容的一端,在 80C51 片内它是振荡电路反相放大器的输出端,振荡电路的频率就是晶体固有频率。当采用外部时钟电路时,该引脚输入外部时钟脉冲。

要检查 80C51 的振荡电路是否正常工作,可用示波器查看 XTAL2 端是否有脉冲信号输出。

XTAL1(19 引脚):接外部晶体和微调电容的另一端,在片内它是振荡电路反相放大器的输入端。在采用外部时钟电路时,该引脚必须接地。

3. 控制和复位引脚(ALE、$\overline{PSEN}$、$\overline{EA}$ 和 RST/V_{PD})

ALE(30 引脚):当访问外部存储器时,ALE(允许地址锁存)的输出用于锁存地址的低位字节。即使不访问外部存储器,ALE 端仍以不变的频率周期性地出现正脉冲信号,此频率为振荡器频率的 1/6。它可用做对外输出的时钟，或用于定时。需要注意的是，每当访问外部数据存储器时，将跳过一个 ALE 脉冲。ALE 端可以驱动(吸收或输出电流)8 个 TTL 门电路。

$\overline{PSEN}$(29 引脚)：此引脚的输出是外部程序存储器的读选通信号。在从外部程序存储器取指令(或常数)期间，每个机器周期 $\overline{PSEN}$ 两次有效。但在此期间，每当访问外部数据存储器时，这两次有效的 $\overline{PSEN}$ 信号将不出现。$\overline{PSEN}$ 同样可以驱动 8 个 TTL 门电路。

$\overline{EA}$(31 引脚)：当 $\overline{EA}$ 端保持高电平时，访问内部程序存储器，但在 PC(程序计数器)值超过片内程序存储器容量(8051 为 4KB)时，将自动转向外部程序存储器。当 $\overline{EA}$ 保持低电平时，则只访问外部程序存储器，不管是否有内部程序存储器。对于常用的 8031 单片机来说，单片机无内部程序存储器，所以 $\overline{EA}$ 引脚必须常接地，这样才能选择外部程序存储器。单片机只在复位期间采样 $\overline{EA}$ 引脚的电平，复位结束以后 $\overline{EA}$ 引脚的电平对程序存储器的访问没有影响。

RST/V_{PD}(9 引脚)：当振荡器运行时，在此引脚上出现两个机器周期的高电平将使单片机复位。建议在此引脚与 V_{SS} 引脚之间连接一个约 8.2kΩ 的下拉电阻，与 V_{CC} 引脚之间连接一个约 10μF 的电容，以保证可靠复位(请参考 1.6 节)。

4. 输入输出(I/O)引脚(P0、P1、P2、P3)

P0 口(32 引脚～39 引脚)：是 8 位双向三态 I/O 口。在外接存储器时，P0 口与地址总线的低 8 位及数据总线复用，能以吸收电流的方式驱动 8 个 TTL 负载。

P1 口(1 引脚～8 引脚)：是 8 位准双向 I/O 口。由于 P1 口这种接口输出没有高阻状态，输入也不能锁存，故不是真正的双向 I/O 口。P1 口能驱动(吸收或输出电流)4 个 TTL 负载。

P2 口(21 引脚～28 引脚)：是 8 位准双向 I/O 口。在访问外部存储器时，P2 口可以作为高 8 位地址总线送出高 8 位地址。P2 口可以驱动(吸收或输出电流)4 个 TTL 负载。

P3 口(10 引脚～17 引脚)：是 8 位准双向 I/O 口。P3 口能驱动(吸收或输出电流)4 个 TTL 负载。P3 口除了作为一般的准双向通用 I/O 口使用外，每个引脚还有特殊功能。

1.5.2 引脚的第二功能

芯片的引脚数目受到工艺及标准化等因素的限制。例如，MCS-51 系列把芯片引脚数目限定为 40 个，但单片机为实现其功能所需要的信号数目却超过此数，因此就出现了需要与可能的矛盾。为解决这个矛盾，将给一些信号引脚赋以双重功能。前面介绍了信号引脚的第一功能，下面介绍某些信号引脚的第二功能。

1. P3 口线的第二功能

P3 口的 8 条线都定义有第二功能，见表 1-9。

表 1-9　P3 口线的第二功能

引　　脚	第　二　功　能
P3.0	RXD(串行口输入端)
P3.1	TXD(串行口输出端)

引　　脚	第 二 功 能
P3.2	$\overline{\text{INT0}}$(外部中断 0 请求输入端,低电平有效)
P3.3	$\overline{\text{INT1}}$(外部中断 1 请求输入端,低电平有效)
P3.4	T0(定时器/计数器 0 的计数脉冲输入端)
P3.5	T1(定时器/计数器 1 的计数脉冲输入端)
P3.6	$\overline{\text{WR}}$(片外数据存储器写选通信号输出端,低电平有效)
P3.7	$\overline{\text{RD}}$(片外数据存储器读选通信号输出端,低电平有效)

2. EPROM 存储器程序固化所需要的信号

有内部 EPROM 的单片机芯片(如 87C51),为写入程序需要提供专门的编程脉冲和编程电源,这些信号是由信号引脚第二功能提供的,即

编程脉冲:ALE/$\overline{\text{PROG}}$(30 引脚);

编程电压(21V):$\overline{\text{EA}}$/V_{DD}(31 引脚)。

3. 备用电源

MCS-51 单片机的备用电源是以第二功能的方式由 RST/V_{PD}(9 引脚)引入的。当主电源 V_{CC} 发生故障和电压降低到下限时,备用电源经此端向内部 RAM 提供电压,以保护内部 RAM 中的信息不丢失。

以上分别以第一功能和第二功能的形式列出了 MCS-51 单片机的全部信号。对于各种型号的芯片,引脚的第一功能信号是相同的,不同的只是引脚的第二功能信号。

对于 9、30 和 31 引脚,由于第一功能信号与第二功能信号是单片机在不同工作方式下的信号,因此不会发生使用上的矛盾。但是 P3 口的情况却有所不同,它的第二功能信号都是单片机的重要控制信号,因此在实际使用时,先要保证第二功能信号,剩下的口线才能以第一功能的身份作数据位的输入输出使用。

1.6　MCS-51 单片机最小系统

所谓单片机最小系统,是指由单片机能正常工作所需要的最少元件组成的一个精简系统。对于 MCS-51 单片机,最小系统一般由电源电路、时钟电路、复位电路组成。

1.6.1　电源电路

电源电路是为单片机提供电能的电路,其稳定性是整个系统可靠工作的前提和基础。MCS-51 单片机的标准电源电压是 5V,该电压需加在 V_{CC}、GND 两个电源引脚上,其中 V_{CC} 是正极、GND 是负极。

提供 5V 直流电源的方法有很多,例如可以利用电源适配器将 220V 交流电转变成 5V 直流电,进而通过电路板上的电源插座 PWR2.5 或者 USB 接口直接给到单片机。电路原理图如图 1-8 所示。

若提供给电路板的直流电压大于 5V,则可以通过相应的稳压芯片进行降压,最常用的有 AMS1117-5.0、7805 等。图 1-9 为采用 AMS1117-5.0 芯片时的典型电路,该电路可以实现将 6.5V~12V 的直流电压降压至 5V 进行输出。

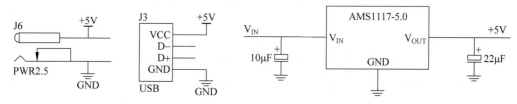

图 1-8　PWR2.5、USB 接口电路　　　　图 1-9　AMS1117-5.0 典型电路原理图

若接入电路板的是交流电,则需要设计相关电路实现变压、整流、滤波、稳压等一系列环节。其中,变压器将原始交流电变为大小合适的交流电,整流电路将交流电变为直流电,滤波、稳压电路则最终将直流电稳定在 5V。相关电路图在这里不再赘述。

1.6.2　时钟电路

时钟电路是单片机的心脏,它控制着单片机的工作节奏。MCS-51 单片机允许的时钟频率是因型号而异的,典型值为 12MHz。

1. NMOS 型单片机时钟电路

图 1-10(a)是 NMOS 型单片机的时钟电路内部结构图,由图可见时钟电路是一个反相放大器,XTAL1、XTAL2 分别为反相放大器输入端和输出端,外接晶振(或陶瓷谐振器)和电容组成振荡器。振荡器产生的时钟频率主要由晶振的频率决定,电容 C1 和 C2 的作用有两个：其一是使振荡器起振,其二是对振荡器的频率 f 起微调作用(C1、C2 变大,f 变小),其典型值为 30pF。振荡器在加电以后约 10ms 开始起振,XTAL2 输出 3V 左右的正弦波。振荡器产生时钟送至单片机内部的各个部件。NMOS 型单片机也可以不使用内部时钟电路,直接从外部输入时钟,图 1-10(b)是从外部直接输入时钟的电路图。

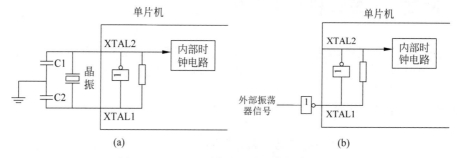

图 1-10　NMOS 型单片机的时钟电路原理图

2. CMOS 型单片机时钟电路

CMOS 型单片机(如 80C51BH)内部有一个可控的反相放大器,外接晶振(或陶瓷谐振

器)和电容组成振荡器。图 1-11(a)为 CMOS 型单片机时钟电路图。振荡器工作受 $\overline{PD}$ 端控制。通过软件将 PD 置 1(即特殊功能寄存器 PCON.1),使 $\overline{PD}=0$,振荡器停止工作,整个单片机也就停止工作,以达到节电目的。将 PD 清零,使振荡器工作产生时钟,单片机便正常运作。图中晶振、C1、C2 的作用和取值与 NMOS 型单片机时钟电路相同。CMOS 型单片机也可以直接从外部输入时钟。图 1-11(b)为直接从外部输入时钟的电路图。

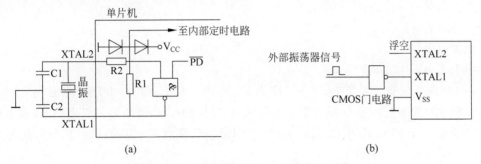

图 1-11　CMOS 型单片机的时钟电路原理图

3. CPU 的工作时序

一条指令可以分解为若干基本的微操作,而这些微操作所对应的脉冲信号在时间上有严格的先后次序,这些次序就是单片机的时序。时序是非常重要的概念,它指明单片机内部以及内部与外部互相联系所遵守的规律。因此,首先简要介绍有关的几个常用概念,以便后面正确地理解指令系统。图 1-12 表明了各种周期的相互关系。

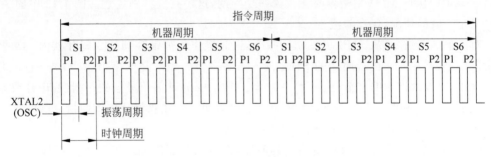

图 1-12　80C51 单片机各种周期的相互关系

1)振荡周期

振荡周期是指为单片机提供定时信号的振荡源的周期。

2)时钟周期

时钟周期又称状态周期或 S 周期。时钟周期是振荡周期的两倍。时钟周期被分成两个节拍,即 P1 节拍和 P2 节拍。在每个时钟的前半周期,P1 信号有效,这时通常完成算术逻辑操作;在每个时钟的后半周期,P2 信号有效,内部寄存器与寄存器间的传输一般在此状态发生。

3)机器周期

一个机器周期由 6 个状态(S1,S2,…,S6)组成,即包含 6 个时钟周期、12 个振荡周期。12 个振荡周期可依次表示为 S1P1,S1P2,S2P1,S2P2,…,S6P1,S6P2 共 12 个节拍,每个节拍持续一个振荡周期,每个状态持续两个振荡周期。可以用机器周期把一条指令划分成若干阶段,每个机器周期完成某些规定操作。

4）指令周期

指令周期是指执行一条指令所占用的全部时间。一个指令周期通常含有 1～4 个机器周期（依指令类型而定）。

当外接晶振为 12MHz 时,MCS-51 单片机的 4 个周期的具体值为:

振荡周期=1/12μs;

时钟周期=1/6μs;

机器周期=1μs;

指令周期=1～4μs。

在 MCS-51 的指令系统中,指令长度为 1～3B,除 MUL（乘法）和 DIV（除法）指令外,单字节（1B）和双字节（2B）指令都可能是单周期和双周期的,3B 指令都是双周期的,乘法指令为 4 周期指令。所以,若用 12MHz 的晶振,则指令长度为 1～3B 的指令执行时间分别为 1μs、2μs 和 4μs。

图 1-13 列举了几种典型指令的 CPU 取指令和执行指令的时序。由于 CPU 取指令和执行指令的时序信号不能从外部观察到,所以图中列出了 XTAL2（18 引脚）端出现的振荡器信号和芯片 ALE（30 引脚）端的信号作参考。ALE 信号为 MCS-51 单片机扩展系统的外部存储器地址低 8 位的锁存信号,在访问程序存储器的机器周期内 ALE 信号两次有效,第一次发生在 S1P2 至 S2P1 期间,第二次在 S4P2 至 S5P1 期间,如图 1-13 所示。在访问外部数据存储器的机器周期内,ALE 信号一次有效,即执行 MOVX 指令时,只在 S1P2 至 S2P1 期间产生 ALE 信号,因此 ALE 的频率是不稳定的。所以,当我们把 ALE 引脚作为时钟输出时,在 CPU 执行 MOVX 指令时会丢失一个周期,这一点应特别注意。图 1-13 中的 ALE 信号只是一般的情况,仅作参考。

对于单周期指令,从 S1P2 开始执行指令,这时操作码被锁存到指令寄存器内。如果是双字节指令,则在同一机器周期的 S4P2 读入第 2 字节。如果是单字节指令,在 S4P2 仍旧有读操作,但被读进来的字节（应是下一个指令的操作码）是不予考虑的,并且程序计数器不加 1。图 1-13(a) 和图 1-13(b) 分别表示单字节单周期指令和双字节单周期指令的时序。在任何情况下,这两类指令都会在 S6P2 结束时完成操作。

图 1-13(c) 表示单字节双周期指令的时序,在两个机器周期内发生 4 次读操作码的操作,但因为是单字节指令,所以后 3 次读操作都是无效的。另外,比较特殊的是 MUL（乘法）和 DIV（除法）指令是单字节 4 周期的。

图 1-13(d) 表示访问外部数据存储器指令 MOVX 的时序,这是一条单字节双周期指令。一般情况下,两个指令码字节在一个机器周期内从程序存储器取出,而在 MOVX 执行期间少执行两次取指操作。在第 1 个机器周期 S5 开始时,送出外部数据存储器地址,随后读或写数据。读写期间 ALE 端不输出有效信号（这就是为什么 CPU 执行 MOVX 指令时会丢失一个ALE 周期）,在第 2 个机器周期,即外部数据存储器已被寻址和选通后,也不产生取指操作。

1.6.3 复位电路

复位是指单片机进行初始化,即从程序存储器的 0000H 地址开始执行程序。为了能实现复位功能,必须设计相应的复位电路。

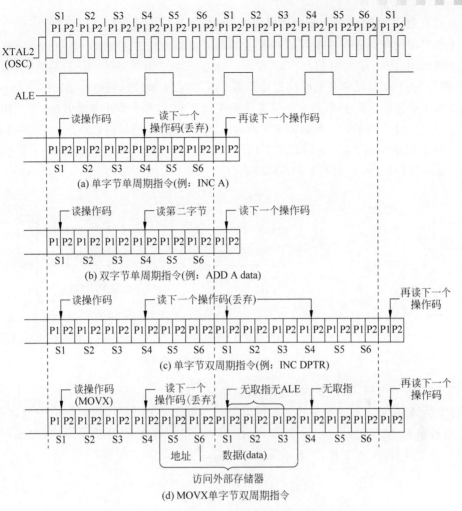

图 1-13　80C51 单片机典型指令取指/执行时序

1. 复位引脚

复位引脚称为 RST/V_{PD}，其内部电路如图 1-14 所示。一方面经施密特触发器与内部复位电路连接，另一方面经二极管与内部 RAM 连接。其作用是为内部电路提供复位信号和在掉电时为 RAM 存储器提供备用电源。

为了使复位可靠，在复位电路的输入端使用了一个施密特触发器来抑制外部干扰信号。另

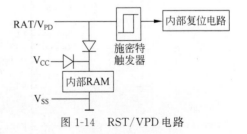

图 1-14　RST/VPD 电路

外，在每个机器周期的 S5P2 时刻采样施密特触发器的输出，若连续两次采样到高电平才确认为是复位信号。因此，要求复位信号（高电平）应在 RST 端至少保持 2 个机器周期（24 个振荡周期）。

2. 复位方式

复位分为上电自动复位和按键手动复位两种方式。复位电路中的电阻、电容数值是为

了保证在 RST 端能够保持 2 个机器周期以上的高电平以完成复位而设定的。

上电自动复位是通过在单片机接通电源时对电容充电来实现的,电路如图 1-15(a)所示。上电瞬间,RST 端的电位与 V_{CC} 相同。随着充电电流的减小,RST 端的电位逐渐下降,只要在 RST 端有足够长的时间保持阈值电压,80C51 单片机便可自动复位。

按键手动复位实际上是上电复位兼按键手动复位。当手动开关常开时,为上电复位。按键手动复位分为电平方式和脉冲方式两种。其中,按键电平复位是通过使 RST 端经电阻与 V_{CC} 电源接通而实现的,电路如图 1-15(b)所示。而按键脉冲复位则是利用微分电路产生的正脉冲实现的,电路如图 1-15(c)所示。

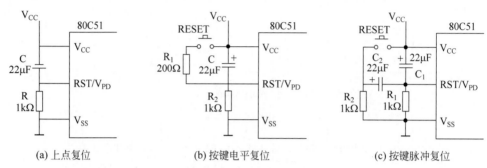

(a) 上点复位　　　　(b) 按键电平复位　　　　(c) 按键脉冲复位

图 1-15　80C51 单片机复位电路

图 1-15 中的电阻、电容参数适于 6MHz 晶振。

综上所述,80C51 单片机最小系统可以设计为如图 1-16 所示,该电路图中包含了电源电路、时钟电路、复位电路。当开关 S2 闭合时,单片机接通由 USB 提供的 5V 电压,开机复位,然后开始工作,发光二极管 D1 为电源指示灯。

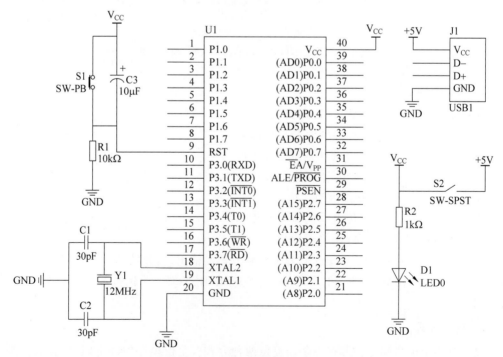

图 1-16　80C51 单片机最小系统电路原理图

1.7　MCS-51 单片机的工作方式

MCS-51 单片机的工作方式有复位方式、单步执行方式、程序执行方式、低功耗方式，以及 EPROM 编程、检查、擦除与加密方式等。

1.7.1　复位方式

单片机的初始化操作——复位。

CPU 在 RST 端变为高电平的第 2 个机器周期响应复位信号，使 ALE 和 $\overline{PSEN}$ 端变为输入状态，并将内部寄存器设置为初始状态。以后每个机器周期复位一次，直到 RST 端变为低电平（即复位信号消失）为止。复位不影响内部存储器 RAM，复位后各特殊功能寄存器的状态如表 1-10 所示，开机上电时内部 RAM 中的内容不定。

表 1-10　MCS-51 单片机 PC 与 SFR 的复位状态

寄　存　器	复　位　状　态	寄　存　器	复　位　状　态
PC	0000H	TMOD	00H
ACC	00H	TCON	00H
B	00H	TL0	00H
PSW	00H	TH0	00H
SP	07H	TL1	00H
DPTR	0000H	TH1	00H
P0～P3	FFH	SCON	00H
IP	xx000000B	SBUF	不定
IE	0x000000B	PCON	0xxx0000B

复位后，PC 初始化为 0000H，使单片机从 0000H 单元开始执行程序。所以，单片机除了正常的初始化外，当程序运行出错或操作错误使系统处于死循环时，也需按复位键以重新启动机器。复位不影响片内部 RAM 存放的内容，而 ALE 和 $\overline{PSEN}$ 在复位期间将输出高电平。

1.7.2　单步执行方式

单步执行就是通过外来脉冲控制程序的执行，使之达到来一个脉冲就执行一条指令的目的。而外来脉冲是通过按键产生的，因此单步执行实际上就是按一次键执行一条指令。

单步执行是借助单片机的外部中断功能实现的。假定利用外部中断 0 实现程序的单步执行，应事先做好如下两项准备工作。

（1）设计单步执行的外部控制电路，以按键产生脉冲作为外部中断 0 的中断请求信号，经 $\overline{INT0}$ 端输入，并把电路设计成不按按键为低电平，按下按键产生一个高电平，此外还需要在初始化程序中定义 $\overline{INT0}$ 低电平有效。

（2）编写外部中断 0 的中断服务程序，即

```
JNB      P3.2, $          ; 若 INT0 = 0，则等待
```

```
JB      P3.2, $         ; 若 INT0 = 1，则等待
RETI                    ; 返回主菜单
```

这样在没有按下按键的时候，$\overline{INT0}=0$，中断有效，单片机响应中断。但转入中断服务程序后，只能在它的第一条指令上等待，只有按一次单步键，产生正脉冲 $\overline{INT0}=1$，才能通过第一条指令而到第二条指令上去等待。当正脉冲结束后，再结束第二条指令并通过第三条指令返回主程序。而 MCS-51 的中断机制有这样一个特点，即当一个中断服务正在进行时，又来了一个同级的新的中断请求，这时 CPU 不会立即响应中断，只有当原中断服务结束并返回主程序后，至少要执行一条指令，然后才能再响应新的中断。利用这个特点，不按按键即产生中断请求，进入中断服务，再按一次按键且放开后，又产生新的中断请求，故单片机从中断服务程序返回主程序后，能且只能执行一条指令。因为这时 $\overline{INT0}$ 已为低电平，$\overline{INT0}$ 请求有效，单片机就再一次响应中断，并进入中断服务程序去等待，从而实现了主程序的单步执行。

1.7.3　程序执行方式

程序执行方式是单片机的基本工作方式。由于复位后 PC＝0000H，因此程序执行总是从地址 0000H 开始，为此就得在 0000H 开始的存储单元中存放一条无条件转移指令，以便跳转到实际程序的入口去执行。

1.7.4　低功耗方式

80C51 是 CHMOS 型器件，有 HMOS 器件所不具备的两种低功耗运作方式，即休闲和掉电方式。图 1-17 所示为实现这两种方式的内部电路。

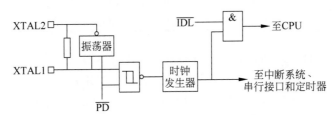

图 1-17　休闲和掉电方式实现内部电路

由图 1-17 可见：

（1）若 PCON 中的 $\overline{IDL}$＝0，则 80C51 将进入休闲方式。在这种方式下，振荡器仍继续运行，但 $\overline{IDL}$ 封锁了去 CPU 的与门。故 CPU 此时得不到时钟信号，而中断系统、串行接口和定时器等功能部件却仍在时钟控制下正常运行。

（2）若 PCON 中的 $\overline{PD}$＝0，振荡器冻结，则 80C51 将进入掉电方式。

1. 方式的设定

休闲方式和掉电方式是通过对专用寄存器 PCON（地址 87H）相应位置 1 而启动的。

图 1-18 所示为 80C51 电源控制寄存器 PCON 各位的分布情况。HMOS 器件的 PCON 只包括一个 SMOD 位，其他 4 位是 CHMOS 器件才有的。图 1-18 中各符号的名称和功能如下。

图 1-18 电源控制寄存器 PCON

SMOD——波特率倍频位。若此位为 1,则串行口方式 1、方式 2 和方式 3 的波特率加倍。

GF1 和 GF0——通用标志位。

PD——掉电方式位。此位写 1 即启动掉电方式。由图 1-18 可见,此时时钟冻结。

IDL——休闲方式位。此位写 1 即启动休闲方式。这时 CPU 因无时钟控制而停止运作。如果同时向 PD 和 IDL 两位写 1,则 PD 优先。

2. 休闲方式

因为 PCON 寄存器不可按位寻址,所以欲置休闲方式必须用字节操作指令。例如,执行"ORL PCON,♯1"指令后,80C51 即进入休闲方式。如前所述,这时内部时钟去 CPU 的通路被切断,而至中断系统、串行口和定时器等功能部件的途径却依旧畅通无阻。CPU 状态全部原封不动:堆栈指针、程序计数器、累加器、PSW 以及所有其他寄存器均保持其原数据不变。各引脚也保持其进入休闲方式时所具有的逻辑状态。

通常 CPU 耗电量要占芯片耗电的 80%～90%,故 CPU 停止工作就会大大降低功耗。

80C51 处于休闲方式期间,ALE 和 $\overline{\text{PSEN}}$ 引脚输出逻辑高电平 V_{OH}。这样,片外EPROM 也处于禁止状态。表 1-11 所列为休闲和掉电方式下各有关引脚的逻辑状态。如果在进入休闲方式之前,80C51 执行的是片外存储器中的程序,那么 P0 口各引脚此时将处于高阻状态,P2 口继续发出 PC 高字节。若此前执行的是片内程序,则 P0 口和 P2 口将继续发送专用寄存器 P0 和 P2 中的数据。

表 1-11 休闲和掉电方式下各引脚状态

引 脚	执行片内程序		执行片外程序	
	休 闲	掉 电	休 闲	掉 电
ALE	1	0	1	0
$\overline{\text{PSEN}}$	1	0	1	0
P0	SFR 数据	SFR 数据	高阻	高阻
P1	SFR 数据	SFR 数据	SFR 数据	SFR 数据
P2	SFR 数据	SFR 数据	PCH	SFR 数据
P3	SFR 数据	SFR 数据	SFR 数据	SFR 数据

有两种方法可用来终止休闲方式。

(1) 中断。发生任何中断,都会导致 PCON.0 位被硬件清零,从而也就终止了休闲方式。执行 RETI 指令,即中断处理结束后,程序将从休闲方式启动指令后恢复执行。

PCON 的两个通用标志位 GF1 和 GF0,可用来指示中断是在正常运作期间还是在休闲方式期间发生的。例如,休闲方式的启动指令也可同时把一个或者两个通用标志位置 1。

各中断服务程序根据对这两个标志的检查结果，就可判断出中断是在什么情况下发生的。

（2）硬件复位。休闲方式下，时钟振荡器仍在运行，故硬件复位信号只需保持两个机器周期有效即可完成复位过程。RST 引脚上的有效信号直接异步地将 IDL 位清零。此时CPU 从它停止运行的地方恢复程序的执行，即从休闲方式的启动指令后继续下去。

应当指出，用硬件复位使器件退出休闲方式，在执行一两条指令后最终将导致 80C51复位，所有端口锁存器位都被写成 1，各 SFR 均被初始化成复位值，程序从 0000H 单元重新开始执行。

3. 掉电方式

若 PCON 寄存器的 PD 位被写成 1，则 80C51 即进入掉电方式。此时片内振荡器停振，时钟冻结，故所有功能均暂时停止。只要 V_{CC} 存在，片内 RAM 和 SFR 就将保持其内容不变。

80C51 处于掉电方式时，由表 1-11 可见 ALE 和 $\overline{PSEN}$ 引脚输出逻辑低电平 V_{OL}。这样设计的目的，主要是为了便于在掉电方式下撤销对片内 RAM 以外电路的供电，从而进一步降低功耗。

如果在执行片内程序时启动了掉电方式，那么各口引脚将继续输出其相应 SFR 的内容。即使 80C51 由片外程序进入掉电方式，P2 口也输出其 SFR 之数据，但 P0 口将处于高阻状态。

退出掉电方式的唯一方法是硬件复位。复位操作使所有 SFR 均恢复成初始值，并从0000H 单元重新开始执行程序。因此，定时器、中断允许、波特率和口状态等均需重新安排。但片内 RAM 的内容并不受影响。

在掉电方式下，V_{CC} 供电可降至 2V。

4. 80C51 单片机的掉电保护电路

掉电保护是为了防止电源故障的一种措施。MCS-51 单片机的 V_{PD} 引脚除作为复位信号输入端外还作为备用电源输入端。一旦主电源 V_{CC} 出现故障，可由 V_{PD} 接通备用电源，以保证内部 RAM 存储器中的信息不丢失。

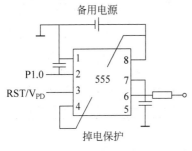

图 1-19　80C51 单片机掉电保护电路

备用电源输入电路有多种，图 1-19 所示仅是其中一种。当用户系统检测到电源故障时，可通过 $\overline{INT0}$ 向CPU 发中断请求。CPU 中断响应后，执行中断服务程序，将有关数据送入内部 RAM 保存，然后由 P1.0 输出一个 0 信号（低电平），触发单稳电路 555。单稳电路输出脉冲的宽度由 RC 电路和 V_{CC} 决定。如果单稳电路定时输出后 V_{CC} 仍然存在，则这一请求为假报警，然后复位，重新工作。如果单稳电路定时输出结束之前 V_{CC}已掉电，则由单稳电路接通 V_{PD} 上的备用电源，直到

V_{CC} 恢复正常。这一段时间的长短由 RC 电路决定。如果整个系统附有备用电源，也可由CPU 输出控制信号，启动系统备用电源。

1.7.5　EPROM 编程、检查与擦除方式

在 87C51 单片机内部设置有 4K 的 EPROM 只读存储器,因此也就存在着编程、检查和擦除的问题。

1. EPROM 编程

EPROM 编程时一般采用 4～6MHz 的振荡频率。EPROM 单元地址由 P1 口和 P2 口的 P2.0～P2.3 输入,写入数据由 P0 口输入,P2.4～P2.6 和 $\overline{\text{PSEN}}$ 接低电平,P2.7 接高电平,RST 接 2.5V 高电平,$\overline{\text{EA}}$/V$_{\text{DD}}$ 端平时为 TTL 高电平,EPROM 编程时加＋21V 电压,ALE/$\overline{\text{PROG}}$ 加 50±1ms 的低电平编程脉冲。芯片连接与时序如图 1-20 所示。为了安全可靠,V$_{\text{DD}}$ 不得超过＋21.5V。

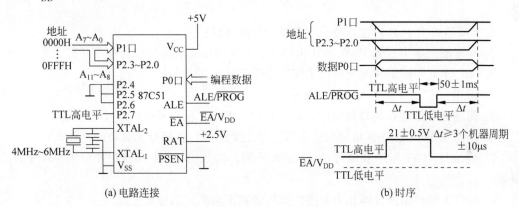

(a) 电路连接　　　　　　　　(b) 时序

图 1-20　87C51 EPROM 编程电路和时序

2. 程序检查与擦除

1）程序检查

程序检查主要是将 87C51/80C51 单片机中 EPROM/ROM 的内容读出,供外部检查。程序检查时的振荡频率也是 4～6MHz。EPROM/ROM 读出时,单元地址由 P0 口和 P2 口的 P2.0～P2.3 输入,P2.4～P2.6 和 $\overline{\text{PSEN}}$ 接低电平,ALE 和 $\overline{\text{EA}}$ 接高电平,RST 接 2.5V。数据由 P0 口出,P2.7 作为读出选通信号。当 P2.7 为高电平时,P0 口浮空;当 P2.7 为低电平时,数据由 P0 口输出。程序检查时对 P0 口外接 10kΩ 左右的上拉电阻。

2）EPROM 擦除

87C51 单片机内部 EPROM 的擦除和其他 EPROM 芯片的擦除方法一样,通过紫外线照射来擦除。擦除后,可以重新写入。

一般日光灯和太阳光中都包含紫外线。如果 87C51 芯片上的窗口长期暴露在日光灯或太阳光下,其中的数据就会丢失。因此,87C51 单片机在写入后,其上方的窗口须用黑纸或金属膜覆盖。

3. 87C51H 单片机加密位的编程

87C51H 单片机中含有一位加密位，一旦此加密位被编程，87C51H 就自动禁止用任何外部手段去访问片内的程序存储器。其电路的连接、编程过程与正常编程类似，差别在于加密编程时，P2.6 保持 TTL 高电平，且 P0、P1 和 P2.0～P2.3 可以是任何状态。ALE/$\overline{PROG}$ 加 50ms 负脉冲，$\overline{EA}/V_{DD}$ 加+21V 脉冲。

87C51H 单片机加密后，只有靠完全擦除程序存储器中的内容才能使其解密。加密后，照常可以执行内部程序存储器中的指令，但不能从外部读出它，不能进一步编程。擦除EPROM，也就解了密，恢复了器件的全部功能，便可以重新编程。

思考题与习题

1. 80C51 单片机片内包含哪些主要逻辑功能部件？

2. 程序状态字寄存器 PSW 的作用是什么？常用标志有哪些位？作用是什么？

3. 80C51 如何确定和改变当前工作寄存器组？

4. 简述 80C51 片内 RAM 的空间分配。

5. 简述布尔处理存储器的空间分配。片内 RAM 中包含哪些可位寻址单元？

6. 内部 RAM 低 128B 单元划分为哪三个主要部分？各部分主要功能是什么？

7. 位地址 7CH 与字节地址 7CH 如何区别？位地址 7CH 具体在片内 RAM 中什么位置？

8. 80C51 的存储器分哪几个空间？如何区别不同空间的寻址？

9. 什么叫堆栈？堆栈指针 SP 的作用是什么？80C51 单片机堆栈的容量不能超过多少字节？

10. 80C51 的 EA 端有何用途？

11. 80C51 单片机有哪些信号需要芯片引脚以第二功能的方式提供？

12. 80C51 单片机的时钟周期与振荡周期有什么关系？

13. 一个时钟周期的时序如何划分？

14. 使单片机复位有几种方法？复位后机器的初始状态如何？

15. 开机复位后，CPU 使用的是哪组工作寄存器？它们的地址是什么？

16. 如何简捷地判断 80C51 正在工作？

第 2 章 单片机的指令系统

2.1 概述

指令是单片机执行某种操作的命令。单片机为了完成不同的功能而要执行不同的指令,能够识别和执行的全部指令称为该机的指令系统或指令集。这一章将介绍 80C51 单片机汇编语言程序设计中的指令格式、寻址方式及其指令系统,并简要地介绍 C51 语言的基本格式及应用方法。

2.1.1 程序设计语言和指令

程序设计语言是实现人机交换信息的重要工具。一般来说,机器语言、汇编语言和高级语言都可用于程序编制。机器语言指令是单片机能直接识别、分析和执行的二进制码。用机器语言写的程序称为目标程序。机器语言不便于记忆和理解,书写时也容易出错。

例如计算 10+20,在 MCS-51 中可用机器码指令编程:

```
01110100        00001010        ;把 10 放到累加器 A 中
00100100        00010100        ;A 加 20,结果仍放在 A 中
```

为了便于书写和记忆,可采用十六进制表示指令码。以上两条指令可写成:

```
740AH
2414H
```

汇编语言由一系列描述计算机功能及寻址方式的助记符构成,与机器码一一对应,便于人们理解、记忆和使用。用汇编语言编写的程序必须经汇编后才能生成目标码,被单片机识别。用汇编语言编写的程序称为源程序。

【例 2-1】 要计算 10+20,可写成:

汇编语言程序	机器语言程序
MOV A,♯0AH	740AH
ADD A,♯14H	2414H

以上两种程序语言都是低级语言。由于不同的 CPU 执行的汇编语言不同,这使得汇编语言程序不能移植,使用不便;其次,要用汇编语言进行程序设计,必须了解所用 CPU 的硬件结构与性能,对程序设计人员有较高的要求。为此,又出现了对 80C51 进行编程的高

级语言，如 PL/M、C51 等。

2.1.2　指令格式

一条用助记符表示的汇编语言指令，一般由操作码和操作数两部分组成。操作码表示指令的功能，操作数则表示指令的操作对象。

例如，在指令"ADD　A，♯14H"中，ADD 为操作码，A 及 ♯14H 为操作数。它的机器码为：

2414H

该指令功能是将一个数 14H 与累加器内容相加，结果存于累加器 A。

用 MCS-51 汇编语言表示的指令格式如下：

[标号]：操作码　[目的操作数]，[源操作数]；[注释]

在指令格式中，方括号中的内容为可选项，不需要都有。

【例 2-2】

LOOP: ADD A, ♯50H　　　　　　　; 执行加法

【例 2-3】

INC　A　　　　　　　　　　　; 累加器加 1 指令，只有一个操作数
RETI　　　　　　　　　　　　; 中断返回指令，没有操作数

注释字段可有可无，是用户为阅读程序方便而加注的解释说明。注释部分不汇编，没有对应的机器码，只起说明作用。

2.2　寻址方式

寻址方式是指 CPU 寻找操作数或操作数地址的方法。比如完成 $5+8=13$ 的简单运算，在计算机中加数和被加数存放在什么地方？ CPU 如何得到它们？ 运算结果存放在什么地方？ 这些就是所谓的寻址问题。实际上，计算机执行程序的过程是不断地寻找操作数并进行操作的过程。一般来讲，寻址方式越多，计算机的寻址能力就越强，但指令系统也就越复杂。

在介绍 MCS-51 单片机指令系统的寻址方式之前，先对指令系统中使用的符号进行简要说明。

2.2.1　指令系统中使用的常用符号

Rn：当前寄存器工作区中的寄存器，其中，$n=0\sim7$。

direct：内部数据存储器地址，可指向一个内部 RAM 单元（0～127）或一个专用寄存器（128～255）。

@Ri：通过 R1 或 R0 间接寻址，指向数据存储器 RAM 中的一个单元（0～255）。

♯data：在指令中指明 8 位常数。

♯data16：在指令中指明 16 位常数。

addr11：11 位目的地址，用在 ACALL 或 AJMP 指令中，表示调用或转移地址，寻址范围为 2KB。

addr16：16 位目的地址，用在 LCALL 或 LJMP 指令中，表示调用或转移地址，寻址范围为 64KB。

rel：8 位偏移量，用补码表示，用在 SJMP 等转移指令中，寻址范围为 −128～+127。

bit：表示位寻址空间中的位地址，8 位，寻址范围为 00H～FFH。

2.2.2 80C51 单片机指令系统的寻址方式

80C51 单片机指令系统共有 7 种寻址方式：立即寻址、直接寻址、寄存器寻址、寄存器间接寻址、变址寻址、相对寻址和位寻址。前 4 种寻址方式举例使用的都是双操作数指令中的源操作数。

1. 立即寻址

立即寻址在指令中只能应用于源操作数，是指操作数在指令操作数域直接给出，因此也称为立即数。指令操作码后面是一字节或两字节操作数，立即数前加♯号表示，以区别于直接地址。

【例 2-4】

```
MOV  A, 25H        ; A←(25H)
MOV  A, ♯25H       ; A←25H
```

前者是直接寻址，表示把片内 RAM 中 25H 这个单元的内容送累加器 A，而后者则是把 25H 这个数本身送累加器 A，请注意注释字段中加圆括号与不加圆括号的区别，如图 2-1 所示。

80C51 有一条指令要求操作码后面是两字节立即数，即

```
MOV  DPTR, ♯DATA16
```

【例 2-5】

```
MOV  DPTR, ♯1856H   ; DPTR←1856H
```

因为这条指令包括两字节立即数，所以它是三字节指令，如图 2-2 所示。

图 2-1 立即寻址(MOV A,♯25H)　　　图 2-2 立即寻址(MOV DPTR,♯1856H)

2. 直接寻址

直接寻址是指操作数的地址直接在指令操作数域给出。直接寻址可访问的存储空间如下。

(1) 内部 RAM 低 128 单元,在指令中直接以单元地址形式给出,地址范围为 00H～7FH。

【例 2-6】

```
MOV  A,3CH              ; A←(3CH)
```

其中 3CH 为直接地址。指令功能就是把内部 RAM 中 3CH 这个单元的内容送累加器 A。其示意如图 2-3 所示。

图 2-3 直接寻址(MOV A,3CH)

(2) 特殊功能寄存器 SFR。直接寻址是 SFR 唯一的寻址方式。SFR 可以以单元地址给出,也可用寄存器符号形式给出(A、B、DPTR 除外)。

【例 2-7】

```
MOV  A,P1              ; A←(P1 口)
```

是把 SFR 中 P1 口内容送 A,它又可写成:

```
MOV  A, 90H
```

其中,90H 是 P1 口的地址。

(3) 211 个位地址空间,即内部 RAM 中可位寻址的 20H～2FH 单元对应的 128 个位地址空间和 11 个 SFR 中 83 个可用的位地址空间(见表 1-6 和表 1-8)。

【例 2-8】

```
MOV  A,30H              ; A←(30H)
MOV  C,30H              ; CY←(30H)
```

前一条指令为字节操作指令,机器码为 E530H,30H 为字节地址;后一条指令为位操作指令,机器码为 A230H,30H 为位地址。显然两条指令的含义和执行结果是完全不同的。

直接寻址的地址占 1 字节,所以,一条直接寻址方式的指令至少占内存两个单元。

3. 寄存器寻址

寄存器寻址是指操作数在寄存器中,寄存器用符号表示。寄存器寻址的寻址范围如下。

(1) 4 组工作寄存器 R0～R7 共 32 个工作寄存器,当前工作寄存器组的选择通过程序状态字 PSW 中的 RS1、RS0 的设置来确定。

【例 2-9】

```
MOV A,R1                    ; A←(R1)
```

操作数存放在寄存器 R1 中。指令功能是把寄存器 R1
中的内容送入累加器 A，如图 2-4 所示。

（2）特殊功能寄存器有 A、B、DPTR 和 C。

累加器 A、B、PC、DPTR 和累加器 C 也可用寄存
器寻址方式访问，只是对它们寻址时具体寄存器名隐
含在操作码中。

图 2-4　寄存器寻址（MOV A,R1）

4. 寄存器间接寻址

寄存器间接寻址是指寄存器中存放的是操作数的地址，而操作数在存储器中，通过寄存
器可间接得到。寄存器间接寻址用前加符号@表示。

MCS-51 单片机用于间接寻址的寄存器有 R0、R1、堆栈指针 SP 以及数据指针 DPTR。
寄存器间接寻址可寻址范围如下。

（1）内部 RAM 低 128 单元，地址范围为 00H～7FH，用 Ri（$i=0,1$）和 SP 存放，也称
Ri（$i=0,1$）和 SP 为间址寄存器。

（2）与 P0 口配合使用，用 Ri 指示低 8 位地址，可寻址片外数据存储器或 I/O 口的
256B 区域。

（3）DPTR 间接寻址寄存器，可寻址片外程序存储器、数据存储器或 I/O 口的各自的
64KB 区域。

【例 2-10】

```
MOV A,@R1                  ; A←((R1))
```

设（R1）=60H，（60H）=50H，执行结果（A）=50H。该指令执行过程如图 2-5 所示。

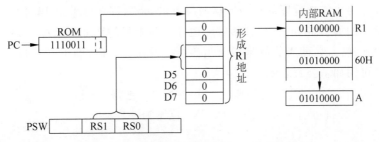

图 2-5　寄存器间接寻址（MOV A,@R1）

注意：特殊功能寄存器只能直接寻址，寄存器间接寻址无效。

5. 变址寻址

变址寻址是以地址寄存器 DPTR 或程序计数器 PC 作为基址寄存器，累加器 A 作为变
址寄存器，二者的内容相加，其和作为操作数地址。

【例 2-11】

```
MOVC A, @A + DPTR          ; A←((A) + (DPTR))
```

指令功能为 DPTR 中的内容与 A 中的内容相加，其和所指示的单元的数送入累加器 A，如图 2-6 所示。

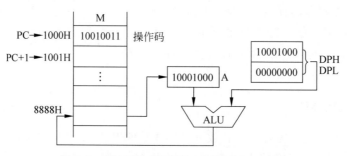

图 2-6　变址寻址（MOVC　A,@A+DPTR）

对 MCS-51 指令系统变址寻址方式说明如下。

（1）变址寻址方式只能对程序存储器进行寻址，因此只能用于读取数据，而不能用于存放数据，它主要用于查表性质的访问。

（2）使用变址寻址的指令有如下 3 条。

```
MOVC  A, @A + PC
MOVC  A, @A + DPTR
JMP   @A + DPTR
```

前两条指令是在程序存储器中寻找操作数，指令执行完毕，PC 当前值不变；后一条指令是要获得程序的跳转地址，执行完毕，PC 值改变。

6．相对寻址

相对寻址是为了实现程序的相对转移而设置的，是以程序计数器 PC 的当前值为基址，加上指令中给出的偏移量 rel 作为转移目的地址。由于目的地址是相对于 PC 中的当前值，所以称为相对地址。PC 的当前值是指取出该指令后的 PC 值，即下一条指令地址。因此，转移目的地址可用如下公式表示：

$$转移目的地址＝下一条指令地址＋rel$$

偏移量 rel 是一个带符号的 8 位二进制数，表示范围为 $-128 \sim +127$。

【例 2-12】

```
JC 80H
```

例 2-12 是控制转移指令中的条件转移指令；若进位标志 CY＝0，则 PC 值不变；若进位标志 CY＝1，则以 PC 当前值加偏移量 80H 后所得的值作为转移目的地址，如图 2-7 所示。

这里转移指令在 1000H 单元，偏移量在 1001H 单元，指令取出后 PC 的当前值为 1002H。1002H 与偏移量 80H 相加得到转移地址 0F82H（80H 表示 -128，补码运算后结果为 0F82H）。

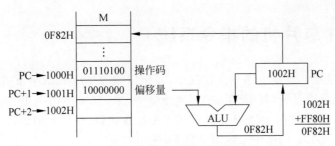

图 2-7 相对寻址（JC 80H）

7. 位寻址

位寻址是指对一些内部 RAM 和特殊功能寄存器进行位操作时的寻址方式。在进行位操作时，借助于进位标志位 CY 作为位操作累加器 C。指令操作数域直接给出该位的地址，然后根据操作码的性质对其进行位操作。位地址与字节直接寻址中的字节地址形式一样，主要由操作码来区分，使用时需予以注意。

MCS-51 设有独立的位处理器，又称为布尔处理器，可对位地址空间的 211 个位地址进行运算和传送操作。位寻址范围如下。

（1）内部 RAM 的位寻址区，共 16 个单元，单元地址为 20H～2FH。可寻址 128 个位地址，位地址为 00H～7FH。位地址的表示方法可用直接位地址或单元地址加位。

【例 2-13】

```
MOV  C,7AH
```

或

```
MOV  C,2FH.2
```

（2）特殊功能寄存器 SFR 可供位寻址的专用寄存器有 11 个，实有位地址 83 位。

以上介绍了 80C51 单片机的 7 种寻址方式，如表 2-1 所示。表 2-1 概括了每种寻址方式涉及的存储器空间。

表 2-1 操作数寻址方式和有关空间

序 号	寻址方式	使用的变量	寻址空间
1	立即寻址		程序存储器 ROM
2	直接寻址		内部 RAM 低 128B 和 SFR
3	寄存器寻址	R0～R7、A、B、AB（A 和 B 同时）、DPTR 和 CY	内部 RAM 低 128B
4	寄存器间接寻址	@R0、@R1、SP（仅 PUSH，POP）	内部 RAM
		@R0、@R1、@DPTR	外部 RAM
5	变址寻址	@A+PC、@A+DPTR	程序存储器
6	相对寻址	PC＋偏移量	程序存储器 256B 范围
7	位寻址		内部 RAM 和 SFR 的位地址

2.3　80C51单片机的指令系统

　　80C51指令系统共有111条指令。其中,单字节指令49条,双字节指令45条,三字节指令仅17条。从指令执行时间来看,单周期指令64条,双周期指令45条,只有乘、除两条指令执行时间为4个周期。该指令系统有255种指令代码,使用汇编语言只要熟悉42种助记符即可。所以,80C51的指令系统简单易学,使用方便。

　　80C51指令系统可分为5类:
　　(1) 数据传送指令(28条);
　　(2) 算术运算指令(24条);
　　(3) 逻辑运算及移位指令(25条);
　　(4) 控制转移指令(17条);
　　(5) 位操作或布尔处理指令(17条)。

2.3.1　数据传送指令

　　数据传送指令共有28条,其中包括8位、16位数据传送指令,查表指令,交换指令以及堆栈操作指令等。数据传送是单片机工作中最基本的操作。数据的传送直接影响程序执行速度,甚至程序执行的正确性。数据传送指令除用POP或MOV指令将数据传送到PSW外,一般均不影响除奇偶标志位P以外的标志位。

　　80C51的数据传送操作可以在累加器A、工作寄存器R0～R7、内部RAM、特殊功能寄存器、外部数据存储器及程序存储器之间进行。

　　一般传送指令的汇编指令格式为:

```
MOV <目的操作数>,<源操作数>
```

MOV是传送指令的操作助记符。其功能是将源操作数指定字节变量传送到目的操作数所规定的单元或寄存器中,源字节内容不变。

1. 内部8位数据传送指令

　　内部8位数据传送指令共有15条,用于单片机内部的数据存储器和寄存器之间的数据传送,有立即寻址、直接寻址、寄存器寻址及寄存器间接寻址等寻址方式。该类指令的助记符、操作数、功能、字节数及执行时间(机器周期数),按目的操作数归类,在表2-2中列出。

　　考虑到在实际应用中汇编语言程序都是通过汇编程序自动转换为机器语言程序,因此没有太大的必要去关心每条汇编语言指令对应的机器语言指令。有兴趣的读者可查阅附录。

表 2-2　内部 8 位数据传送指令

助 记 符			功 能	字 节 数	执行时间(周期)
MOV	A	♯ data	A←♯ data	2	1
		direct	A←(direct)	2	1
		@Ri	A←((Ri))	1	1
		Rn	A←(Rn)	1	1

续表

助 记 符			功 能	字 节 数	执行时间(周期)
MOV	Rn	#data	Rn←#data	2	1
		direct	Rn←(direct)	2	2
		A	Rn←(A)	1	1
	direct	#data	direct←#data	3	2
		direct	direct←(direct)	3	2
		A	direct←(A)	2	1
		@Ri	direct←((Ri))	2	2
		Rn	direct←(Rn)	2	2
	@Ri	#data	(Ri)←#data	2	1
		direct	(Ri)←(direct)	2	2
		A	(Ri)←(A)	1	1

【例 2-14】

```
MOV  A,40H      ; A←(40H)
MOV  A,#40H     ; A←40H
```

应注意到 40H 和 #40H 的区别,第 1 条指令表示把直接地址 40H 单元的内容送累加器 A,是直接寻址,第 2 条指令表示把 40H 这个立即数本身送累加器 A,这两条指令的功能完全不同。

【例 2-15】

```
MOV  A, R1      ; A ←(R1)
MOV  A,@R1      ; A ←((R1))
```

应特别注意 R1 和 @R1 的区别,以上第 1 条指令的功能是将寄存器 R1 的内容送累加器 A,而第 2 条指令的功能是将以寄存器 R1 的内容作为地址的单元内容送累加器 A。具体而言,设程序状态字 PSW 的 RS1=0,RS0=1,则当前寄存器区的 R1 就是内部 RAM 09H,再设(09H)=40H,则上述两条指令的功能分别为:

```
MOV  A,R1       ; A←40H
MOV  A,@R1      ; A←(40H)
```

【例 2-16】

```
MOV  90H, #40H   ; P1←40H
MOV  P1,  #40H   ; P1←40H
MOV  R0,  #90H   ; R0←90H
MOV  @R0, #40H   ; 90H←40H
```

以上第 1、2 条指令的功能均是将立即数 40H 送特殊功能寄存器 P1,指令中可直接使用特殊功能寄存器名,也可使用其地址;第 3 条指令的功能是将立即数 90H 送寄存器 R0;第 4 条指令的功能是将立即数 40H 送以 R0 的内容作为地址的单元。第 3、4 条指令的组合实现将立即数 40H 送内部 RAM 90H 单元的功能。MCS-51 单片机的特殊功能寄存器只能采用直接寻址,而内部 RAM 高 128B 只能采用寄存器间接寻址。

注意以下 4 点：

（1）目的操作数不能采用立即寻址。

（2）@Ri 中 i 的取值为 0 和 1。

（3）Rn 中 n 的取值为 0～7。

（4）每条指令中最多只能有 1 个 Rn 或@Ri。

【例 2-17】 以下指令都是错误的。

```
MOV  ＃30H,40H
MOV  A,@R2
MOV  R1,R3
MOV  R1,@R0
MOV  @R1,R2
MOV  @R0,@R1
```

【例 2-18】

```
MOV  A,60H        ; A←(60H),目的操作数为寄存器寻址
MOV  E0H,60H      ; A←(60H),目的操作数为直接寻址
MOV  09H,＃40H    ; 09H←40H,目的操作数为直接寻址
MOV  R1,＃40H     ; R1←40H,目的操作数为寄存器寻址
```

以上第 1、2 条指令均实现将内部 RAM 60H 单元的内容送累加器 A 的相同功能,但由于第 1 条指令采用寄存器寻址方式,字节数为 2,执行时间为 2 个机器周期,而第 2 条指令采用直接寻址方式,字节数为 3,执行时间为 2 个机器周期。当程序状态字 PSW 的 RS1＝0,RS0＝1 时,第 4 条指令和第 3 条指令均实现将立即数 40H 送内部 RAM 09H 单元的相同功能,但由于第 3 条指令中目的操作数为直接寻址,指令字节数为 3,执行时间为 2 个机器周期,而第 4 条指令中目的操作数为寄存器寻址,指令字节数为 2,执行时间为 1 个机器周期。由此可见,实现相同功能,采用寄存器寻址方式可达到提高存储效率和执行速度的双重效果。

【例 2-19】 分析程序的执行结果。

设内部 RAM 中 30H 单元的内容为 80H,试分析执行下面程序后各有关单元的内容。

```
MOV  60H,＃30H    ; 60H←30H
MOV  R0,＃60H     ; R0←60H
MOV  A,@R0        ; A←30H
MOV  R1,A         ; R1←30H
MOV  40H,@R1      ; 40H←80H
```

程序执行结果为：

(A) = 30H,(R0) = 60H,(R1) = 30H,(60H) = 30H,(40H) = 80H,(30H) = 80H

2. 16 位数据传送指令

```
MOV DPTR,＃data16    ; DPTR←data16
```

MCS-51 单片机指令系统中仅此一条 16 位数据传送指令,功能是将 16 位数据传送到数据指针 DPTR 中,其中高 8 位送 DPH,低 8 位送 DPL。

3. 外部数据传送指令

```
MOVX   A,@Ri            ; A←((Ri))
MOVX   @Ri,A            ; (Ri)←(A)
MOVX   A,@DPTR          ; A←((DPTR))
MOVX   @DPTR,A          ; (DPTR)←(A)
```

这 4 条指令的功能是在累加器与外部数据存储器之间进行数据传送。如果用 Ri 间接寻址,其范围为外部数据存储器的低 256 字节单元。如果用 DPTR 间接寻址,其范围是外部数据存储器的 64KB 个单元。外部数据传送指令如表 2-3 所示。

表 2-3 外部数据传送指令

助 记 符		功 能	寻 址 范 围	周 期 数
MOVX A	@R0	A←((R0))	00H~FFH	2
	@R1	A←((R1))	00H~FFH	2
	@DPTR	A←((DPTR))	0000H~FFFFH	2
MOVX @R0	A	(R0)←A	00H~FFH	2
MOVX @R1		(R1)←A	00H~FFH	2
MOVX @DPTR		(DPTR)←A	0000H~FFFFH	2

【例 2-20】 将内部 RAM 80H 单元的内容送入外部 RAM 70H 单元,程序如下:

```
MOV    R0,#80H
MOV    A,@R0
MOV    R0,#70H
MOVX   @R0,A
```

此例中访问内部 RAM 和访问外部 RAM 均通过 R0 间接寻址,不同的是访问内部 RAM 用操作码 MOV,访问外部 RAM 使用操作码 MOVX,二者不能混淆。

【例 2-21】 将外部 RAM 1000H 单元的内容传送到内部 RAM 60H 单元,程序如下:

```
MOV    DPTR,#1000H
MOVX   A,@DPTR
MOV    60H,A
```

4. 交换指令

```
XCH   A,Rn              ; (A)<—>(Rn)
XCH   A,direct          ; (A)<—>(direct)
XCH   A,@Ri             ; (A)<—>((Ri))
XCHD  A,@Ri             ; (A)_{3~0} <—>((Ri))_{3~0}
SWAP  A                 ; (A)_{3~0} <—>(A)_{7~4}
```

交换指令可分为 3 种。第一种是累加器 A 与工作寄存器 Rn、直接地址单元、Ri 所指示的间接地址单元进行 8 位数据交换,第二种是累加器 A 与 Ri 所指示的间接地址单元进行低半字节交换,第三种是累加器 A 中的高半字节与低半字节交换。

【**例 2-22**】　设(A)＝34H,(R3)＝56H,执行指令:

```
XCH   A,R3
```

结果为(A)＝56H,(R3)＝34H

【**例 2-23**】　设(A)＝34H,(R0)＝30H,(30H)＝56H,执行指令:

```
XCHD  A,@R0
```

结果为(A)＝36H,(30H)＝54H

5. 查表指令

MCS-51 单片机的程序存储器除了存放程序外,还可以存放一些常数,通常以表格的形式集中存放。MCS-51 单片机指令系统提供了两条访问存储器的指令,称为查表指令。

```
MOVC A,@A + PC        ; PC←(PC) + 1,
                      ; A←((A) + (PC))
MOVC A,@A + DPTR      ; A←((A) + (DPTR))
```

第 1 条指令以 PC 作为基址寄存器,A 的内容作为无符号数,与 PC 内容(下一条指令的起始地址)相加后得到一个 16 位地址,由该地址指示的程序存储器单元内容送累加器 A。显然,该指令的查表范围为查表指令后的 256B 地址空间。

第 2 条指令以 DPTR 为基址寄存器,因此其寻址范围为整个程序存储器的 64KB 空间,表格可以放在程序存储器的任何位置。

【**例 2-24**】　执行 ROM 中存放的程序:

```
ROM 地址              地址中存放的指令和表格
0F00H                MOV    A,♯30H
0F02H                MOVC   A,@A + PC
0F33H                3FH
```

实现将程序存储器 0F33H 单元内容 3FH 送入 A 的功能。

【**例 2-25**】　执行程序:

```
MOV   DPTR,♯2000H
MOV   A,♯30H
MOVC  A,@A + DPTR
```

实现将程序存储器中 2030H 单元的内容送入累加器 A 的功能。

6. 堆栈操作指令

```
PUSH  direct          ; SP←(SP) + 1,(SP)←(direct)
POP   direct          ; direct←((SP)),SP←(SP) - 1
```

堆栈操作指令共有两条。一条是入栈指令 PUSH,也称为进栈;另一条是弹栈指令 POP,也称为出栈。这两条指令采用直接寻址方式,入栈时指针 SP＋1,数据进栈;弹栈时数据出栈,指针 SP－1。堆栈操作指令只能对字节数进行操作。

【例 2-26】 设(SP)=70H,(ACC)=50H,(B)=60H,执行下述指令:

```
PUSH  ACC              ; SP←(SP) + 1,71H←(ACC)
PUSH  B                ; SP←(SP) + 1,72H←(B)
```

结果为

```
(71H) = 50H,(72H) = 60H,SP = 72H
```

此例中 ACC 和 B 都是用直接寻址方式寻址的,不能用寄存器寻址方式。入栈指令常用于保护 CPU 现场等场合。

【例 2-27】 设(SP)=72H,(72H)=60H,(71H)=50H,执行下述指令:

```
POP  DPL               ; DPL←((SP)),SP←(SP) - 1
POP  DPH               ; DPH←((SP)),SP←(SP) - 1
```

结果为

```
(DPTR) = 5060H,(SP) = 70H
```

出栈指令常用于恢复 CPU 现场等场合。

以上数据传送指令通道可由图 2-8 概括地表示。

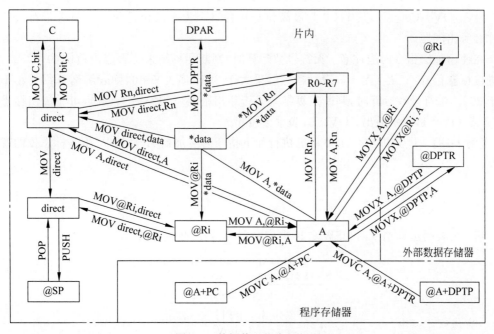

图 2-8 数据传送指令概括图

2.3.2 算术运算指令

MCS-51 单片机的算术运算指令包括加、减、加 1、减 1、乘、除等指令。其中加、减指令的执行结果将影响程序状态字 PSW 的进位标志位 CY、溢出标志位 OV、辅助进位标志位 AC 和奇偶标志位 P;加 1、减 1 指令的执行结果只影响 PSW 的奇偶标志位 P;乘、除指令的执行结果将影响 PSW 的进位标志位 CY、溢出标志位 OV 和奇偶标志位 P。

1．加法指令

```
ADD   A,Rn              ; A←(A) + (Rn)
ADD   A,direct          ; A←(A) + (direct)
ADD   A,@Ri             ; A←(A) + ((Ri))
ADD   A,♯data           ; A←(A) + data
```

带进位的加法指令

```
ADDC  A,Rn              ; A←(A) + (Rn) + (CY)
ADDC  A,direct          ; A←(A) + (direct) + (CY)
ADDC  A,@Ri             ; A←(A) + ((Ri)) + (CY)
ADDC  A,♯data           ; A←(A) + data + (CY)
```

加法指令用于把源操作数与累加器中的数相加的结果放在累加器中。带进位加法指令还要再加上进位位，运算结果影响 PSW 中的 CY、AC、P 和 OV。

CY：当 D7 有进位时 CY 置 1，否则清零。

AC：当 D3 有进位时 AC 置 1，否则清零。

P：当累加器 A 中 1 的个数为奇数时 P 置 1，否则清零。

OV：OV＝C8⊕C7，其中 C8 为最高位进位位，C7 为次高位进位位。只有带符号数运算才有溢出问题。

在使用加法指令时应注意：无符号数运算时，判断运算结果是否超出范围（0～255），可看进位标志位 CY。若 CY＝1，表示运算结果大于 255；若 CY＝0，则表示运算结果小于或等于 255。带符号数运算时，判断运算结果是否超出范围（−128～＋127），可看溢出标志位 OV。若 OV＝1，表示溢出；OV＝0，表示无溢出。

【例 2-28】　试分析 80C51 单片机执行如下指令后累加器 A 和 PSW 中各标志位的变化状况：

```
MOV   A,♯9EH
ADD   A,♯71H
```

解：为表明运算结果对 PSW 各标志位的影响，列出竖式算式

$$
\begin{array}{r}
158 \quad (A)= \quad 10011110B \\
+)\ 113 \quad data= \quad 01110001B \\
\hline
271 \quad \boxed{CY} \quad 00001111B
\end{array}
$$

C8　C7　AC

单片机做加法时确定各标志位的方法是：CY＝C8＝1，由于低 4 位向高 4 位无进位，因此 AC＝0；溢出标志 OV＝C8⊕C7＝1⊕1＝0，无溢出；累加器 A 中的结果有偶数个 1，因此 P＝0。PSW 各位为：

CY	AC	F0	RS1	RS0	OV	X	P
1	0	0	0	0	0	0	0

若把两个操作数看成无符号数，则操作结果为 271，超出 0～255，CY＝1，结果是正确

的；若把两个操作数看成带符号数，$(-98)+113=15$，结果正确，无溢出。$(A)=0FH$。

【例 2-29】 试分析 80C51 执行如下指令后，累加器 A 和 PSW 各标志位的变化状况：

```
MOV A,＃0CFH
ADD A,＃0A5H
```

解：机器执行上述指令，并产生 PSW 状态。相应竖式为：

$$
\begin{array}{r}
207\quad(A)=\quad 11001111B \\
+)\quad 165\quad data=\quad 10100101B \\
\hline
372\quad \boxed{CY}\quad 01110100B
\end{array}
$$

采用与前面相同的分析方法：$CY=C8=1,OV=C8\oplus C7=1\oplus 0=1,AC=1,P=0$。

执行结果：$(A)=74H,(PSW)=0C4H$

若为无符号数运算，$CY=1$ 表示结果超出 $0\sim255$，运算结果为 174H。若为带符号数运算，$(-49)+(-91)=-140$ 超出 $(-128\sim+127)$，$OV=1$ 表示溢出，运算结果无意义。

2. 带借位的减法指令

```
SUBB A,Rn          ; A←(A)-(Rn)-(CY)
SUBB A,direct      ; A←(A)-(direct)-(CY)
SUBB A,@Ri         ; A←(A)-((Ri))-(CY)
SUBB A,＃data       ; A←(A)-data-(CY)
```

在 MCS-51 单片机中只有带借位减法指令，它是用累加器中的数减去源操作数，再减借位位，结果放在累加器中。运算结果影响 PSW 中的 CY、AC、P 和 OV。

CY：当 D7 向高位有借位时 CY 置 1，否则清零。

AC：当 D3 有借位时 AC 置 1，否则清零。

P：当累加器 A 中 1 的个数为奇数时 P 置 1，否则清零。

OV：$OV=C8\oplus C7$，其中 C8 为最高位借位位，C7 为次高位借位位。只有带符号数运算才有溢出问题。

在使用减法指令时应注意：无符号数减法运算存在借位问题，无溢出问题。只有带符号数减法运算才有溢出问题。当两个异符号数相减时可能出现溢出，可根据 $OV=C8\oplus C7$ 判断有无溢出：$OV=1$ 表示有溢出，$OV=0$ 表示无溢出。

【例 2-30】 设 $(A)=0A9H,(R0)=20H,(20H)=98H$，试分析执行如下程序段的运行结果，并列出竖式，说明减法运算过程。

程序如下：

```
CLR   C              ; (CY)←0
SUBB  A,@R0
```

$$
\begin{array}{r}
169\quad(A)=\quad 10101001B \\
-)\quad 152\quad(R0)=\quad 10011000B \\
\hline
17\quad \boxed{CY}\quad 00010001B
\end{array}
$$

无符号运算：

$169 - 152 = 17, (A) = 11H = 17, (PSW) = 00H$

带符号运算：

$(-87) - (-104) = 17$

把两个操作数看成带符号数或无符号数，运算结果都是正确的。

【例 2-31】 设(A)＝76H，立即数为0C5H，(CY)＝0，求二者相减结果。程序如下：

```
SUBB    A,#0C5H
```

$$
\begin{array}{r}
118\ (A) = \quad 01110110B \\
-)\quad 59(data) = \quad 11000101B \\
\hline
177\ \boxed{CY}\quad 10110001B
\end{array}
$$

指令执行后使 $OV = C8 \oplus C7 = 1$，表示有溢出。又因为运算结果为 $177 > +127$，所以，(PSW)＝84H，(A)中的 0B1H 无意义。

3. 加 1 指令

```
INC  A              ; A←(A) + 1
INC  Rn             ; Rn←(Rn) + 1
INC  direct         ; direct←(direct) + 1
INC  @Ri            ; (Ri)←((Ri)) + 1
INC  DPTR           ; DPTR←(DPTR) + 1
```

加 1 指令的功能是将指定的操作数加 1。若原来为 0FFH，加 1 后将溢出为 00H，除对 A 操作可能影响 P 外，不影响其他标志位。

4. 减 1 指令

```
DEC  A              ; A←(A) - 1
DEC  Rn             ; Rn←(Rn) - 1
DEC  direct         ; direct←(direct) - 1
DEC  @Ri            ; (Ri)←((Ri)) - 1
```

减 1 指令的功能是将指定的操作数减 1。若原来为 00H，减 1 后将下溢为 0FFH，除对 A 操作可能影响 P 外，不影响其他标志位。

【例 2-32】 设 20H～21H 单元存放一个 16 位二进制数 X1（高 8 位存于 21H 单元），30H～31H 单元存放另一个 16 位二进制数 X2（高 8 位存于 31H 单元）。编程求 X1＋X2，并把它们的和存于 20H～21H（设两数之和不超过 16 位）。

程序如下：

```
ORG  2000H
MOV  R0,#20H
MOV  R1,#30H
MOV  A,@R0          ;取被加数低 8 位
ADD  A,@R1          ;求和的低 8 位
MOV  @R0,A          ;存和的低 8 位
INC  R0             ;指向被加数高 8 位
```

```
INC   R1              ;指向加数高8位
MOV   A,@R0           ;取被加数高8位
ADDC  A,@R1           ;求和的高8位
MOV   @R0,A           ;存和的高8位
SJMP  S               ;停机
END
```

运算结果高8位存于21H单元,低8位存于20H单元。

【例2-33】 试分析执行以下程序后各有关单元的结果。

程序如下:

```
MOV   R1,#7FH
MOV   7EH,#00H
MOV   7FH,#40H
DEC   @R1
DEC   R1
DEC   @R1
```

解:

执行结果:

(R1) = 7EH   (7EH) = 0FFH   (7FH) = 3FH

5. 十进制调整指令

```
DA    A               ;若AC=1或(A)3~0>9,则A←(A)+06H
                      ;若CY=1或(A)7~4>9,则A←(A)+60H
```

本指令是对累加器A中的BCD码加法结果进行调整。两个压缩型BCD码按二进制数相加后,必须经本指令调整才能得到压缩型BCD码的和的正确值。

虽然在计算机中十进制数0~9的数可以用BCD码来表示,但在进行运算时仍然是按照二进制规则进行的。两个BCD码之和可能小于10,在0~9内;也可能大于10,在10~16内。若在10~16内,就要考虑进位。然而计算机在进行运算时,是按照二进制规则进行的,对于4位二进制数来说是按逢16进位的,这样就不符合十进制的要求。为了得到正确的结果,必须进行修正。其方法如下:

当低半字节的值>9或AC=1时,低半字节加6;

当高半字节的值>9或CY=1时,高半字节加6。

使用该指令时应注意以下几点:①本指令使用时跟在ADD或ADDC指令之后;②不能用DA指令对BCD码减法操作进行直接调整;③本指令不影响溢出标志位OV;④借助标志位可实现多位BCD码加法结果的调整。

【例2-34】 编写程序完成78+93的BCD码加法程序,并对调整过程进行分析。

相应BCD码加法程序如下:

```
ORG   3000H
MOV   A,#78H          ;(A)←78H
ADD   A,#93H          ;(A)←78H+93H=0BH
DA    A
```

```
SJMP   $
END
```

执行结果：

(A) = 71H ，考虑进位标志(CY) = 1,操作结果为 171。

6. 乘法指令

MUL AB; A←(A) * (B)低字节,B←(A) * (B)高字节

乘法指令功能是把累加器 A 和寄存器 B 中两个 8 位无符号二进制数相乘，积的低 8 位存在累加器 A 中,积的高 8 位存在 B 寄存器中。运算结果将对 CY、OV、P 标志位产生如下影响：

（1）进位标志位 CY 总是清零；

（2）P 标志仍为 A 累加器的奇偶校验位；

（3）当积大于 255(B 中的内容不为 0)时 OV＝1,否则 OV＝0。

【例 2-35】 设(A)＝80H,(B)＝21H,执行指令：

MUL AB

结果为

(A) = 80H,(B) = 16H,OV = 1,CY = 0,P = 1

7. 除法指令

DIV AB   ; A←(A)/(B)(商),B←(A)/(B)(余数)

除法指令把累加器 A 中的 8 位无符号整数除以寄存器 B 中 8 位无符号整数,所得商存在 A 中，余数存在 B 中。对标志位的影响如下：

（1）对 CY 和 P 标志的影响与乘法时相同；

（2）当除数为 0 时，除法没有意义,OV＝1；否则,OV＝0,表示除法操作是合理的。

【例 2-36】 设(A)＝0B6H,(B)＝0FH,执行指令：

DIV AB

结果为

(A) = 0CH,(B) = 02H,OV = 0,CY = 0,P = 0

2.3.3 逻辑运算指令

逻辑运算指令包括"与""或""异或""累加器清零""累加器取反""累加器左、右移位"等逻辑操作。在这类指令中,除以累加器 A 为目的的寄存器指令外,均不影响 PSW 中的标志位。

1. 逻辑"与"运算指令

ANL A,Rn   ; A←(A)∧(Rn)

```
ANL   A,direct          ; A←(A)∧(direct)
ANL   A,@Ri             ; A←(A)∧((Ri))
ANL   A,#data           ; A←(A)∧data
ANL   direct,A          ; direct←(direct)∧(A)
ANL   direct,#data      ; direct←(direct)∧data
```

逻辑"与"运算指令有 6 条,用来把目的操作数与源操作数按位"与",结果放在目的地址单元中。这些指令可用来屏蔽掉字节数据中的某些位。

【例 2-37】 将累加器 A 中的压缩 BCD 码拆成两个字节的非压缩 BCD 码,低位放入30H,高位放入 31H 单元中。

解:程序如下。

```
PUSH  ACC               ; 保存 A 中的内容
ANL   A,#0FH            ; 清除高 4 位,保留低 4 位
MOV   30H,A             ; 低位存入 30H
POP   ACC               ; 恢复 A 中原数据
SWAP  A                 ; 高、低 4 位互换
ANL   A,#0FH            ; 清除高 4 位,保留低 4 位
MOV   31H,A             ; 高位存入 31H
```

逻辑"与"运算指令常用于清零字节中的某些位。欲清零的位用 0 去"与",欲保留的位用 1 去"与"。

2. 逻辑"或"运算指令

```
ORL   A,Rn              ; A←(A)∨(Rn)
ORL   A,direct          ; A←(A)∨(direct)
ORL   A,@Ri             ; A←(A)∨((Ri))
ORL   A,#data           ; A←(A)∨data
ORL   direct,A          ; direct←(direct)∨(A)
ORL   direct,#data      ; direct←(direct)∨data
```

逻辑"或"运算指令有 6 条,用来把目的操作数与源操作数按位"或",结果放在目的地址单元中。这些指令可用来把两个操作数中的"1"合并到一个操作数中,或者说把目的操作数中的某些位置 1。

【例 2-38】 编制程序把累加器 A 中低 4 位送入 P1 口低 4 位,P1 口高 4 位不变。

解:程序如下。

```
ANL   A,#0FH           ; 取出 A 中低 4 位,高 4 位为 0
ANL   P1,#0F0H         ; 使 P1 口低 4 位为 0,高 4 位不变
ORL   P1,A             ; 字节装配
```

逻辑"或"运算指令常用于将字节中的某些位置 1,欲保留的位用 0 去"或",欲置 1 的位用 1 去"或"。

3. 逻辑"异或"运算指令

```
XRL A,Rn               ; A←(A)⊕(Rn)
XRL A,direct           ; A←(A)⊕(direct)
```

```
XRL A,@Ri                ; A←(A)⊕((Ri))
XRL A,#data              ; A←(A)⊕data
XRL direct,A             ; direct←(direct)⊕(A)
XRL direct,#data         ; direct←(direct)⊕data
```

逻辑"异或"运算指令有 6 条,用来把目的操作数与源操作数按位"异或",结果放在目的地址单元中。

上述逻辑"与""或""异或"逻辑操作指令归纳为图 2-9 所示。这类指令的操作均只影响标志位 P。

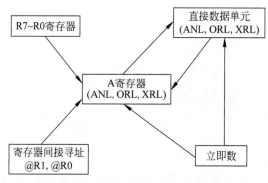

图 2-9 内部数据存储器逻辑操作

4. 累加器 A 清零、取反指令

```
CLR   A                  ; A←0:累加器 A 清零,不影响标志位
CPL   A                  ; A←(~A):累加器 A 的内容按位取反,不影响标志位
```

【例 2-39】 50H 单元中有一个带符号数 X,试编制对它求补的程序。

解: 一个 8 位带符号二进制数的补码可以通过其反码加 1 获得。

```
MOV  A,50H               ; A←X
CPL  A                   ; A←~X
INC  A                   ; [X]补 = [X]反 + 1
MOV  50H,A               ; 50H←[X]补
```

5. 累加器 A 移位指令

MCS-51 有 4 条对累加器 A 中数据进行移位的指令,累加器 A 移位指令示意图如图 2-10 所示,除带进位的移位指令对进位位 CY 和奇偶标志位 P 有影响外,不再影响其他状态标志位。

```
RL  A                    ; 累加器左环移
RLC A                    ; 累加器通过 CY 左环移
RR  A                    ; 累加器右环移
RRC A                    ; 累加器通过 CY 右环移
```

【例 2-40】 执行下面的程序段,观察累加器 A 中内容的变化。

```
MOV A,#01H               ; (A)←01H
```

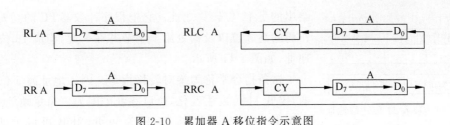

图 2-10 累加器 A 移位指令示意图

```
RL  A              ; (A)←02H
RL  A              ; (A)←04H
RL  A              ; (A)←08H
```

经过 3 次左环移,累加器 A 的内容由 01H 变为 08H。由此可见,累加器每左移 1 位相当于乘以 2。同理,累加器右移 1 位相当于除以 2,读者可以举例验证。

【例 2-41】 编制程序将 M1、M1+1 单元中存放的 16 位二进制数扩大到 2 倍(设该数低 8 位在 M1 单元中,扩大后小于 65 536)。

解:二进制数左移一次即扩大到 2 倍,可以用二进制 8 位的移位指令实现 16 位数的移位程序。

```
CLR  C             ; CY←0
MOV  R0,#M1        ; 操作数低 8 位地址送 R0
MOV  A,@R0         ; A←操作数低 8 位
RLC  A             ; 低 8 位操作数左移,低位补 0,最高位在 CY 中
MOV  @R0,A         ; 送回 M1 单元
INC  R0            ; R0 指向 M1+1 单元
MOV  A,@R0         ; A←操作数高 8 位
RLC  A             ; 高 8 位操作数左移,M1 最高位通过 CY 移入最低位
MOV  @R0,A         ; 送回 M1+1 单元
```

2.3.4　控制转移指令

控制转移指令通过改变程序计数器 PC 中的内容改变程序执行的流向,可分为无条件转移、条件转移、调用和返回空操作指令等。

1. 无条件转移指令

1) 16 位地址的无条件转移指令

```
LJMP  addr16        ; PC←addr16
```

这条指令中的地址是 16 位的,因此该指令可实现在 64KB 全地址空间范围内的无条件转移,因而又称为长转移指令。高 8 位地址和低 8 位地址分别在指令的第 2、第 3 字节中。在使用时地址往往用标号表示,由汇编程序汇编成机器码。

2) 11 位地址的无条件转移指令

```
AJMP  addr11        ; PC←(PC)+2,PC10~0←addr11
```

这是一条双字节直接寻址的无条件转移指令。与上一条指令的差别在于指令操作数域

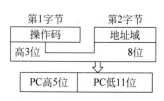

图 2-11　装入 11 位转移地址

给出的是 11 位转移地址。它把程序计数器 PC 的高 5 位与操作码的高 3 位以及指令第 2 字节并在一起，构成 16 位的转移地址，如图 2-11 所示。

这条指令常称为绝对转移指令。因为地址高 5 位保持不变，仅低 11 位发生变化，所以寻址范围为该指令地址加 2 后，向下的 2KB 区域。以 256B 为一页，2KB 可以分为 8 页，AJMP 指令操作代码的形成如表 2-4 所示。

表 2-4　AJMP 指令操作代码的形成

$a_{10}\ a_9\ a_8\ 0$	0 0 0 1	$a_7\ a_6\ a_5\ a_4\ a_3\ a_2\ a_1\ a_0$
页地址 （$a_{10}\ a_9\ a_8$）	操作码	页内地址 （$a_7 \sim a_0$）
0 0 0	01H	0 页 0～255 单元
0 0 1	21H	1 页 0～255 单元
0 1 0	41H	2 页 0～255 单元
0 1 1	61H	3 页 0～255 单元
1 0 0	81H	4 页 0～255 单元
1 0 1	A1H	5 页 0～255 单元
1 1 0	C1H	6 页 0～255 单元
1 1 1	E1H	7 页 0～255 单元

```
指令所在 ROM 地址        指令
   2FFFH               AJMP  L1
```

当前（PC）＝2FFFH＋2＝3001H。

转移地址 PC＝00110xxxxxxxxxxx。

保持高 5 位不变，L1 地址标号范围为 3000H～37FFH。

若 L1＝35BCH（5 页），则指令码为 A1BCH。

3）相对转移指令

```
SJMP rel                ; PC←(PC) + 2, PC←(PC) + rel
```

rel 为地址偏移量，为带符号 8 位二进制数，常用补码表示，范围为－128～＋127。因此，程序转移范围为当前 PC 前 128B 或后 127B。

【例 2-42】　程序中等待功能常由以下指令实现：

```
HERE: SJMP   HERE
```

或

```
SJMP   $
```

指令中偏移量 rel 在汇编时自动算出为 0FEH，即－2 的补码，执行后目标地址就是本指令的起始地址。

4）散转指令

```
JMP   @A+DPTR           ; PC←(A)+(DPTR)
```

本指令将累加器 A 中的 8 位无符号数与 16 位数据指针相加,其和装入程序计数器 PC,控制程序转向目标地址。

这是一条很有用的散转指令,转移地址不是在编程时确定的,而是在程序运行时动态决定的。这是它和前 3 条转移指令的主要区别。在 DPTR 中装入多分支程序的首地址,由累加器 A 内容动态选择其中的某一个分支进行分支转移。

【例 2-43】 设累加器 A 中存放待处理命令的编号（0～n,n≤85）程序存储器中存放着标号为 PGTB 的转移表,则执行以下程序,将根据 A 内命令编号转向相应的命令处理程序。

```
PG:    MOV  B,#3          ; A←(A)*3
       MUL  AB
       MOV  DPTR,#PGTB    ; DPTR←转移表首址
       JMP  @A+DPTR
PGTB:  LJMP PG0           ; 转向命令 0 处理入口
       LJMP PG1           ; 转向命令 1 处理入口
        ⋮
       LJMP PGn           ; 转向命令 n 处理入口
```

2. 条件转移指令

条件转移指令是依据某种特定条件而转移的指令。条件满足时程序转移,条件不满足时则按顺序执行下面的程序。转移指令中的相对偏移量 rel 为 8 位带符号数,表示条件转移目标地址在以下一条指令地址为中心的 256B 范围内（-128～+127）。

1）累加器判零转移指令

```
JZ   rel              ; 若(A)=0,则 PC←(PC)+2+rel,累加器为 0 转移
                      ; 若(A)≠0,则 PC←(PC)+2
JNZ  rel              ; 若(A)≠0,则 PC←(PC)+2+rel,累加器不为 0 转移
                      ; 若(A)=0,则 PC←(PC)+2
```

2）比较转移指令

```
CJNE  <目的字节>,<源字节>,rel
```

比较转移指令功能对目的字节和源字节两个操作数进行比较,若它们的值不相等则转移,若相等则按顺序执行程序。

若目的字节小于源字节,则 CY 置 1；否则,CY 清零。本指令执行后不影响指令中的任何操作数。

比较转移指令共有 4 条:

```
CJNE  A,#data,rel
CJNE  A,direct,rel
CJNE  @Ri,#data,rel
CJNE  Rn,#data,rel
```

指令操作过程如图 2-12 所示。

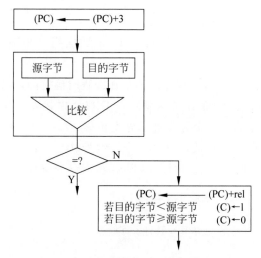

图 2-12　CJNE 指令执行流程示意图

【例 2-44】　以下程序中,执行第 1 条比较不相等转移指令后,将根据 R4 的内容大于 35H、等于 35H、小于 35H 三种情况作不同的处理:

```
        CJNE  R4,♯35H,NEQ   ; (R4)≠35H 转移
EQ:                        ; (R4) = 35H 处理程序
NEQ:    JC   LESS          ; (R4)< 35H 转移
LAG:                       ; (R4)> 35H 处理程序
LESS:                      ; (R4)< 35H 处理程序
```

3) 循环转移指令

```
DJNZ   Rn,rel             ; (Rn)←(Rn) − 1
                          ; 若(Rn) = 0,则(PC)←(PC) + 2
                          ; 若(Rn)≠0,则(PC)←(PC) + 2 + rel
DJNZ direct,rel           ; (direct)←(direct) − 1
                          ; 若(direct) = 0,则(PC)←(PC) + 3
                          ; 若(direct)≠0,则(PC)←(PC) + 3 + rel
```

这是减 1 与 0 比较指令,每执行一次该指令,第 1 操作数字节变量减 1,结果送回第 1 操作数中,并判断字节变量是否为 0,不为 0 则转移,否则顺序执行。如果字节变量原值为 00H,减 1 则下溢得 0FFH,不影响任何标志位。

【例 2-45】　编制程序,将内部 RAM 70H 字节起始的 16 个数送外部 RAM 1000H 字节起始的 16 个单元。

```
        MOV  R7,♯16        ; 数据长度送 R7
        MOV  R0,♯70H       ; 数据块起始地址送 R0
        MOV  DPTR,♯1000H   ; 存放区起始地址送 DPTR
LOOP:   MOV  A,@R0         ; 从内 RAM 取数据
        MOVX @DPTR,A       ; 数据送外 RAM
```

```
INC   R0              ;修改数据地址
INC   DPTR            ;修改存放地址
DJNZ  R7,LOOP         ;数据未送完则继续送,否则结束
```

3．调用和返回指令

在程序设计中,有时因操作需要而反复执行某段程序。这时,应使这段程序能被公用,以减少程序编写和调试的工作量,于是引进了主程序和子程序的概念。指令系统中一般都有主程序调用子程序的指令和从子程序返回主程序的指令。通常把具有一定功能的公用程序段作为子程序,子程序的最后一条指令为返回主程序指令(RET)。主程序调用子程序以及从子程序返回主程序的过程如图 2-13 所示。

当 CPU 执行主程序到 A 处遇到调用子程序 ADD1 的指令时,CPU 自动把 B 处,即下一条指令第 1 个字节的地址(PC 值,称为断点)压入堆栈中,栈指针 (SP)+2,并将子程序 ADD1 的起始地址送入 PC。于是,CPU 就转向子程序 ADD1 去执行。当遇到 ADD1 中的 RET 指令时,CPU 自动把断点 B 的地址弹回到 PC 中,于是,CPU 又回到主程序继续往下执行。当主程序执行到 C 处又遇到调用子程序 ADD1 的指令时,便再次重复上述过程。可见,子程序能被主程序多次调用。

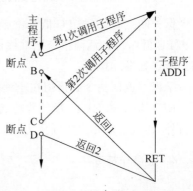

图 2-13　主程序调用子程序与从子程序返回示意

调用和返回指令是成对使用的。调用指令具有把程序计数器 PC 中断点地址保护到堆栈、把子程序入口地址自动送入程序计数器 PC 的功能,返回指令具有把堆栈中的断点地址自动恢复到程序计数器 PC 的功能。

1）长调用指令

```
LCALL addr16          ; PC←(PC) + 3
                      ; SP←(SP) + 1,(SP)←PC7~0
                      ; SP←(SP) + 1,(SP)←PC15~8
                      ; PC←addr16
```

长调用指令为 3 字节指令,为实现子程序调用该指令共完成两项操作。

(1) 断点保护。断点保护是通过自动方式的堆栈操作实现的,即把加 3 以后的 PC 值自动送入堆栈区保护起来,待子程序返回时再送回 PC。

(2) 构造目的地址。把指令中提供的 16 位子程序入口地址送入 PC。长调用指令的调用范围是 0~64KB。

2）短调用指令

```
ACALL  addr11         ; PC←(PC) + 2
                      ; SP←(SP + 1),(SP)←PC7~0
                      ; SP←(SP) + 1,(SP)←PC11~8
                      ; PC←addr11
```

指令中 addr11 是被调用子程序首地址的低 11 位,限在 2KB 地址范围内调用。目标地址的形成方法与绝对转移指令 AJMP 相同。

3) 返回指令

子程序返回指令:

```
RET      ; PC15～8←((SP)),SP←(SP)-1
         ; PC7～0←((SP)),SP←(SP)-1
```

中断返回指令:

```
RETI     ; PC15～8←((SP)),SP←(SP)-1
         ; PC7～0←((SP)),SP←(SP)-1
         ; 清除相应中断优先级状态位
```

保护断点时,先把 PC 低 8 位压栈,后把 PC 高 8 位压栈。返回时,先弹出 PC 高 8 位,后弹出 PC 低 8 位。返回指令把堆栈保存的主程序断点地址恢复到程序计数器 PC 中,使程序回到断点处继续执行。

子程序返回指令必须用在子程序末尾,中断返回指令必须用在中断服务程序末尾。

RET 指令和 RETI 指令的功能差别为,执行 RETI 指令后,除程序返回原断点处继续执行外,还将清除相应中断优先级状态位,以允许单片机响应该优先级的中断请求。

4. 空操作指令

```
NOP      ; PC←(PC)+1
```

该指令使 PC 内容加 1,仅产生 1 个机器周期的延时,不进行任何操作。

NOP 指令常用于程序的等待或时间延迟。

2.3.5　位操作(布尔处理)指令

80C51 硬件结构中有一个位处理机(布尔处理机),它具有一套处理位变量的指令集,包括位变量传送、逻辑运算、控制程序转移等指令。

在进行位操作时,位累加器 C 即为进位标志 CY,在指令中使用符号 C,非指令中使用符号 CY,位地址是片内 RAM 字节地址 20H～2FH 单元中连续的 128 位(位地址 00H～7FH)和部分特殊功能寄存器。凡 SFR 中字节地址能被 8 整除的特殊功能寄存器都具有可寻址的位地址,其中 ACC(位地址 E0H～E7H)、B(位地址 F0H～F7H)和片内 RAM 中 128 位都可作软件标志或存储位变量。

在汇编语言中,位地址的表达方式有多种:

(1) 直接(位)地址方式,如 D4H;

(2) 点操作符号方式,如 PSW.4;

(3) 位名称方式,如 Rs1;

(4) 用户定义名方式,如用伪指令 bit。

```
SUB.REG  bit  Rs1
```

经定义后,允许指令中用 SUB.REG 代替 Rs1。

上面 4 种方式都可表示 PSW(D0H)中的第 4 位,它的位地址是 D4H,而名称为 Rs1,用户定义为 SUB. REG。

位操作指令包括位传送指令、位修正指令、位逻辑运算指令、位条件转移指令等,用来对位地址空间进行操作。

1. 位传送指令

```
MOV   C,bit              ; CY←(bit)
MOV   bit,C              ; bit←(CY)
```

位传送指令有两条,是位寻址的双字节指令,第 2 字节为位地址,用来实现 CY 与位地址单元数据传送。

2. 位修正指令

位修正指令包括位清零、位置 1 和位取反。

1) 位清零指令

```
CLR   C                 ; CY←0
CLR   bit               ; bit←0
```

位清零指令有两条,一条是单字节指令,另一条是双字节指令,用来把进位位 CY 或指定位清零。

2) 位置 1 指令

```
SETB  C                 ; CY←1
SETB  bit               ; bit←1
```

位置 1 指令有两条,一条是单字节指令,另一条是双字节指令,用来把进位位 CY 或指定位置 1。

3) 位取反指令

```
CPL   C                 ; CY←CȲ
CPL   bit               ; bit←(bit̄)
```

位取反指令有两条,一条是单字节指令,另一条是双字节指令,用来把进位位 CY 或指定位中的数取反。

3. 位逻辑运算指令

位逻辑运算指令包括按位"与"指令和按位"或"指令。

1) 按位"与"指令

```
ANL  C,bit              ; CY←(CY)∧(bit)
ANL  C,/bit             ; CY←(CY)∧(bit̄)
```

按位"与"指令有两条,均为双字节指令,其功能是把位累加器 CY 中的内容与指定位中的内容或其反码"与",结果放在 CY 中。斜杠"/"表示对该位取反后再参与运算,但不改变原来的数值。

2）按位"或"指令

```
ORL   C,bit                    ; CY←(CY)∨(bit)
ORL   C,/bit                   ; CY←(CY)∨(bit̄)
```

按位"或"指令有两条，均是双字节指令，其功能是把位累加器 CY 中的内容与指定位中的内容或其反码"或"，结果放在 CY 中。

4. 位条件转移指令

位条件转移指令包括判布尔累加器 C 转移指令、判位变量转移指令和判位变量并清零转移指令三组。

1）判布尔累加器 C 转移指令

```
JC  rel                    ; 若 CY = 1,则 PC←(PC) + 2 + rel
                           ; 若 CY = 0,则 PC←(PC) + 2
JNC rel                    ; 若 CY = 0,则 PC←(PC) + 2 + rel
                           ; 若 CY = 1,则 PC←(PC) + 2
```

上述两条指令，分别对进位标志位 CY 进行检测。当 CY＝1（前一条）或 CY＝0（后一条）时，程序转向目标地址；否则，顺序执行下一条指令。目标地址是(PC)＋2 后的 PC 当前值（指向下一条指令）加上指令的第 2 个字节中带符号的相对地址(rel)之和。

2）判位变量转移指令

```
JB  bit,rel                ; 若(bit) = 1,则 PC←(PC) + 3 + rel
                           ; 若(bit) = 0,则 PC←(PC) + 3
JNB bit,rel                ; 若(bit) = 0,则 PC←(PC) + 3 + rel
                           ; 若(bit) = 1,则 PC←(PC) + 3
```

上述两条指令分别检测指定位，若位变量为 1（前一条指令）或位变量为 0（后一条指令），则程序转向目标地址去执行；否则，顺序执行下一条指令。对该位变量进行测试时，不影响原变量值，也不影响标志位。目标地址为(PC)＋3 后的 PC 当前值（指向下一条指令）加带符号的相对偏移量之和。

3）判位变量并清零转移指令

```
JBC  bit,rel               ; 若(bit) = 1,则 PC←(PC) + 3 + rel,且 bit←0
                           ; 若(bit) = 0,则 PC←(PC) + 3
```

本指令对指定位变量检测，若位变量值为 1，则清零该位，程序转向目标地址去执行；否则，顺序往下执行。注意，不管该位变量为何值，在进行检测后即清零。目标地址为(PC)＋3 后的 PC 当前值加上指令的第 3 字节中带符号的 8 位偏移量。

80C51 的指令系统，充分反映了它是一台面向控制的功能很强的电子计算机。

指令系统是熟悉单片机功能、开发与应用单片机的基础。掌握指令系统必须与单片机的 CPU 结构、存储空间的分布、I/O 端口的分布结合起来，真正理解符号指令的操作含义，结合实际问题多做程序分析和简单程序设计，以便能达到好的效果。

2.4　单片机 C51 语言编程简介

2.4.1　C51 语言程序的基本结构

```
包含<头文件>
函数类型说明
全局变量定义
main( )
{
    局部变量定义
    <程序体>
}
func1( )
{
    局部变量定义
    <程序体>
}
 ⋮
funcn( )
{
    局部变量定义
    <程序体>
}
```

C51 中的头文件通常有 reg51. h、reg52. h、math. h、ctype. h、stdio. h、stdlib. h、absacc. h 和 intrins. h,但常用的却只有 reg51. h、reg52. h. 和 math. h。

reg51. h 和 reg52. h 分别是定义 51 单片机和 52 单片机特殊功能寄存器与位寄存器的; math. h 是定义常用数学运算的,比如求绝对值、求方根、求正弦和余弦等;stdio. h 是 I/O 函数库,是定义数据在串口的输入输出操作的;absacc. h 是定义 51 单片机存储空间访问方式的;intrins. h 是定义循环移位和延时等操作的。

C51 函数类型说明主要是数据类型定义、数据存储类型定义、特殊功能寄存器及其位定义等,其中可能包括运算符等。

C51 源程序文件扩展名为“. c”,如 test. c、function. c 等。每个 C51 源程序都包含一个名为“main()”的主函数,它是整个 C51 程序的入口。不论 main()函数位于程序代码的何处,C51 程序一定从 main()函数开始执行。

func1()等都是自定义函数,其中包含的局部变量只能用于该函数中。自定义函数通常是主函数 main()要调用的某个功能,与汇编语言中的子程序功能相同。

在 C51 语言中可以使用两种方式添加注释内容:

(1) 用“//”开头来注释一行,例如“//变量声明”。

(2) 用“/ ＊”符号开头,并以“＊/”符号结束,例如“/ ＊声明整型变量 ch ＊/”。

2.4.2　函数类型说明包括的主要内容

1. 数据类型定义

在使用 C51 语言时应注意使用数据的类型是常数还是变量、存放在存储器的什么区域、变量的作用范围。C51 语言的基本数据类型如表 2-5 所示。

表 2-5　C51 语言的数据类型

数 据 类 型		长度/bit	长度/Byte	值　　域
位型	bit	1		0,1
无符号字符型	unsigned char	8	1	0～255
有符号字符型	signed char	8	1	−128～127
无符号整型	unsigned int	16	2	0～65 535
有符号整型	signed int	16	2	−32 768～32 767
无符号长整型	unsigned long	32	4	0～4 294 967 295
有符号长整型	signed long	32	4	−2 147 483 648～2 147 483 647
浮点型	float	32	4	−3.40E38～3.40E38(6 位数据)
双精度浮点型	double	64	8	−1.79E308～1.79E308(10 位数据)
指针型	一般指针	24	3	存储空间 0～65 535

（1）定义变量的一般格式如下：

数据类型　变量名;

此处的变量名可以是一个或多个由逗号分隔的标识符。例如：

```
int    i,j,k;                    //定义整型变量 i,j,k(默认为无符号)
unsigned  char ni;               //定义无符号字符型变量 ni
double  x,y;                     //定义双精度浮点型变量 x,y
float   z;                       //定义浮点型变量 z
bit   key;                       //定义位变量 key
```

（2）定义数组的一般格式如下：

```
类型说明符 数组名 [元素个数];          //一维数组的定义格式
类型说明符 数组名 [行数][列数];        //多维数组的定义格式
```

其中，数组名是一个标识符；元素个数、行数、列数是一个常量表达式，不能是含有变量的表达式。例如：

```
int   a[5] = {1,2,3,4,5};            //定义一维数组 a,给全部元素赋值
                                     //a[0] = 1,a[1] = 2,a[2] = 3,a[3] = 4,a[4] = 5
int   b[6] = {1,2,6};                //定义一维数组 b,给部分元素赋值
                                     //b[0] = 1,b[1] = 2,b[2] = 6,b[3] = b[4] = b[5] = 0
char  b[3][6] = {"weight","height","width"};   //定义多维字符串数组
```

数组的主要功能是查表，因此对于显示段码表等的定义一般采用数组的形式表达。

2. 数据存储类型

在定义 C51 语言的数据类型时，必须考虑它的存储类型。C51 语言的存储类型与存储

空间的对应关系如表 2-6 所示。

表 2-6　C51 语言的存储类型与存储空间的对应关系

存　储　区	描　　述
data	片内 RAM 的低 128B
bdata	片内 RAM 的位寻址区，共 16B
idata	片内 RAM 的 256B
xdata	外部数据存储区，共 64KB
pdata	外部存储区的 256B，通过 P0 口的地址对其寻址
code	程序存储区

定义将数据存储类型放于数据类型与变量名之间，例如：

```
unsigned char   data ni;                        //定义无符号字符型变量 ni 存于 RAM
```

需注意的是，常量只能采用 code 存储类型，例如常量表格的存储定义：

```
code uchar   dirtab[ ] = {0xc0,0xf9,0xa4,0xb0,0x99,0x92,0x82,0xf8,0xbf};
                                                //显示代码表
```

3. 特殊功能寄存器及其位定义

1）使用 sfr 定义

针对 MCS-51 单片机中的特殊功能寄存器的使用，C51 语言提供了一种自主形式的定义方法，一般定义格式为：

```
sfr   特殊功能寄存器名字 = 特殊功能寄存器地址；
```

例如：

```
sfr   SCON = 0x98;                  /* 串口控制寄存器地址是 98H */
sfr16   DPTR = 0x82;                /* DPTR 低 8 位地址是 82H,高 8 位地址是 83H */
```

需注意的是，sfr 后面必须跟一个特殊功能寄存器名，"="后面的地址必须是常数，不允许是带有运算符的表达式。特殊功能寄存器名后面不是赋值语句，而是该特殊功能寄存器的所在地址。

2）特殊功能寄存器的位定义

与特殊功能寄存器定义一样，用关键字 sbit 定义某些特殊位，并接受任何符号名，"="后将绝对地址赋给变量名，其一般格式为：

```
sbit   位名 = 特殊功能寄存器名^位置；
sbit   位名 = 字节地址^位置；
sbit   位名 = 位地址；
```

例如：

```
/* 定义 CY 位为 PSW.7,地址为 0xd7 */
sbit   CY = PSW^7;
sbit   CY = 0xd0^7;
```

```
sbit  位名 = CY = 0xd7;
```

3）通过＜reg51.h＞访问特殊功能寄存器

若对特殊功能寄存器的内容定义或对某个特殊功能寄存器中的某位定义时,需在主函数前使用"♯include＜reg51.h＞",例如:

```
♯ include < reg51.h >
void  main( )
{      TL0 = 0xb0;                          //设置定时器 T0 的初值
       TH0 = 0x3c;
       TR0 = 1;                             //启动定时器 T0
}
```

4． C51 中的运算符

C51 的运算符主要包括算术运算符、关系(逻辑)运算符、位运算符及复合赋值运算符。上述运算符及对应含义见表 2-7～表 2-10。

表 2-7　算术运算符

运算符	＋	－	＊	/	＋＋	－－	％
含 义	加法	减法	乘法	除法(求模)	自加	自减	求余

表 2-8　关系(逻辑)运算符

运算符	＞	＞＝	＜	＜＝	＝＝	!＝	＆＆	‖	!
含 义	大于	大于或等于	小于	小于或等于	测试等于	测试不等	与	或	非

表 2-9　位运算符

运算符	＆	｜	∧	～	＞＞	＜＜
含 义	按位与	按位或	按位异或	按位取反	右移	左移

表 2-10　复合赋值运算符

运算符	＋＝	－＝	＊＝	/＝	％＝	＆＝	｜＝	∧＝	＞＞＝	＜＜＝
含 义	加法赋值	减法赋值	乘法赋值	除法赋值	求余赋值	位与赋值	位或赋值	位异或赋值	右移赋值	左移赋值

5. 指针

指针是用来存放存储器地址的变量。C51 语言中分为基于存储器的指针和一般指针两种类型。其基本格式如下:

数据类型　[存储器类型 1]＊[存储器类型 2]　标识符

(1)若有存储器类型 1,则表示为基于存储器的指针。基于存储器的指针类型由 C51 语言源代码中存储器类型决定,只需占 1、2B。基于存储器的指针以存储器类型为变量,在

编译时才被确定,因此存储器类型 2 可以省略。例如:

```
char  xdata * px                    //px 指向一个存在片外 RAM 的字符变量
```

本句的 px 本身在默认的存储器中(由编译模式决定),占 2B。

```
char  xdata * data py               //py 指向一个存在片外 RAM 的字符变量
```

本句的 py 本身在 RAM 中,xdata 用于说明长度为 0~0xFFFF,与编译模式无关,占 2B。因此,存储类型的定义也可放在定义的开头,也可以直接放在定义的对象之前,即:

```
data  char  xdata * py.
```

(2)若无存储器类型 1,则表示为一般指针,存储器类型 2 表示数据本身存储空间。一般指针需占用 3B,1B 为存储类型,2B 为偏移变量。存储类型决定了对象所用的 80C51 存储空间,偏移量指向实际地址。一个一般指针可以访问任何变量而不管它在 80C51 存储空间的位置,便于 memcpy()等函数的使用。例如:

```
char * xdata  ptr;                  //pt 指向一个存在外部 RAM 的字符变量
```

2.5 单片机程序设计

虽然汇编语言与 C51 语言的结构均包括顺序结构、分支结构和循环结构,但它们在 MCS-51 单片机的使用上却有着各自的特点及优势。

2.5.1 汇编语言及其语句格式

1. 汇编语言

单片机只能识别用二进制表示的指令,即机器指令或机器码。机器码非常不好记,容易出错,给编程带来了很大困难。为了解决这一问题,人们创造了一种用英文字母表示的助记符,用来反映指令的功能和主要特征,以此来代替机器指令,这就是汇编语言。汇编语言比机器语言好记,不易出错,并且和机器语言有一一对应的关系。这种对应关系,在前两节的指令系统中已经表示得非常清楚。用汇编语言编写的程序,称为汇编语言程序。汇编语言程序必须翻译成机器码才能执行。将汇编语言程序翻译成机器码的过程称为汇编。

不同计算机的汇编语言不尽相同。这里介绍 MCS-51 单片机的汇编语言。

2. 汇编语言的语句格式

汇编语言由汇编语句组成,这些语句在书写上有一定的规定和格式要求。必须严格按照汇编语言的语句格式编写程序。

一条汇编语言的语句包括 4 部分内容:标号、操作码、操作数和注释。其格式为:

标号:操作码 操作数   ;注释

1）标号

标号位于语句的开始，由1～8个字母和数字组成，它代表该语句的地址。标号必须由字母打头，以冒号结尾，标号不能使用指令助记符、伪指令或寄存器名。标号不是语句的必要组成部分，只是在需要时才使用。

2）操作码

操作码是指令的助记符，表示语句的性质，不可省略，它是语句的核心部分。

3）操作数

操作数与操作码之间用空格分开。操作数一般有目的操作数和源操作数，操作数之间用逗号分开。操作数可以是立即数，也可以是地址，但必须满足寻址方式的规定。MCS-51单片机有111条汇编语言指令，大多数指令有两个操作数，但有的指令只有一个操作数，如CLR A，空操作指令 NOP 无操作数。操作数中的常数可以是二进制数、八进制数、十进制数、十六进制数和字符串常数。二进制数以 B 结尾；八进制数以 Q 结尾；十进制数以 D 结尾，也可省略；十六进制数以 H 结尾；字符串用单引号'引用。

4）注释

注释是用户为方便阅读程序而加的说明，可有可无。注释与操作数之间用分号隔开。例如：

```
LOOP:MOV  A,♯20H                        ; (A)←20H
```

2.5.2　汇编语言伪指令

不同的微机系统有不同的汇编程序，也就定义了不同的汇编命令。这些由英文字母表示的汇编命令称为伪指令。伪指令不是真正的指令，无对应的机器码，在汇编时不产生目标程序（机器码），只是用来对汇编过程进行某种控制。标准的 MCS-51 汇编程序（如 Intel 的asm51）定义的伪指令常用的有以下几条。

1. ORG 汇编起始命令

格式：

```
ORG  16 位地址
```

功能是规定该伪指令后面程序的汇编地址，即汇编后生成目标程序存放的起始地址。

【例 2-46】

```
ORG  2000H
START: MOV  A,♯64H
```

既规定了标号 START 的地址是 2000H，又规定了汇编后的第一条指令码从 2000H 开始存放。

ORG 可以多次出现在程序的任何地方。当它出现时，下一条指令的地址就由此重新定位。

2. END 汇编结束命令

END 命令通知汇编程序结束汇编。在 END 之后，所有的汇编语言指令均不予以处理。

3. EQU 赋值命令

格式：

字符名称　EQU　项(数或汇编符号)

EQU 命令是把"项"赋给"字符名称"。注意，这里的字符名称不等于标号(其后没有冒号)；其中的项，可以是数，也可以是汇编符号。用 EQU 赋过值的符号名，可以用作数据地址、代码地址、位地址或是一个立即数。因此，它可以是 8 位的，也可以是 16 位的。

【例 2-47】

```
AA  EQU  R1
MOV  A,AA
```

这里 AA 就代表了工作寄存器 R1。

【例 2-48】

```
A10   EQU  10
DELY  EQU  07EBH
MOV  A, A10
LCALL  DELY
```

这里把 A10 当作内部 RAM 的一个直接地址；DELY 则定义了一个 16 位地址，实际上它是一个子程序的入口。

4. DATA 数据地址赋值命令

格式：

字符名称　DATA　表达式

DATA 命令功能与 EQU 类似，但有以下差别。

(1) EQU 定义的字符名称必须先定义后使用，而 DATA 定义的字符名称可以后定义先使用。

(2) 用 EQU 伪指令可以把一个汇编符号赋给一个名字，而 DATA 只能把数据赋给字符名称。

(3) DATA 语句中可以把一个表达式的值赋给字符名称，其中的表达式应是可求值的。DATA 伪指令常在程序中用来定义数据地址。

5. DB 定义字节命令

格式：

DB　[项或项表]

项或项表可以是一字节、用逗号隔开的字节串或括在单引号"( )"中的 ASCII 字符串。它通知汇编程序从当前 ROM 地址开始，保留一字节或字节串的存储单元，并存入 DB 后面的数据。

【例 2-49】

```
        ORG   2000H
        DB    0A3H
LIST:   DB    26H,03H
STR:    DB    'ABC'
```

经汇编后

```
(2000H) = A3H
(2001H) = 26H
(2002H) = 03H
(2003H) = 41H
(2004H) = 42H
(2005H) = 43H
```

其中,41H、42H、43H 分别为 A、B、C 的 ASCII 码值。

6. DW 定义字命令

格式:

```
DW   16 位数据项或项表
```

该命令把 DW 后的 16 位数据项或项表从当前地址连续存放。每项数值为 16 位二进制数,高 8 位先存放,低 8 位后存放,这和其他指令中 16 位数的存放方式相同。DW 常用于定义一个地址表。

【例 2-50】

```
ORG   1500H
TABLE: DW   7234H, 8AH, 10H
```

汇编后

```
(1500H) = 72H
(1501H) = 34H
(1502H) = 00H
(1503H) = 8AH
(1504H) = 00H
(1505H) = 10H
```

7. DS 定义存储空间命令

格式:

```
DS   表达式
```

在汇编时,从指定地址开始保留 DS 之后表达式的值所规定的存储单元以备后用。

【例 2-51】

```
ORG   1000H
DS   08H
DB   30H,8AH
```

汇编以后,从 1000H 开始保留 8 个单元,然后从 1008H 开始按 DB 命令给内存赋值,即

```
(1008H) = 30H
(1009H) = 8AH
```

以上的 DB、DW、DS 伪指令都只对程序存储器起作用,不能对数据存储器进行初始化。

8. BIT 位地址符号命令

格式:

```
字符名   BIT   位地址
```

其中,字符名不是标号,其后没有冒号,但它是必需的。其功能是把 BIT 之后的位地址值赋给字符名。

【例 2-52】

```
A1  BIT  P1.0
A2  BIT  02H
```

这样,P1 口第 0 位的位地址 90H 就赋给了 A1,而 A2 的值则为 02H。

2.5.3　汇编语言程序设计的步骤

用汇编语言编写程序,一般可分为以下六个步骤。

(1) 建立数学模型。根据要解决的实际问题,反复研究分析并抽象出数学模型。

(2) 确定算法。解决一个问题往往有多种不同的方法,从诸多算法中确定一种较为简捷的方法。

(3) 制定程序流程图。算法是程序设计的依据,把解决问题的思路和算法的步骤画成程序流程图。

(4) 确定数据结构。合理地选择和分配内存单元以及工作寄存器。

(5) 写出源程序。根据程序流程图,精心选择合适的指令和寻址方式来编制源程序。

(6) 上机调试程序。将编好的源程序进行汇编,并执行目标程序,对程序运行的结果进行分析,检查和修改程序中的错误,直到正确为止。

2.5.4　顺序结构程序设计

顺序结构程序是按照算法要求编写的顺序执行的程序,也称为简单程序或直线程序。

【例 2-53】　将 1 字节内的 2 个 BCD 码拆开并转换成 ASCII 码,存入 2 个 RAM 单元。设 2 个 BCD 码已存放在内部 RAM 的 20H 单元,将转换后的高半字节存放到 21H 中,低半字节存放到 22H 中。

解: 因为 BCD 数中的 0～9 对应的 ASCII 码为 30H～39H,所以,转换时,只需将 20H 中的 BCD 码拆开后,将其高 4 位设置为 0011 即可。

汇编编程如下:

```
ORG   1000H
```

```
MOV   R0,#22H          ; R0←22H
MOV   @R0,#0           ; 22H←0
MOV   A,20H            ; 两个 BCD 数送 A
XCHD  A,@R0            ; BCDL 送 22H 单元
ORL   22H,#30H         ; 完成转换
SWAP  A                ; BCDH 至 A 的低 4 位
ORL   A,#30H           ; 完成转换
MOV   21H,A            ; 存数
SJMP  SEND
```

C51 语言程序设计如下：

```
data   int   x   _at_ 0x20;
data   int   y   _at_ 0x21;
data   int   z   _at_ 0x22;
void   main( )
{      y = (x >> 4) & 0x0f;
       y = y || 0x30;
       z = x & 0xf0;
       z = z || 0x30;
}
```

【例 2-54】 将内部 RAM 的 20H 单元中的 8 位无符号二进制数转换为 3 位 BCD 码，并将结果存放在 FIRST(百位)和 SECOND(十位、个位)两单元中。

解：可将被转换数除以 100，得百位数；余数再除以 10 得十位数；最后余数即为个位数。

汇编程序如下：

```
FIRST   DATA  22H
SECOND  DATA  21H
        ORG   1000H
HBCD:   MOV   A,20H          ; 取数
        MOV   B,#100         ; B←除数 100
        DIV   AB             ; 除 100
        MOV   FIRST,A        ; 百位 BCD
        MOV   A,B
        MOV   B,#10          ; B←除数 10
        DIV   AB             ; 除以 10
        SWAP  A              ; 十位数送高位
        ORL   A,B            ; A 存放(十位和个位)BCD
        MOV   SECOND,A       ; 存放十位和个位数
        SJMP  $
        END
```

C51 语言程序如下：

```
data   int   x   _at_ 0x20;
data   int   second   _at_ 0x21;
data   int   first   _at_ 0x22;
void   main( )
{   first = x/100;
```

```
        second = x % 100;
    }
```

例如,设(20H)=0FFH,先用 100 除,商(A)=02H→FIRST,余数(B)=37H;再用 10 除,商(A)=05H,余数(B)=05H;十位 BCD 数送 A 高 4 位后,与个位 BCD 数相"或",得到压缩的 BCD 码 55H→SECOND。

2.5.5 分支结构程序设计

在解决一些实际问题时,要求计算机根据不同的条件去执行不同的处理程序,这样程序便产生了分支,这种结构的程序称为分支结构程序。分支结构程序能够充分地体现计算机的智能。

C51 语言的分支结构主要包括以下两种类型:

1. if 语句

if 语句是 C51 语言的一个基本条件选择语句,用来判断给定的条件是否满足,根据判定结果决定执行给出两种操作之一。下面介绍三种形式的 if 语句。

1) if(表达式){语句;}

上述语句表示,双分支选择结构中仅有一个分支可执行,另一个分支为空。例如:

```
if (x>y) {max = x; min = y; }
```

2) if(表达式) {语句 1;} else{语句 2;}

上述语句表示,双分支选择结构。例如:

```
if (x>y)
{max = x; }
else{min = y; }
```

3) if (表达式 1) {语句 1;}

```
else if(表达式 2) {语句 2; }
   ⋮
else if(表达式 m){语句 m; }
else {语句 n; }
```

2. switch 语句

switch 语句是多分支选择语句。如果分支过多,使用 if 语句的嵌套会使得程序冗长、可读性降低。因此,C51 语言提供了直接处理多分支选择的 switch/case 语句,其一般结构如下:

```
switch (表达式)
{   case   常量表达式 1:{语句 1;} break;
    case   常量表达式 2:{语句 2;} break;
     ⋮
    case   常量表达式 n: {语句 n;} break;
    default: {语句 n + 1;}
}
```

【**例 2-55**】 空调机在制冷时,若排出空气比吸入空气温度低 8℃,则认为工作正常,否则认为工作故障,并设置故障标志。设内存单元 40H 存放吸入空气温度值,41H 存放排出空气温度值。若(40H)－(41H)≥8℃,则空调机制冷正常,在 42H 单元中存放 0,否则在 42H 单元中存放 FFH 以示故障(在此 42H 单元被设定为故障标志)。

解：为了可靠地监控空调机的工作情况,应做两次减法,第一次减法(40H)－(41H),若 CY＝1,则肯定有故障；第二次减法用两个温度的差值减去 8℃,若 CY＝1,说明温差小于 8℃,空调机工作也不正常。程序流程图如图 2-14 所示。

程序如下：

```
          ORG   1000H
START:    MOV   A,40H          ;吸入温度值送 A
          CLR   C              ;CY←0
          SUBB  A,41H          ;A←(40H)－(41H)
          JC    ERROR          ;CY＝1,则故障
          SUBB  A,#8           ;温差小于 8℃？
          JC    ERROR          ;CY＝1,则故障
          MOV   42H,#0         ;工作正常
          SJMP  EXIT           ;转出口
ERROR:    MOV   42H,#0FFH      ;否则,置故障标志
EXIT:     SJMP  $              ;原地踏步
          END
```

【**例 2-56**】 编程实现符号函数 $Y=\begin{cases}1, & X>0 \\ 0, & X=0 \\ -1, & X<0\end{cases}$。

解：设 X 存放在内部 RAM 的 35H 单元中,结果存入 36H 单元,程序流程图如图 2-15 所示。

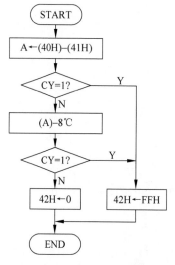

图 2-14 例 2-55 程序流程图

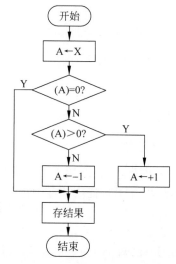

图 2-15 符号函数程序流程图

汇编程序如下:

```
        ORG   2000H
START:  MOV   A,35H          ;A←X
        JZ    LP2            ;X = 0,转移
        JNB   ACC.7,LP1      ;X>0,转移
        MOV   A,#0FFH        ;X<0,则 Y = -1
        SJMP  LP2
LP1:    MOV   A,#01          ;X>0,则 Y = 1
LP2:    MOV   36H,A          ;36←Y
        END
```

C51 程序如下:

```
data  signed  char  x _at_ 0x35;
data  signed  char  y _at_ 0x36;
void  main( )
{   if(x == 0){y = 0;}
    else if(x > 0){y = 1;}
    else{y = - 1;}
}
```

2.5.6　查表程序设计

查表程序在非线性修正、非线性函数求解以及代码转换等方面有着重要的作用。对于一些复杂的函数,事先把全部可能的答案按一定的规律列成表,当用户程序计算这一函数时直接按序号查表,找到相应的答案。这个序号与答案之间有一定的对应关系,答案的地址值等于表首地址加偏移量,而偏移量与序号成倍率关系。

采用 MCS-51 汇编语言查表非常方便。它有两条专门的查表指令:

```
MOVC   A,@A + DPTR
MOVC   A,@A + PC
```

第 1 条查表指令采用 DPTR 存放数据表格的地址,查表过程比较简单。查表前需要把数据表格表头地址存入 DPTR,然后把所要查得的数在表中相对表头地址的偏移量送入累加器 A,最后使用"MOVC　A,@A+DPTR"完成查表。

第 2 条查表指令"MOVC　A,@A+PC",所需操作与第 1 条有所不同,可分为 3 步。

(1) 用传送指令把所查数据的项数送入累加器 A。

(2) 使用"ADD　A,#data"指令对累加器 A 进行修正,data 值由 PC 当前值+data 数据表头地址确定。实际上,data 值等于查表指令和数据表格之间的字节数。

(3) 用指令"MOVC　A,@A+PC"完成查表。

查表程序主要用于代码转换、代码显示、实时值查表计算和按命令号实现转移等。

【例 2-57】 已知 R0 低 4 位有 1 个十六进制数(0~F 中的一个),请编写能把它转换成相应 ASCII 码并送入 R0 的程序。

解:本题给出两种求解方法。

1) 求解方法一

由 ASCII 码字符表可知 0～9 的 ASCII 码值为 30H～39H，A～F 的 ASCII 码值为 41H～46H。因此，求解方法 1 的思路是：若(R0)≤9，则 R0 内容只需加 30H；若(R0)>9，则 R0 需加 37H。相应程序为：

```
        ORG  0100H
        MOV  A,R0            ;取转换值到 A
        ANL  A,♯0FH          ;屏蔽高 4 位
        CJNE A,♯10,NEXT1     ;若 A>9,则转 NEXT2
NEXT1:  JNC  NEXT2
        ADD  A,♯30H          ;若 A<10,则 A←(A)+30H
        SJMP DONE
NEXT2:  ADD  A,♯37H          ;A←(A)+37H
DONE:   MOV  R0,A            ;存结果
        SJMP $
        END
```

2) 求解方法二

求解方法二采用的是查表求解。求解时，两条查表指令任选其一。现以"MOVC A,@A+PC"指令为例，给出相应程序：

```
        ORG  0100H
        MOV  A,R0            ;取转换值
        ANL  A,♯0FH          ;屏蔽高 4 位
        ADD  A,♯03H          ;计算偏移量
        MOVC A,@A+PC         ;查表
        MOV  R0,A            ;存结果 R0
        SJMP $
ASCTAB: DB   '0','1','2','3'
        DB   '4','5','6','7'
        DB   '8','9','A','B'
        DB   'C','D','E','F'
        END
```

当表格长度超过 255 字节时，不能使用"MOVC A,@A+PC"指令查表，而必须使用"MOVC A,@A+DPTR"指令，并且需要对 DPH、DPL 进行运算处理，求出表首地址。

2.5.7　散转程序设计

散转程序属于分支结构程序的范畴，是根据某种输入或运算的结果，分别转向各个处理程序。使用变址寻址的转移指令"JMP @A+DPTR"，可以很容易地实现 N 路分支散转功能。

实现 N 路分支散转程序的方法如下。

(1) 在程序存储器中，设置各分支程序入口地址表。

(2) 利用"MOVC A,@A+DPTR"或"MOVC A,@A+PC"指令，根据条件查地址表，找到分支入口地址。方法是使 DPTR 指向地址表首址，再按运行中累加器 A 的偏移量找到相应分支程序入口地址，并将该地址存于 A 中。

（3）利用散转指令"JMP　@A＋DPTR"转向分支处理程序。

【例 2-58】　128 路分支散转程序。

功能：根据 R3 值（00H～7FH）转到 128 个目的地址。

入口条件：（R3）＝转移目的地址代号（00H～7FH）。

出口条件：转移到 128 个分支程序段入口。

解：参考程序如下：

```
JMP128: MOV   A,R3
        RL    A                ; (A)× 2
        MOV   DPTR, ＃ TAB      ; DPTR 表首地址
        JMP   @A + DPTR        ; 散转
TAB:    AJMP  ROUT00           ; 转向分支程序 0
        AJMP  ROUT01           ; 转向分支程序 1
        ⋮
        AJMP  ROUT7F           ; 转向分支程序 7F
```

程序中第二条指令"RL　A"把 A 中的内容乘以 2。由于分支代号是 00H～7FH，而散转表中用的是 128 条 AJMP 指令，每条 AJMP 指令占两字节，整个散转表共用了 256 字节单元，因此必须把分支地址代号乘 2，才能使"JMP　@A＋DPTR"指令转移到对应的 AJMP 指令地址上，以产生分支。

由于散转表中用的是 AJMP 指令，因此，每个分支的入口地址（ROUT00～ROUT7F）必须与对应的 AJMP 指令在同一 2KB 存储区内。也就是说，分支入口地址的安排仍受到限制。若改用长转移 LJMP 指令，则入口地址可安排在 64KB 程序存储器的任何一区域，但程序也要做相应的修改。

【例 2-59】　大于 256 路分支散转程序。

功能：根据入口条件转向 n 个分支处理程序。

入口条件：（R7R6）＝转移目的地址代号。

出口条件：转移到相应分支处理程序入口。

解：参考程序如下：

```
JMPN:   MOV   DPTR, ＃ PRGTBL   ; DPTR 指向表首地址
        MOV   A,R7             ; 取地址代号高 8 位
        MOV   B,＃ 3
        MUL   AB               ; ×3
        ADD   A,DPH
        MOV   DPH,A            ; 修改指针高 8 位
        MOV   A,R6             ; 取地址代号低 8 位
        MOV   B,＃ 3
        MUL   AB               ; ×3
        XCH   A,B              ; 交换乘积的高低字节
        ADD   A,DPH            ; 乘积的高字节加 DPH
        MOV   DPH,A
        XCH   A,B              ; 乘积的低字节送 A
        JMP   @A + DPTR        ; 散转
PRGTBL: LJMP  ROUT0
        LJMP  ROUT1            ; N 个 LIMP 指令占用了 N×3B
```

```
            ⋮
     LJMP   ROUTN
```

程序散转表中有 N 条 LJMP 指令,每条 LJMP 指令占 3 字节,因此要按入口条件将地址代号乘 3,用乘积的高字节加 DPH,乘积的低字节送 A(变址寄存器)。

这样,执行"JMP @A+DPTR"指令后,就会转向表中去执行一条相应的 LJMP 指令,从而进入分支程序。

2.5.8　循环结构程序设计

在程序设计中,经常遇到需重复执行的程序段。这种程序称为循环程序,这一程序段称为循环体。程序执行时,循环次数由某一给定条件决定,以确定继续循环还是停止循环。采用循环结构的程序一般包括以下四部分。

(1) 循环准备。确定循环初始状态,工作单元清零,设置循环次数计数器及地址指针初值,等等。

(2) 循环体。要求重复执行的程序段。

(3) 循环修改。修改循环计数器及地址指针等。

(4) 循环控制。控制循环体的执行或结束。每执行一次循环体后,根据条件判断是否满足结束条件。

如果条件不满足,继续循环;如果满足,结束循环。

如果循环体中不再包括循环程序,则称为单重循环程序;如果包含一个或几个循环程序,则称为多重循环程序。在多重循环程序中,只允许内层循环程序嵌套在外层循环体内,而不允许循环体互相交叉。

C51 语言的循环结构主要包括以下三种类型:

1) while 语句

while 语句只能用来实现"当型"循环,一般格式如下:

```
while (表达式)
{  语句;                        //可以是复合语句
}
```

表达式是 while 循环能否继续的条件;语句部分则是循环体,是执行重复操作的部分。只要表达式为真,就重复执行循环体内的语句;反之,则终止 while 循环,执行循环之外的下一行语句。

常见于在主函数使用时的循环操作,例如:

```
# include < reg51.h >
void  main( )
{   P1 = 0xfe;
    while(1);                   //一直循环主程序
}
```

2) do-while 语句

do-while 语句用来实现"直到型"循环结构,在循环体的结尾处而不是在开始处检测循环结束条件。其一般格式如下:

```
do
{ 语句;
} while (表达式);
```

do-while 语句的特点是先执行内嵌的语句,再计算表达式,如果表达式的值为非 0,则继续执行内嵌的语句,直到表达式的值为 0 时结束循环。

3) for 语句

for 语句的一般格式如下:

```
for(表达式 1; 表达式 2; 表达式 3)
{ 语句; }
```

它的执行过程是:首先求解表达式 1,进行循环变量初始化;然后求解表达式 2,判断表达式 2 是否满足给定条件,若其值非 0,则执行内嵌语句,否则退出循环;最后求解表达式 3,修改循环变量,并回到第 2 步。

【例 2-60】 传送数据块程序。设在以 M 为起始地址的内部 RAM 中存放 100 个单字节数,试编写程序,把这 100 个数传送到以 N 为起始地址的外部 RAM 中。

解:编写循环程序,流程图如图 2-16 所示,汇编程序设计如下。

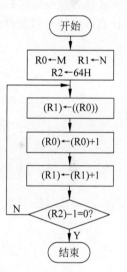

图 2-16 传送数据块流程图

```
        ORG   2000H
START:  MOV   R0,#N
        MOV   DPTR,#N
        MOV   R2,#64H
LP:     MOV   A,@R0          ;A←(R0)
        MOVX  @DPTR,A        ;DPTR←(A)
        INC   R0
        INC   DPTR
        DJNZ  R2,LP          ;R2-1≠0,则转移
        END
```

C51 程序设计如下。

假设 M 代表片外 RAM 6000H,N 代表片内 RAM 60H,C51 语言参考程序如下:

```
xdata unsigned char Tab1[100] _at_ 0x6000;
data unsigned char Tab2[100] _at_ 0x60;
unsigned char a,index;
void main( )
{ for(index = 0;index < 100;index++)
    { a = Tab1[index];
        Tab2[index] = a;
    }
}
```

【例 2-61】 查找程序。设在以 M 为起始地址的内部 RAM 中连续存放 100 个单字节数,试编写程序查找一个数 a,找到后把其地址送 N 单元;若这个数不存在,则把 FFH 送 N 单元。

解：使用比较指令查找，编写循环程序，流程图如图 2-17 所示，程序设计如下。

```
         ORG  1800H
START:   MOV  R0,#M
         MOV  R1,#64H
LP1:     CJNE @R0,#a,LP2     ;比较,不相等转移
         MOV  N,R0           ;找到,N←(R0)
         SJMP LP3
LP2:     INC  R0
         DJNZ R1,LP1         ;(R1)-1≠0,则转移
LP3:     MOV  N,0FFH         ;未找到,N←0FFH
         END
```

【例 2-62】 多重循环程序。试设计一个软件延时程序。

解：对于软件延时程序，延时时间主要由时钟周期（即确定指令执行时间）和循环程序中重复执行指令的次数决定。本程序中设置两个计数器，内循环计数器初值为 0FFH，外循环计数器初值可根据延时时间来确定。其程序流程图如图 2-18 所示，程序设计如下。

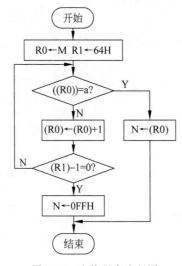

图 2-17　查找程序流程图

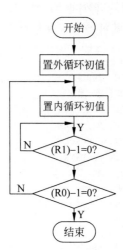

图 2-18　延时程序流程图

```
         ORG  6000H
LP1:     MOV  R0,#X          ;置外循环控制
         MOV  R1,#0FFH       ;置内循环控制
LP2:     NOP
         DJNZ R1,LP2         ;内循环控制
         DJNZ R0,LP1         ;外循环控制
         END
```

使用 while 循环的 C51 语言参考程序如下：

```c
void msec (unsigned int x)
{ unsigned char j;
while (x--)
{ for (j = 0;j < 255;j++);
```

```
}
}
```

使用 for 循环的 C51 语言参考程序如下：

```
void delayxms (unsigned int xms)
{  unsigned int t1, t2;
   for (t1 = xms;t1 > 0;t1 -- )
   for (t2 = 255;t2 > 0;t2 -- ) ;
}
```

2.5.9 子程序

1. 子程序的概念

子程序是指完成某一确定任务并能被其他程序反复调用的程序段。子程序末尾一条指令必须是返回指令 RET。有了子程序之后，编写程序时就可使用子程序，子程序执行完后返回到原来的程序。这个使用子程序的程序称为主程序或调用程序，使用子程序的过程称为子程序调用，子程序执行完后返回原来程序的过程称为子程序返回。

子程序与主程序的关系如图 2-19 所示。主程序两次调用子程序 aabb。第一次调用是当主程序执行到 N 单元中的指令"LCALL aabb"时转向子程序 aabb。当子程序执行到末尾的指令 RET 时返回到主程序的 N+3 地址单元。第二次调用是当主程序执行到 M 单元中的指令"LCALL aabb"时转向子程序，子程序执行完后返回到 M+3 地址单元。

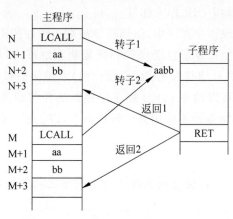

图 2-19 转子程序与返回主程序示意图

另外，在子程序执行过程中还可以调用其他子程序，这种现象称为子程序嵌套，如图 2-20 所示。

子程序调用是通过指令"LCALL aabb16"和"ACALL aabb11"来实现的。它们的功能是把程序计数器 PC 的当前值（调用指令的下一条指令地址，即断点）压入堆栈（即保护断点），然后把子程序入口地址送入 PC，如图 2-21 所示。子程序返回是通过返回指令 RET 来实现的，其功能是把堆栈中的返回地址（即断点）弹出，送回到 PC 中，使程序返回到原来被断开的地方（即转子程序的下一个地址单元）继续执行。

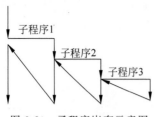
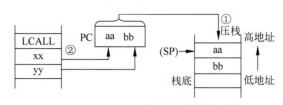

图 2-20　子程序嵌套示意图　　　　　　图 2-21　LCALL 指令示意图

在程序设计中恰当地使用子程序有如下优点。

（1）不必重复书写同样的程序，提高编程效率。

（2）程序的逻辑结构简单，便于阅读。

（3）缩短了源程序和目标程序的长度，节省了程序存储器空间。

（4）使程序模块化、通用化，便于交流、共享资源。

（5）便于按某种功能调试。

通常人们将一些常用的标准子程序驻留在 ROM 或外部存储器中，构成子程序库。丰富的子程序库对用户十分方便，对某子程序的调用，就像使用一条指令一样方便。

2．调用子程序的要点

子程序在结构上应具有通用性和独立性，在编写子程序时应注意以下几点。

（1）程序第一条指令的地址称为入口地址，该指令前必须有标号，最好以子程序任务名作为标号，例如显示程序常以 DIR 作为标号。

（2）调用子程序指令设在主程序中，返回指令放在子程序的末尾。

（3）子程序调用和返回指令能自动保护和恢复断点地址，但对需要保护的寄存器和内存单元的内容，必须在程序开始和末尾（RET 指令前）安排保护和恢复它们的指令。

（4）为使所编子程序可以放在 64KB 程序存储器的任何地方并能被主程序调用，子程序内部必须使用相对转移指令而不使用其他转移指令，以便汇编时生成浮动代码。

3．参数传递

在调用汇编语言子程序时，会遇到主程序与子程序之间参数传递问题。参数传递一般可采用以下方法。

（1）传递数据。传递数据是将数据通过工作寄存器 R0～R7 或者累加器来传送。即在调用子程序之前把数据送入寄存器或者累加器，调用之后就可用这些寄存器或者累加器中的数据进行操作，当子程序执行完毕，结果仍由寄存器或累加器送回。

（2）传递地址。数据存放在数据寄存器中，参数传递时只通过 R0、R1、DPTR 传递数据所存放的地址。调用结束时，子程序运算的结果也可以存放在内存单元中，传送回来的也只是放在作指针的寄存器中的地址。

（3）通过堆栈传递参数。在调用前先把要传送的参数压入堆栈。进入子程序后，再将压入堆栈的参数弹出到工作寄存器或者其他内存单元。这样的传送方法的优点是可以根据需要将堆栈中的数据弹出到指定的工作单元。例如，从累加器 A 压到堆栈的参数，弹出时不一定弹到 A,而是进入其他工作单元。但要注意,在调用子程序时,断点处的地址也要压入堆栈,占用两个单元。在弹出参数时,注意不要把断点地址传送出去。另外,在返回主程序时,要把堆栈指针指向断点地址,以便能正确地返回。

(4) 通过位地址传送参数。一般称传入子程序的参数为入口参数,由子程序返回的参数为出口参数。同一个问题可以采用不同的方法来传递参数,相应的程序也会略有差别。

【例 2-63】 编制 $c=a^2+b^2$ 程序。设 a 和 b 均为小于 10 的整数,a、b、c 放在内部 RAM XA、XB、XC 三个单元中。

解: 本程序由主程序和子程序组成。主程序通过 A 累加器传递子程序入口参数 a 或 b,子程序也通过 A 累加器传递出口参数 a^2 或 b^2 给主程序。子程序为求平方的通用子程序。

入口参数:(A)=a 或 b。

出口参数:(A)=a^2 或 b^2。

使用资源:A、B、内部 RAM 40H~42H。

程序如下:

```
        ORG   2000H
        XA  DATA  40H
        XB  DATA  41H
        XC  DATA  42H
        MOV  A,XA              ;入口参数 a 送 A
        ACALL  SQR             ;求 a²
        MOV  XC,A              ;a² 送 XC
        MOV  A,XB              ;入口参数 b 送 A
        ACALL  SQR             ;求 b²
        ADD  A,XC              ;a²+b² 送 A
        MOV  XC,A              ;存结果
        SJMP  $
SQR:    MOV  B,A
        MUL  AB
        RET
        END
```

C51 语言程序设计如下:

```
# include<reg51.h>
# include<math.h>
data  int  XA  _at_ 0x40;
data  int  XB  _at_ 0x41;
data  int  XC  _at_ 0x42;
void  main( )
{   XA = sqrt(XA);
    XB = sqrt(XB);
    XC = XA + XB;
}
```

2.5.10 运算程序设计

MCS-51 单片机提供了单字节运算指令,但在实际应用中经常需要进行多字节运算,以

提高数据处理精度。下面介绍多字节加、减、乘、除运算程序的设计。

【例 2-64】 编写 n 字节 BCD 码加法。

解： 设两个 BCD 码的起始地址分别为 FIRST 和 SECOND，每字节单元存放 2 位 BCD 码，低位在先，高位在后，程序流程图如图 2-22 所示，程序设计如下。

```
        ORG   2000H
DADD:   MOV   R0,#FIRST
        MOV   R1,#SECOND
        MOV   R3,#n
        CLR   C
LOOP:   MOV   A,@R0
        ADDC  A,@R1          ;加法运算
        DA    A              ;BCD 码调整
        MOV   @R0,A          ;存结果
        INC   R0
        INC   R1
        DJNZ  R3,LOOP
        RET
        END
```

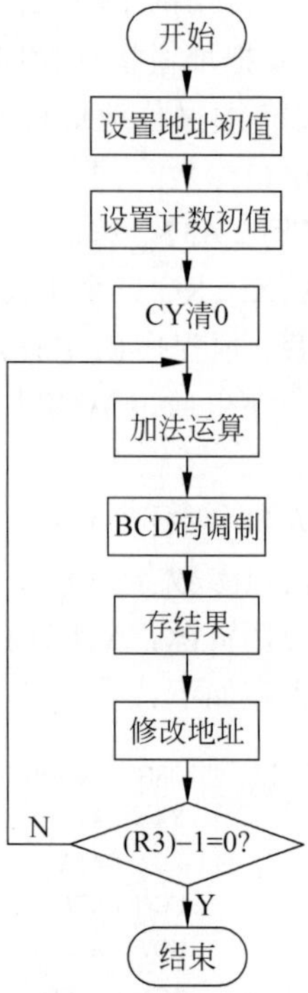

C51 语言程序设计如下：

```
#include<reg51.h>
data int x _at_first;
data int y _at_ second;
int i,sum,n=100;
void main()
{   for(i=0;i<n;i++)
    {   sum = x + y;
        first++;
        second++;
    }
}
```

图 2-22 n 字节 BCD 码流程图

【例 2-65】 编写 n 字节 BCD 码减法。

解： 由于 BCD 码调整指令只能用在加法指令的后面，所以对十进制减法运算可先求减数的十进制补码，然后进行加法运算。设被减数为 A，减数为 B，位数为 M，则有

$$A-B=A+[B]_{\dot{\uparrow}}=A+(10^M-B)=A+(\underbrace{9\cdots9}_{M\uparrow}+1-B)$$

减数求补时分字节进行，逐字节求补，做加法运算。程序设计如下。

```
        ORG   2500H
BSUB:   MOV   R3,#n
        MOV   R0,#FIRST
        MOV   R1,#SECOND
        SETB  C
LOOP:   MOV   A,#99
        ADDC  A,#00H
        SUBB  A,@R1          ;求补
```

```
        ADD   A,@R0          ;进行补码加法运算
        DA    A
        MOV   @R0,A           ;存结果
        INC   R0
        INC   R1
        DJNZ  R3,LOOP
        RET
        END
```

【例 2-66】 编写多字节无符号数乘法程序。

解：设多字节被乘数为 ABCD，单字节乘数为 E。运算方法类似于笔算，如图 2-23 所示。另设被乘数低位起始地址为 ADDR1，乘积地址为 ADDR2，乘积结果的起始地址为 ADDR3，汇编程序设计如下。

$$
\begin{array}{cccc}
 & A & B & C & D \\
\times & & & & E \\
\hline
 & & & DE_H & DE_L \\
 & & CE_H & CE_L & \\
 & BE_H & BE_L & & \\
+ & AE_H & AE_L & & \\
\hline
\end{array}
$$
$$AE_H(AE_L+BE_H)(BE_L+CE_H)(CE_L+DE_H)DE_L$$

图 2-23　无符号数乘法程序，多字节数乘以单字节数示意图

```
        MOV   R1,♯ADDR3
        MOV   R2,♯5
LOOP1:  MOV   @R1,♯00H    ;结果单元清零
        INC   R1
        DJNZ  R2,LOOP1
        CLR   C
        CLR   F0
        MOV   R2,♯4
        MOV   R0,ADDR1
        MOV   R1,♯ADDR3
LOOP2:  MOV   A,@R0        ;取被乘数
        MOV   B,ADDR2      ;取乘数
        MUL   AB
        MOV   C,F0
        ADDC  A,@R1
        MOV   @R1,A        ;存中间结果低位
        INC   R1
        MOV   A,B
        ADDC  A,@R1
        MOV   @R1,A        ;存中间结果高位
        MOV   F0,C         ;暂存进位标志
        INC   R0
        DJNZ  R2,LOOP2
        JNC   LOOP3
        INC   R1
        MOV   @R1,♯01H     ;进位
LOOP3:  RET
        END
```

C51 语言程序设计如下：

```
# include < reg52. h>
# include < stdio. h>
extern  serial_initial( );
unsigned  long  x_at_ ADDR1;
unsigned  long  y_at_ ADDR2;
unsigned  long  z_at_ ADDR3;
void  main( )
{  serial_initial( );
    z = x * y;
    while(1);
}
```

【例 2-67】 编写多字节无符号数除法程序。

解：设被除数为 2N(N<32)字节，除数为 N 字节，除法运算得到 N 字节的商和 N 字节的余数。要求被除数的高 N 字节小于除数，以免商大于 N 位而溢出。又设 ADDR1 单元存放被除数起始地址，ADDR2 单元存放除数起始地址，且低位在先，高位在后，ADDR3 单元存放字节数 N，使用比较法进行除法运算。程序流程如图 2-24 所示，F0 存放溢出标志，程序设计如下。

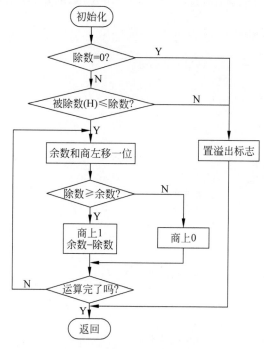

图 2-24　多字节无符号数除法运算

```
        ORG  0000H
DDIV:   MOV  R0,ADDR2
        MOV  R2,ADDR3
LPD1:   MOV  A,@R0      ;判除数是否为 0
        JNZ  LPD3
```

```
                INC   R0
                DJNZ  R2,LPD1
LPD2:    SETB  F0              ; 置溢出标志
                RET
LPD3:    MOV   A,ADDR3
                RL    A
                RL    A
                RL    A               ; 求 N×8
                MOV   R3,A             ; R←N×8
                CLR   C
                CLR   F0
                MOV   A,ADDR1         ; A←被除数起始地址
                ADD   A,ADDR3         ; A←被除数起始地址+N
                MOV   R0,A
                MOV   B,A
                MOV   R1,ADDR2        ; R1←除数起始地址
                CLR   C
                MOV   R2,ADDR3        ; R2←N
                ACALL MSUB            ; 被除数的高N位-除数
                JNC   LPD2            ; 被除数高N位≥除数,转移
LPD4:    MOV   A,ADDR3
                CLR   C
                RLC   A
                MOV   R2,A             ; R2←2×N
                MOV   R0,ADDR1
                CLR   C
LPD5:    MOV   A,@R0            ; 余数及商左移一位
                RLC   A
                MOV   @R0,A
                INC   R0
                DJNZ  R2,LPD5
                MOV   R0,B
                MOV   R1,ADDR2
                MOV   R2,ADDR3
                ACALL MSUB            ; 余数-除数
                JC    LPD6            ; 余数<除数转移,商上0
                INC   ADDR1           ; 商上1
                MOV   R0,B
                MOV   R2,ADDR3
                ACALL MSUB1           ; 余数←余数-除数
LPD6:    DJNZ  R3,LPD4
                RET
MSUB:    CLR   C                ; 减法运算不送结果,即比较
LPS:     MOV   A,@R0
                SUBB  A,@R1
                INC   R0
                INC   R1
                DJNZ  R2,LPS
                RET
MSUB1:   CLR   C                ; 减法运算送结果
LPS1:    MOV   A,@R0
```

```
        SUBB  A,@R1
        MOV   @R0,A
        INC   R0
        INC   R1
        DJNZ  R2,LPS1
        RET
        END
```

运算结束后,商放在被除数的低 N 字节单元中,余数放在高 N 字节单元中。

C51 语言程序设计如下。

```
#include<reg52.h>
#include<stdio.h>
extern serial_initial();
unsigned long x_at_0x30;          //x 是被除数
unsigned int y_at_0x40;           //y 是除数
unsigned int z_at_0x50;           //z 是商
unsigned int w_at_0x52;           //w 是余数
void main()
{ serial_initial();
  x = 0x90000000;
  y = 0xAFFF;
  z = x/y;
  w = x % y;
  while(1);
}
```

2.5.11　代码转换程序

【例 2-68】　把单字节二进制无符号数转换成 BCD 码。

解：单字节二进制无符号数最大为 255,因此最多可转换为 3 位 BCD 码。在这个二进制数中所包含的 64H 的个数,即为 BCD 码的百位数;减去百位数后的余数中所包含的 0AH 的个数,即为 BCD 码的十位数;减去十位数后的余数,即为 BCD 码的个位数。单字节二进制无符号数转换成 BCD 码就是将 00H～FFH 范围内二进制数转换为 BCD 数(0～256)。程序流程如图 2-25 所示。

入口：(A)=二进制数。

出口：百位、十位和个位分别存入 R0 指出的两个 RAM 单元。

程序设计如下。

```
BINBCD: MOV   B,#64H
        DIV   AB            ;(A)=百位数
        MOV   @R0,A         ;百位 BCD 存入 RAN
        INC   R0
        MOV   A,#0AH
        XCH   A,B
        DIV   AB            ;(A)=十位数,(B)=个位数
        SWAP  A
        ADD   A,B           ;(A)=压缩 BCD 码(十位、个位)
        MOV   @R0,A         ;存入 RAM
        RET
```

下面将给出一个常见的快速处理 16 位二进制数转 BCD 码的 C51 语言程序。

```c
# include < reg51.h>
unsigned char dig[5];
void bin2bcd(unsigned int x)
{   unsigned char i,j,k;
    k = x;
    x >>= 2;
    i = x >> 8;
    j = (i + i + i) << 1;
    if (i > 41) {i++;j += 6;}
    j += x;
    if ((unsigned char)x > j ) {i++;j += 6;}
    if (j > 249) {i++;j += 6;}
    dig[0] = i / 10;                    //10000
    dig[1] = B;                        //1000
    dig[2] = j / 25;                    //100
    dig[3] = (B << 2 | k&3) / 10;      //10
    dig[4] = B;                        //1
}
void main()
{   while(1)
    {   bin2bcd(32768);
    }
}
```

【例 2-69】 把 3 位 BCD 码转换成二进制数。

解: 设 3 位 BCD 码最大值为 255,百位数乘 64H,加上十位数乘 0AH,再加上个位数,即得相应的二进制数。程序流程图如图 2-26 所示,程序设计如下。

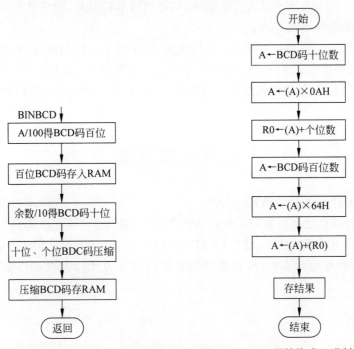

图 2-25 二进制数转换成 BCD 码流程图　　图 2-26 BCD 码转换成二进制数流程图

```
        ORG  2000H
START:  MOV  DPTR,#FIRST
        MOVX A,@DPTR      ;A←BCD码低2位
        MOV  R0,A         ;R0←BCD码低2位
        ANL  A,#0F0H
        SWAP A            ;A←BCD码的十位数
        MOV  B,#0AH       ;B←0AH
        MUL  AB           ;相乘,仅有低位字节在A中
        XCH  A,B          ;低位字节送B寄存器
        MOV  A,R0
        ANL  A,#0FH       ;A←BCD码的个位数
        ADD  A,B
        MOV  R0,A         ;R0←累加器
        INC  DPTR
        MOVX A,@DPTR      ;A←BCD码百位数
        MOV  B,#64H       ;B←64H
        MUL  AB           ;相乘,仅有低位字节在A中
        ADD  A,R0
        MOV  DPTR,#SECOND
        MOVX @DPTR,A      ;存结果
        END
```

2.5.12　C51语言其他语句

（1）break 语句：用于从循环代码中退出，然后执行循环语句之后的语句，不再进入循环。

（2）continue 语句：用于退出当前循环，不再执行本轮循环，程序代码从下一轮循环开始执行，直到判断条件不满足为止。

（3）return 语句：一般放在函数的最后位置，用于终止函数的执行，并控制程序返回调用该函数时所处的位置。返回时还可以通过 return 语句带回返回值。

（4）goto 语句：无条件转移语句。当执行 goto 语句时，将程序指针跳转到 goto 给出的下一条代码。

思考题与习题

1. 简述 80C51 汇编指令格式。

2. 要访问特殊功能寄存器和片外数据寄存器，应采用哪些寻址方式？

3. 在 80C51 片内 RAM 中，已知(30H)=38H,(38H)=40H,(40H)=48H,(48H)=90H。请分析下面各是什么指令，说明源操作数的寻址方式以及按顺序执行每条指令的结果。

```
MOV  A,40H
MOV  R0,A
MOV  P1,#0F0H
MOV  @R1,30H
```

```
MOV   DPTR,#3848
MOV   40H,38H
MOV   R0,30H
MOV   P0,R0
MOV   18H,#30H
MOV   A,@R0
MOV   P2,P1
```

4. 对 80C51 片内 RAM 的高 128B 的地址空间寻址要注意什么?

5. 指出下列各行指令的本质区别。

```
MOV   A,34H
MOV   A,#34H
MOV   34H,#34H
MOV   A,R0
MOV   A,@R0
MOVX  A,@R0
```

6. 设 R0 的内容为 32H,A 的内容为 48H,片内 RAM 的 32H 单元内容为 80H,40H 单元内容为 08H。请指出在执行下列程序段后上述各单元内容的变化。

```
MOV   A,@R0
MOV   @R0,40H
MOV   40H,A
MOV   R0,#38H
```

7. 如何访问 SFR? 可使用哪些寻址方式?

8. 如何访问外部 RAM 单元? 可使用哪些寻址方式?

9. 如何访问内部 RAM 单元? 可使用哪些寻址方式?

10. 如何访问内外程序存储器? 可使用哪些寻址方式?

11. 已知(A)=83H,(R0)=17H,(17H)=34H。请写出执行完下列程序段后 A 的内容。

```
ANL   A,#17H
ORL   17H,A
XRL   A,@R0
CPL   A
```

12. 使用字节操作指令实现下列逻辑操作,要求不得改变未涉及位的内容。

(1) 使 ACC.0 置 1;

(2) 清除累加器高 4 位;

(3) 清除 ACC.3,ACC.4,ACC.5,ACC.6。

13. 采用"或"运算,写出使任意 8 位二进制数的符号位必为 1 的指令。

14. 请思考,采用"异或"运算怎样可使一带符号数的符号改变、数据位不变;怎样可使该数必然为 0。

15. 阅读下列程序,要求:

(1) 说明该程序的功能;

(2) 试修改程序,使内部 RAM 的内容成为如图 2-27 所示的结果。

```
       MOV   R2,#0AH
       MOV   R0,#50H
       CLR   A
LOOP:  MOV   @R0,A
       INC   R0
       DJNZ  R2,LOOP
```

50H	00H
51H	01H
52H	02H
53H	03H
54H	04H
55H	05H
56H	06H
57H	07H
58H	08H
59H	09H

图 2-27 （题 15）

16. 编写程序段：

（1）把片内 RAM 30H 单元的内容送到片外 RAM 3000H 单元中；

（2）把片外 RAM 30H 单元的内容送到片内 RAM 30H 单元中；

（3）把片外 RAM 3000H 单元的内容送到片外 RAM 4000H 单元中；

（4）把片内 RAM 30H 单元的内容送到片内 RAM 40H 单元中。

17. 下列程序段经汇编后，从 1000H 开始的各有关存储单元的内容将是什么？

```
       ORG   1000H
TAB1   EQU   1234H
TAB2   EQU   3000H
       DB    'STRAT'
       DW    TAB1,TAB2,70H
```

18. 设（R0）＝7EH,（DPTR）＝10FEH,片内 RAM 中 7EH 单元的内容为 0FFH,7FH 单元的内容为 38H。试为下列程序的每条指令注释其执行结果。

```
INC   @R0
INC   R0
INC   @R0
INC   DPTR
INC   DPTR
INC   DPTR
```

19. 读下列程序，并要求：

（1）说明程序功能；

（2）写出涉及的寄存器及片内 RAM 单元（如图 2-28 所示）的最后结果。

```
MOV   R0,#40H
MOV   A,@R0
INC   R0
ADD   A,@R0
INC   R0
MOV   @R0,A
CLR   A
ADDC  A,#0
INC   R0
MOV   @R0,A
```

20. 同上题要求（如图 2-29 所示），程序如下：

```
MOV   A,61H
MOV   B,#02H
```

```
MUL   AB
ADD   A,62H
MOV   63H,A
CLR   A
ADDC  A,B
MOV   64H,A
```

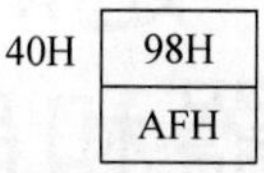

40H	98H
	AFH

图 2-28 （题 19）

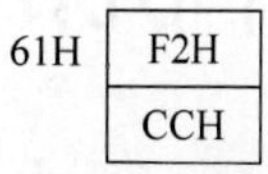

61H	F2H
	CCH

图 2-29 （题 20）

注意：21 题～25 题编程要求同时写汇编程序和 C 程序。

21. 编写程序实现下述要求：

片内 RAM 地址使 40H、41H、42H 单元中有 3 个无符号数，编程找出其中的最大数，把结果放在片外 RAM 3000H 单元中。

22. 编写程序，将内部 RAM R0～R7 的内容传递到 30H～37H 单元。

23. 编写程序，进行两个 16 位数的加法：6F5DH＋13B4H，结果存入内部 RAM 的 30H 和 31H 单元，30H 存和的低 8 位。

24. 编写程序，进行两个 16 位数的加法：1234＋5678，结果存入内部 RAM 的 30H 和 31H 单元，30H 存和的低 8 位。

25. 编写程序，采用"与"运算，判断某 8 位二进制数有奇数个 1 还是偶数个 1。

第3章

单片机的中断系统、定时器/计数器和串行口

3.1 单片机的中断系统

3.1.1 中断系统概念

当中央处理器 CPU 正在处理某事件时外界发生了更为紧急的请求,要求 CPU 暂停当前的工作,转而去处理这个紧急事件,处理完毕后,再回到原来被中断的地方,继续原来的工作,这样的过程称为中断,如图 3-1 所示。实现这种功能的部件称为中断系统(中断机构),产生中断的请求源称为中断源。中断源向 CPU 提出的处理请求,称为中断请求或中断申请。CPU 暂时中止自身的事务,转去处理事件的过程,称为 CPU 的中断响应过程。对事件的整个处理过程,称为中断服务(或中断处理)。处理完毕,再回到原来被中止的地方,称为中断返回。

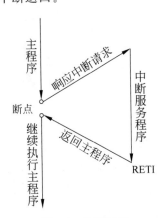

图 3-1　中断流程

MCS-51 系列单片机有 5 个中断源,52 系列单片机有 6 个中断源。单片机的中断系统一般允许有多个中断源,当几个中断源同时向 CPU 请求中断时,就存在 CPU 优先响应哪一个中断源请求的问题。

通常根据中断源的轻重缓急排队,优先处理最紧急事件的中断源,即规定每个中断源都有优先级别,CPU 总是最先响应级别最高的。它可分为两个中断优先级,即高优先级和低优先级;可实现两级中断嵌套。用户可以用关中断指令(或复位)来屏蔽所有的中断请求,也可以用开中断指令使 CPU 接收中断申请。即每个中断源的优先级都可以由程序来设定。

当 CPU 正在处理一个中断源请求时,发生了另一个优先级比它高的中断源请求,如果 CPU 能够暂停对原来的中断源的处理程序,转而去处理优先级更高的中断源请求,处理以后,再回到原来的低优先级中断处理程序,这样的过程称为中断嵌套。具有这种功能的中断系统称为多级中断系统,没有中断嵌套功能的则称为单级中断系统。

具有二级中断服务程序嵌套的中断过程如图 3-2 所示。

关于程序控制传送方式(如查询传送方式),由于是 CPU 主动要求传送数据,而它又不能控制外设的工作速度,因此只能用等待的方式来解决速度匹配的问题。相对而言,中断方

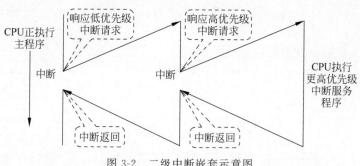

图 3-2 二级中断嵌套示意图

式则是外设主动提出数据传送的请求,CPU 在收到这个请求以前执行本身的程序(主程序),只是在收到外设希望进行数据传送的请求之后,才中断原有主程序的执行,暂时去与外设交换数据。由于 CPU 工作速度很快,交换数据所花费的时间很短。对于主程序来讲,虽然中断了一个瞬间,由于时间很短,对计算机的运行也不会有什么影响。中断方式完全消除了 CPU 在查询方式中的等待现象,大大提高了 CPU 的工作效率。

中断方式的另一个应用领域是实时控制。将从现场采集到的数据通过中断方式及时传送给 CPU,经过处理后就可立即做出响应,实现现场控制。而采用查询方式就很难做到及时采集,实时控制。

由于外界异常事件中断 CPU 正在执行的程序(只要允许的话)是随机的,CPU 转去执行中断服务程序时,除了硬件会自动把断点地址(16 位程序计数器的值)压入堆栈之外,用户还得注意保护有关工作寄存器、累加器、标志位等信息(称为保护现场),以便在完成中断服务程序后,恢复原工作寄存器、累加器、标志位等的内容(称为恢复现场)。最后执行中断返回指令,自动弹出断点地址到 PC,返回主程序,继续执行被中断的程序。

3.1.2 MCS-51 中断系统结构

MCS-51 中不同型号单片机的中断源是不同的,最典型的 80C51 单片机有 5 个中断源(80C52 有 6 个),具有两个中断优先级,可以实现二级中断嵌套。5 个中断源的排列顺序由中断优先级控制寄存器 IP 和顺序查询逻辑电路(图 3-3 中的硬件查询)共同决定。5 个中断源对应 5 个固定的中断入口地址,也称矢量地址。与中断系统有关的特殊功能寄存器有中断源寄存器(即专用寄存器 TCON、SCON 的相关位)、中断允许控制寄存器 IE 和中断优先级控制寄存器 IP。5 个中断源的中断请求是否会得到响应,要受 IE 各位的控制,它们的优先级分别由 IP 各位来确定。MCS-51 基本的中断系统结构如图 3-3 所示。

中断是计算机的重要功能。采用中断技术能实现以下的功能。

(1) 分时操作。计算机的中断系统可以使 CPU 与外设同时工作。CPU 在启动外设后,便继续执行主程序;而外设被启动后,开始进行准备工作。当外设准备就绪时,就向 CPU 发出中断请求,CPU 响应该中断请求并为其服务完毕后,返回到原来的断点处继续运行主程序。外设在得到服务后,也继续进行自己的工作。因此,CPU 可以使多个外设同时工作,并分时为各外设提供服务,从而大大提高了 CPU 的利用率和输入输出的速度。

(2) 实时处理。当计算机用于实时控制时,请求 CPU 提供服务是随机发生的。有了中断系统,CPU 就可以立即响应并加以处理。

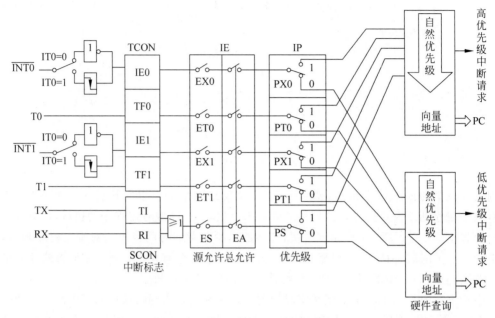

图 3-3　MCS-51 基本的中断系统结构

（3）故障处理。计算机在运行时往往会出现一些故障，如电源断电、存储器奇偶校验出错、运算溢出等。有了中断系统，当出现上述情况时，CPU 可及时转去执行故障处理程序，自行处理故障而不必停机。

下面从三方面介绍 51 单片机中断系统功能实现的原理、实现中断系统控制的方法和中断系统具体实现过程。

1．中断源与中断请求标志

MCS-51 单片机设有 5 个中断源，分别是 2 个外部中断 $\overline{\text{INT0}}$、$\overline{\text{INT1}}$，2 个内部定时器/计数器溢出中断 TF0、TF1 和 1 个内部串行口中断 TI 或 RI。这些中断请求分别由特殊功能寄存器 TCON 和 SCON 的相应位锁存。

1）定时器/计数器控制寄存器 TCON

TCON 为定时器/计数器的控制器，它也锁存外部中断请求标志，其格式如图 3-4 所示。

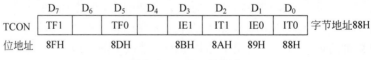

图 3-4　TCON 的格式

说明如下：

（1）TF1（TCON.7）为定时器/计数器 T/C1 的溢出中断请求标志位，位地址为 8FH。T/C1 被启动后，从初始值开始加 1 计数。当 T/C1 产生溢出中断（全 1 变为全零）时，TF1 由硬件自动置位（置 1），向 CPU 申请中断；当 T/C1 的溢出中断为 CPU 响应后，TF1 由硬件自动复位（置零或清零），中断申请撤除。也可用软件查询 TF1 标志，并由软件复位。

(2) TF0(TCON.5)为定时器/计数器 T/C0 的溢出中断请求标志位,位地址为 8DH,作用和 TF1 类似。

(3) IE1(TCON.3)为外部中断 1($\overline{INT1}$)的中断请求标志位,位地址为 8BH。当 IT1＝0 即电平触发方式时,CPU 在每个机器周期的 S5P2 期间采样 $\overline{INT1}$ 引脚。若 $\overline{INT1}$ 为低电平,则认为有中断申请,随即 IE1 由硬件自动置位;若 $\overline{INT1}$ 为高电平,则认为无中断请求或中断申请已撤除,随即 IE1 由硬件自动复位。当 IT1＝1 即边沿触发方式时,CPU 在每个机器周期的 S5P2 期间采样 $\overline{INT1}$ 引脚。若在连续两个机器周期采样到先高电平后低电平,则 IE1 由硬件自动置位,向 CPU 申请中断。当 CPU 响应此中断后,IE1 由硬件自动复位,中断申请撤除。

(4) IT1(TCON.2)为外部中断 1($\overline{INT1}$)的触发控制标志位,位地址为 8AH。IT1 可由软件置位或清零("SETB IT1"或"CLR IT1")。当 IT1＝0,为电平触发方式,$\overline{INT1}$ 低电平有效;当 IT1＝1,$\overline{INT1}$ 为边沿触发方式,$\overline{INT1}$ 输入脚上的高到低的负跳变有效。

(5) IE0(TCON.1)为外部中断 0($\overline{INT0}$)的中断请求标志位,位地址为 89H,作用和 IE1 类似。

(6) IT0(TCON.0)为外部中断 0($\overline{INT0}$)的触发控制标志位,位地址是 88H,作用和 IT1 类似。

2) 串行口控制寄存器 SCON

SCON 为串行口的控制器,它的低二位锁存串行口的接收中断和发送中断标志,格式如图 3-5 所示。

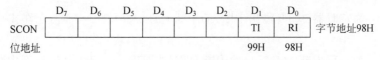

图 3-5 SCON 的格式

说明如下:

(1) TI(SCON.1)为串行口发送中断标志位,位地址为 99H。CPU 将一个数据写入发送缓冲器 SBUF 时,就启动发送。每发送完一帧串行数据后,硬件置位 TI。但 CPU 响应中断时,并不清除 TI,必须在中断服务程序中由软件对 TI 清零。

(2) RI(SCON.0)为串行口接收中断标志位,位地址为 98H。在串行口允许接收时,每接收完一个串行帧,硬件置位 RI。同样,CPU 响应中断时不会清除 RI,必须用软件对其清零。

综上所述,MCS-51 的 5 个中断源的 6 个中断申请标志位分别是 TF1、TF0、IE1、IE0、TI 和 RI。在 CPU 响应与之对应的中断后,TF1 和 TF0 可由硬件自动复位,TI 和 RI 须在中断服务程序中由软件复位,IE0 和 IE1 只有在中断为边沿触发时由硬件自动复位。

应当指出:MCS-51 系统复位后,TCON 和 SCON 中各位被复位成"0"状态,应用时要注意各位的初始状态。

2. MCS-51 的中断控制

CPU 对中断源的开放和屏蔽,以及每个中断源是否被允许中断,都受中断允许控制寄存器 IE 控制。每个中断源优先级的设定，则由中断优先级控制寄存器 IP 控制。寄存器状态可通过程序由软件设定。

1）中断的开放和屏蔽

MCS-51 没有专门的开中断和关中断指令，中断的开放和关闭是通过中断允许控制寄存器 IE 进行两级控制的。所谓两级控制是指有一个中断允许总控制位 EA，配合各中断源的中断允许控制位共同实现对中断请求的控制。这些中断允许控制位集成在中断允许控制寄存器 IE 中。格式如图 3-6 所示。

	D_7	D_6	D_5	D_4	D_3	D_2	D_1	D_0	
IE	EA	×	ET2	ES	ET1	EX1	ET0	EX0	字节地址A8H
位地址	AFH		ADH	ACH	ABH	AAH	A9H	A8H	

图 3-6　IE 的格式

中断允许控制寄存器 IE 的单元地址是 A8H，各控制位（位地址为 A8H～AFH）可以进行字节寻址也可以进行位寻址。所以既可以用字节传送指令又可以用位操作指令来对各个中断请求加以控制。

IE 各位的作用如下。

（1）EA：为 CPU 中断总允许位。EA＝0 时，CPU 关中断，禁止一切中断，EA＝1 时，CPU 开中断，而每个中断源是开放还是屏蔽分别由各自的允许位确定。

（2）EX0：为外部中断 0（$\overline{INT0}$）的中断允许位。EX0＝1 时，允许外部中断 0 中断；否则，禁止中断。

（3）ET0：为定时器 0（T0 溢出中断）的中断允许位。ET0＝1 时，允许 T0 中断；否则，禁止中断。

（4）EX1：为外部中断 1（$\overline{INT1}$）的中断允许位。EX1＝1 时，允许外部中断 1 中断；否则，禁止中断。

（5）ET1：为定时器 1（T1 溢出中断）的中断允许位。TE1＝1 时，允许 T1 中断；否则，禁止中断。

（6）ES：为串行口中断允许位。ES＝1 时，允许串行口接收和发送中断；ES＝0 时，禁止串行口中断。

（7）ET2：为定时器 2 中断允许位。仅用于 52 子系列单片机中，ET2＝1 时，允许定时器 2 中断；否则，禁止中断。

（8）×：保留位。

例如，可以采用如下字节传送指令来开放定时器 T0 的溢出中断：

```
MOV    IE,#82H
```

也可以用位寻址指令，则需采用如下两条指令实现同样功能：

```
SETB    EA
SETB    ET0
```

在 MCS-51 复位后，IE 各位被复位成"0"状态，CPU 处于关闭所有中断的状态。所以，在 MCS-51 复位以后，用户必须通过程序中的指令来开放所需中断。

2）中断优先级的设定

MCS-51 系列单片机具有两个中断优先级。对于所有的中断源,均可由软件设置为高优先级中断或低优先级中断,并可实现两级中断嵌套。

一个正在执行的低优先级中断服务程序,能被高优先级中断源所中断。同优先级或低优先级中断源不能中断正在执行的中断服务程序。每个中断源的中断优先级都可以通过程序来设定,由中断优先级控制寄存器 IP 统一管理,格式如图 3-7 所示。

	D_7	D_6	D_5	D_4	D_3	D_2	D_1	D_0	
IP	×	×	PT2	PS	PT1	PX1	PT0	PX0	字节地址B8H
位地址			BDH	BCH	BBH	BAH	B9H	B8H	

图 3-7　IP 的格式

IP 各位的作用如下。

（1）PX0：为外部中断 0($\overline{INT0}$)优先级设定位。PX0＝1 时,外部中断 0 为高优先级;否则,为低优先级。

（2）PT0：为定时器 0(T0)优先级设定位。PT0＝1 时,T0 为高优先级;否则,为低优先级。

（3）PX1：为外部中断 1($\overline{INT1}$)优先级设定位。PX1＝1 时,外部中断 1 为高优先级;否则,为低优先级。

（4）PT1：为定时器 1(T1)优先级设定位。PT1＝1 时,T1 为高优先级;否则,为低优先级。

（5）PS：为串行口优先级设定位。PS＝1 时,串行口为高优先级;否则,为低优先级。

（6）PT2：为定时器 2 优先级设定位。仅适用于 52 子系列单片机。PT2＝1 时,设定为高优先级;否则,为低优先级。

（7）×：保留位。

当系统复位后,IP 各位均为 0,所有中断源设置为低优先级中断。IP 也是可进行寻址和位寻址的特殊功能寄存器。

在单片机工作时,中断控制由程序来实现,也就是通过程序对上述两个寄存器进行设置,以确定开中断/关中断和每一中断源的优先级。例如,CPU 开中断可由以下两条指令来实现。

```
SETB  0EAH                ;EA 置 1
```

或

```
ORL  IE,＃80H             ;按位"或",EA 置 1
```

CPU 关中断可由以下两条指令来实现。

```
CLR  0EAH                 ;EA 清零
```

或

```
ANL  IE,＃7FH             ;按位"与",EA 清零
```

又如，设置外部中断源 $\overline{INT0}$ 为高优先级，外部中断源 $\overline{INT1}$ 为低优先级，可由下面指令来实现。

```
SETB  0B8H                ;PX0 置 1
CLR   0BAH                ;PX1 清零
```

或

```
MOV   IP,#000xx0x1B       ;PX0 置 1,PX1 清零
```

3）优先级结构

中断优先级只有高低两级，所以在工作过程中必然会有两个或两个以上中断源处于同一中断优先级。若出现这种情况，内部中断系统对各中断源的处理遵循以下两条基本原则。

（1）低优先级中断可以被高优先级中断所中断，反之不能。

（2）一种中断（不管是什么优先级）一旦得到响应，与它同级的中断不能再中断它。

为了实现这两条规则，中断系统内部包含两个不可寻址的"优先级激活"触发器。其中一个指示某高优先级的中断正在得到服务，所有后来的中断都被阻断。另一个触发器指示某低优先级的中断正在得到服务，所有同级的中断都被阻断，但不阻断高优先级的中断。

当 CPU 同时收到几个同一优先级的中断请求时，哪一个请求将得到服务取决于内部的硬件查询顺序，CPU 将按自然优先级顺序确定应该响应哪个中断请求。其自然优先级由硬件形成，排列如下。

```
中断源                  同级自然优先级
外部中断 0               最高优先级
定时器 0 中断              ↓
外部中断 1               ⋮
定时器 1 中断              ↓
串行口中断               最低优先级
定时器 2 中断            最低优先级(52 系列单片机中)
```

【例 3-1】 设 80C51 的片外中断为高优先级，片内中断为低优先级。试设置 IP 相应值。

解：（1）用字节操作指令。

```
MOV   IP,#05H
```

或

```
MOV   0B8H,#05H
```

（2）用位操作指令。

```
SETB  PX0
SETB  PX1
CLR   PS
CLR   PT0
CLR   PT1
```

3. 中断处理过程

中断处理过程可分为三个阶段,即中断响应、中断处理和中断返回。由于各计算机系统的中断系统硬件结构不同,中断响应的方式也有所不同。

1) 中断响应

(1) CPU 响应中断的条件如下。

① 有中断源发出中断请求。

② 中断总允许位 EA=1,即 CPU 开中断。

③ 申请中断的中断源的中断允许位为 1,即中断没有被屏蔽。

④ 无同级或更高级中断正在被服务。

⑤ 当前的指令周期已经结束。

⑥ 若现行指令为 RETI 或者是访问 IE 或 IP 指令,该指令以及紧接着的另一条指令已执行完。

例如,CPU 对外部中断的响应,当采用边沿触发方式时,CPU 在每个机器周期的 S5P2 期间采样外部中断输入信号 1NTX(X=0,1),如果在相邻的两次采样中,第一次采样到的 1NTX=1,紧接着第二次采样到的 1NTX=0,则硬件将特殊功能寄存器 TCON 中的 IEX(X=0,1)置 1,请求中断。IEX 的状态可一直保存下去,直到 CPU 响应此中断,进入中断服务程序时,才由硬件自动将 IEX 清零。由于外部中断每个机器周期被采样一次,因此,输入的高电平或低电平至少必须保持 12 个振荡周期(一个机器周期),以保证能被采样到。

(2) 中断响应操作过程如下。MCS-51 的 CPU 在每个机器周期的 S5P2 期间顺序采样每个中断源,CPU 在下一个机器周期 S6 期间按优先级顺序查询中断标志,如查询到某个中断标志为 1,将在接下来的机器周期 S1 期间按优先级进行中断处理。中断系统通过硬件自动将相应的中断向量地址装入 PC,以便进入相应的中断服务程序。

MCS-51 单片机的中断系统中有两个不可编程的"优先级生效"触发器。一个是"高优先级生效"触发器,用以指明已进行高级中断服务,并阻止其他一切中断请求;一个是"低优先级生效"触发器,用以指明已进行低优先级中断服务,并阻止除高优先级以外的一切中断请求。80C51 单片机一旦响应中断,首先将相应的中断"优先级生效"触发器置为有效,然后由硬件执行一条长调用指令 LCALL,把当前 PC 值压入堆栈,以保护断点,再将相应的中断服务程序的入口地址(如外中断 0 的入口地址为 0003H)送入 PC,于是 CPU 接着从中断服务程序的入口处开始执行。

对于有些中断源,CPU 在响应中断后会自动清除中断标志,如定时器溢出标志 TF0、TF1 和边沿触发方式下的外部中断标志 IE0、IE1;而有些中断标志不会自动清除,只能由用户用软件清除,如串行口接收中断标志 RI、发送中断标志 TI。在电平触发方式下的外部中断标志 IE0 和 IE1,则是根据引脚 $\overline{INT0}$ 和 $\overline{INT1}$ 的电平变化的,CPU 无法直接干预,需在引脚外加硬件(如 D 触发器)使其自动撤销外部中断请求。

CPU 执行中断服务程序之前,自动将程序计数器的内容(断点地址)压入堆栈保护起来(但不保护状态字寄存器 PSW 的内容,也不保护累加器 A 和其他寄存器的内容),然后将对应的中断向量装入程序计数器 PC,使程序转向该中断向量地址单元中,以执行中断服务程序。各中断源及与之对应的向量地址见表 3-1。

表 3-1　中断源及其对应的向量地址

中　断　源	中断向量地址	中　断　源	中断向量地址
外部中断 0($\overline{\text{INT0}}$)	0003H	定时器 T1 中断	001BH
定时器 T0 中断	000BH	串行口中断	0023H
外部中断 1($\overline{\text{INT1}}$)	0013H		

由于 MCS-51 系列单片机的两个相邻中断源中断服务程序入口地址相距只有 8 个单元,一般的中断服务程序是容纳不下的,通常是在相应的中断服务程序入口地址中放一条长跳转指令 LJMP,这样就可以转到 64KB 的任何可用区域了。若在 2KB 范围内转移,则可存放 AJMP 指令。

中断服务程序从向量地址开始执行,一直到返回指令 RETI 为止。RETI 指令的操作,一方面告诉中断系统该中断服务程序已执行完毕,另一方面把原来压入堆栈保护的断点地址从栈顶弹出,装入程序计数器 PC,使程序返回到被中断的程序断点处继续执行,如图 3-1 所示。

在编写中断服务程序时应注意以下 3 点。

① 在中断向量地址单元处放一条无条件转移指令(如 LJMP XXXXH),使中断服务程序可灵活地安排在 64KB 程序存储器的任何空间。

② 在中断服务程序中,用户应注意用软件保护现场,以免中断返回后丢失原寄存器、累加器中的信息。

③ 若要在执行当前中断程序时禁止更高优先级中断,可以先用软件关闭 CPU 中断或禁止某中断源中断,在中断返回前再开放中断。

(3) 中断响应时间。在实时控制系统中,为了满足控制速度要求,常要弄清 CPU 响应中断所需的时间。图 3-8 所示为某中断的最快响应过程,C1 周期的 S5P2 前某中断生效,在 S5P2 期间中断请求被锁存到相应标志中。下一个机器周期 C2 恰逢某指令的最后一个机器周期,且该指令并非 RETI 或任何访问 IE、IP 的指令。于是,后面两个机器周期 C3 和 C4 执行硬件 LCALL 指令,C5 周期便进入了中断服务程序。由此可见,MCS-51 从外部中断请求有效(CPU 响应中断)到开始执行中断服务程序的第 1 条指令(中断入口地址处指令)为止,至少要经历 3 个完整的机器周期,即第 1 个机器周期用于查询中断标志位,第 2 和第 3 个机器周期用于保护断点自动转入执行一条长转移 LCALL 指令。

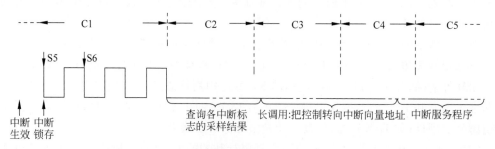

图 3-8　中断响应时序

如果遇到中断受阻的情况,则需要更长的响应时间,例如以下情况。

① 当一个同优先级或更高优先级的中断正在进行,则附加的等待时间取决于正在进行

的中断程序。

② 如果查询周期不是正在执行的指令的最后一个机器周期,则附加的等待时间为 1～3个机器周期,因为执行时间最长的指令 MUL 和 DIV 也只有 4 个机器周期。

③ 抛开第一种情况不谈,最不利的情况莫过于查询周期恰逢 RETI 或其他访问 IE、IP指令的第一个周期,而这类指令后面又跟随着 MUL 或 DIV 指令,由此所引起的附加等待时间不会超过 5 个机器周期(一个周期完成正在进行的指令,再加 MUL 或 DIV 的 4 个周期)。

至此,可以得出结论,在一个单级的中断系统中,MCS-51 响应中断的时间一般在 3～8个机器周期之间。

2) 中断处理

CPU 响应中断后即转至中断服务程序的入口,执行中断服务程序。从中断服务程序的第一条指令开始到返回指令为止,这个过程称为中断处理或中断服务。不同的中断源服务的内容及要求各不相同,其处理过程也就有所区别。一般情况下,中断处理包括两部分内容:一是保护现场,二是为中断源服务。

现场通常有 PSW、工作寄存器和 SFR 等。如果在中断服务程序中要用这些寄存器,则在进入中断服务之前应将它们的内容保护起来(保护现场),在中断结束、执行 RETI 指令前应恢复现场。

中断服务针对中断源的具体要求进行相应的处理。

编写中断服务程序时,需要注意以下三点。

(1) 各中断源的入口向量地址之间只相隔 8 个单元,一般的中断服务程序是容纳不下的,因而最常用的方法是在中断入口地址单元处存放一条无条件转移指令,转至存储器其他的任何空间。

(2) 若在执行当前中断程序时禁止更高优先级中断,应用软件关闭 CPU 中断或屏蔽更高级中断源的中断,在中断返回前再开放中断。

(3) 在保护现场和恢复现场时,为了不使现场信息受到破坏或造成混乱,一般应关闭CPU 中断,使 CPU 暂不响应新的中断请求。这样,在编写中断服务程序时,应注意在保护现场之前要关中断,在保护现场之后若允许高优先级中断嵌套,则应开中断。同样,在恢复现场之前应关中断,恢复之后再开中断。

3) 中断返回

当某一中断源发出中断请求时,CPU 能决定是否响应这个中断请求。若响应此中断请求,CPU 必须在现行(假设)第 K 条指令执行完后,把断点地址(第 K+1 条指令的地址)即现行 PC 值压入堆栈中保护起来(保护断点)。当中断处理完后,再将压入堆栈的第 K+1 条指令的地址弹到 PC(恢复断点)中,程序返回到原断点处继续运行。

在中断服务程序中,最后一条指令必须为中断返回指令 RETI。CPU 执行此指令时,一方面清除中断响应时所置位的"优先级生效"触发器,一方面从当前栈顶弹出断点地址送入程序计数器 PC,从而返回主程序。若用户在中断服务程序中进行了压栈操作,则在 RETI指令执行前应进行相应的出栈操作,使栈顶指针 SP 与保护断点后的值相同。也就是说,在中断服务程序中,PUSH 指令与 POP 指令必须成对使用,否则不能正确返回断点。

3.1.3　中断系统的初始化及应用

1. 中断系统的初始化

MCS-51 中断系统是可以通过 4 个与中断有关的特殊功能寄存器 TCON、SCON、IE 和 IP 进行统一管理的。中断系统初始化是指用户对这些特殊功能寄存器中的各控制位进行赋值。

中断系统初始化步骤如下。

（1）CPU 开中断或关中断。

（2）某中断源中断请求的允许或禁止（屏蔽）。

（3）设定所用中断的中断优先级。

（4）若为外部中断，则应规定低电平还是负边沿的中断触发方式。

【例 3-2】　请写出 $\overline{\text{INT1}}$ 为低电平触发的中断系统初始化程序。

解：（1）采用位操作指令

```
SETB   EA                        ; CPU 开中断
SETB   EX1                       ; 开 INT1 中断
SETB   PX1                       ; 令 INT1 为高优先级
CLR    IT1                       ; 令 INT1 为电平触发
```

（2）采用字节型指令

```
MOV   IE, #84H                   ; 开 INT1 中断
ORL   IP, #04H                   ; 令 INT1 为高优先级
ANL   TCON, #0FBH                ; 令 INT1 为电平触发
```

显然，采用位操作指令进行中断系统初始化比较简单，因为用户不必记住各控制位在寄存器中的确切位置，而控制名称比较容易记忆。

2. C51 语言的中断函数结构形式

C51 语言编译器允许用 C51 语言创建中断服务函数，仅需要确定中断号和寄存器组的选择就可以了。编译器自动产生中断向量和程序的入栈、出栈代码。中断函数的定义格式为

函数类型　函数名　interrupt　n　using　n

其中，interrupt 和 using 为关键字；interrupt 后面的 n 为中断源的编号，即中断号，范围是 0～31，中断号与中断函数的入口地址是一一对应的，且由中断系统自动调用；using 后面的 n 为选择的寄存器组，范围是 0～3，定义中断函数时，using 可以省略不用。如果不用 using 选项，则由编译器选择一个寄存器组作为绝对寄存器组。

3. 中断应用举例

【例 3-3】　如图 3-9 所示，将 P1 口的 P1.4～P1.7 作为输入位，P1.0～P1.3 作为输出位。要求利用 80C51 将开关所设的数据读入单片机内，并依次通过 P1.0～P1.3 输出，驱动

发光二极管,以检查 P1.4~P1.7 输入的电平情况(若输入为高电平则相应的 LED 亮)。现要求采用中断边沿触发方式,每中断一次完成一次读/写操作。

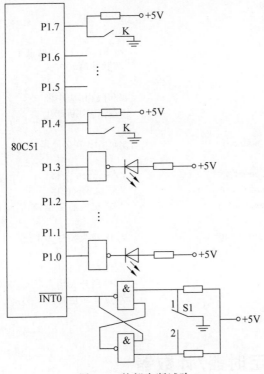

图 3-9　外部中断试验

解:如图 3-9 所示,采用外部中断 0,中断申请从 INT0 输入,并采用了去抖动电路。当 P1.0~P1.3 中的任何一位输出 1 时,相应的发光二极管就会发光。当开关 S1 闭合时,发出中断请求。中断服务程序的向量地址为 0003H。

汇编程序如下:

```
        ORG     0000H
        AJMP    MAIN
        ORG     0003H                ; 上电,转向主程序
        AJMP    INSER                ; 外部中断 0 入口地址
        ORG     0030H                ; 转向中断服务程序
MAIN:   SETB    EX0                  ; 主程序
        SETB    IT0                  ; 允许外部中断 0 中断
        SETB    EA                   ; 选择边沿触发方式
HERE:   SJMP    HERE                 ; CPU 开中断
        ORG     0200H                ; 等待中断
INSER:  MOV     A, 0F0H              ; 中断服务程序
        MOV     P1,A                 ; 设 P1.4~P1.7 为输入
        MOV     A,P1                 ; 取开关数
        SWAP    A                    ; A 的高、低 4 位互换
        MOV     P1,A                 ; 输出驱动 LED 发光
        RETI                         ; 中断返回
        END
```

C 语言程序如下：

```
# include < reg51.h >
unsigned  char  led;
void  main( )
{
    P1 = 0xF0;                          // P1.0～P1.3 低电平
    IT0 = 1;                            //脉冲触发方式
    EX0 = 1;
    EA = 1;                             //开放相应中断
    while(1);                           //等待中断产生
}
char  exchange(char source)            // 半字节交换函数
{
    char  up = source << 4;            // source 左移
    char  low = source >> 4;           // source 右移
    return  up + low;                  //得交换后数据,将其返回给调用函数
}
void  wint0(void)  interrupt 0          //中断类型号为 0——外部中断 0
{
    led = P1;                          //读取 P1 口信息
    exchange(led);                     //得到开关输入状态,并转换成输出信息
    P1 = led;                          //点亮对应灯
}
```

3.2 80C51 的定时器/计数器

在单片机实时应用系统中,往往需要有实时时钟或对外部参数计数的功能,一般常用软件、专门的硬件电路或可编程定时器/计数器实现。采用软件只能定时,且占用 CPU 的时间,降低了 CPU 的使用效率;若用专门的硬件电路,参数调节不便;最好的方法是利用可编程的定时器/计数器。80C51 单片机内部提供了两个 16 位的可编程定时器/计数器,89C52 增加了一个可编程定时器/计数器(分别简记为 T0、T1 和 T2),通过编程可方便灵活地修改定时或计数的参数或方式,并能与 CPU 并行工作,大大提高了 CPU 的工作效率。

3.2.1 定时器/计数器

1. 定时器/计数器的组成

80C51 单片机中设置有两个 16 位的可编程定时器/计数器,具有 4 种工作方式,其结构如图 3-10 所示。定时器/计数器 T0 由计数器 TH0 和 TL0 组成,定时器/计数器 T1 由计数器 TH1 和 TL1 组成。TH、TL 分别为两个 8 位计数器,连接起来可组成 16 位计数器。定时器/计数器的工作方式由定时器/计数器工作模式寄存器 TMOD 选择,定时器/计数器的启停由定时器/计数器控制寄存器 TCON 控制,这两个寄存器均属特殊功能寄存器。

2. 定时器/计数器的工作原理

定时器/计数器作为 MCS-51 单片机的重要功能模块之一,在检测、控制及智能仪器等

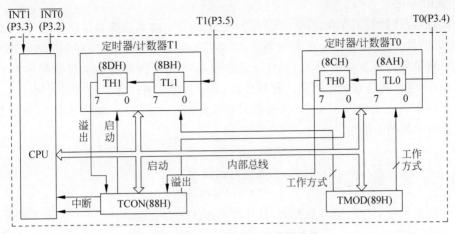

图 3-10 80C51 定时器/计数器结构

应用中发挥着重要作用。定时器常用做实时时钟,实现定时检测、定时控制;计数器主要用于外部事件的计数。

定时器由一个计数时钟源控制电路、加 1 计数器、计数器启动/停止控制器和状态寄存器等组成,计数时钟可以是内部时钟也可以是外部输入时钟(以外部输入脉冲作为时钟),其工作原理如图 3-11 所示。

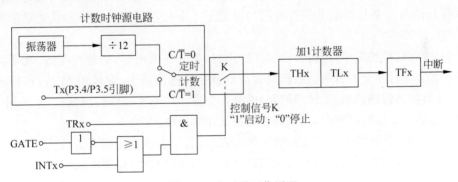

图 3-11 定时器工作原理

它具有以下特点。

(1) MCS-51 内部定时器/计数器可以分为定时器模式和计数器模式两种。在这两种模式下,又可单独设定为方式 0、方式 1、方式 2 和方式 3 工作。

(2) 定时模式下的定时时间或计数器模式下的计数值均可由 CPU 通过程序设定,但都不能超过各自的最大值。最大定时时间或最大计数值和定时器/计数器位数的设定有关,而位数设定又取决于工作方式的设定。例如,若定时器/计数器在定时器模式的方式 0 下工作,则它按二进制 13 位计数,因此最大定时时间为

$$T_{\text{MAX}} = 2^{13} \times T_{\text{计数}}$$

式中,$T_{\text{计数}}$ 为定时器/计数器的计数脉冲周期时间,由单片机主脉冲经 12 分频得来。

(3) 定时器/计数器是一个二进制的加 1 计数器,当计数器计满回零时能自动产生溢出中断请求,表示定时时间已到或计数已经终止。

1）定时方式

当定时器/计数器工作在定时方式时，T 记录 80C51 内部振荡器输出经 12 分频后的脉冲(机器周期信号)个数。每个机器周期使 T0 或 T1 的计数器增加 1，直至计满回零自动产生溢出中断请求。当 80C51 采用 12MHz 晶振时，一个机器周期为 $1\mu s$，计数频率为 1MHz。也就是说，定时方式是对固定周期的脉冲计数，由计数个数可以计算出定时时间。

对于一个 N 位的加 1 计数器，若计数时钟的频率 f 是已知的，则从初值 x 开始加 1 计数至溢出所占用的时间为

$$T = 1/f(2^N - x)$$

当 $N=8$、$x=0$、$t=1/f$ 时，最大的定时时间为

$$T = 256t$$

这种情况下就工作于定时器方式，其计数目的就是为了定时。

2）计数方式

当定时器/计数器工作在计数方式时，T 的功能是计来自引脚 T0(P3.4)和 T1(P3.5)的外部脉冲信号的个数。输入脉冲由 1 变 0 的下降沿时，计数器的值增加 1 直到回零产生溢出中断，表示计数已达预期个数。外部输入信号的下降沿将触发计数，计数器在每个机器周期的 S5P2 期间采样外部输入信号，若前一个周期的采样值为 1，下一个周期的采样值为 0，则计数器加 1。此后的机器周期 S3P1 期间，新的数值装入计数器，识别一个从"1 到 0"的跳变需两个机器周期，所以，对外部输入信号最高的计数速率是晶振频率的 1/24。同时，外部输入信号的高电平与低电平保持时间均需大于 1 个机器周期。这种方式通常称为计数方式。

例如，在电动机控制中，通过计取测速传感器(如旋转编码器)的脉冲个数，就可以达到对电动机转速进行测量的目的。在转速较高的数字转速测量中，常采用 M 法，在规定检测周期内，计取测速传感器(如旋转编码器)的脉冲个数。在转速较低的测量中，常采用 T 法，在测速传感器一个脉冲周期内，计取高频时钟脉冲的个数。

一旦定时器/计数器被设置成某种工作方式后，它就会按设定的工作方式独立运行，不再占用 CPU 的操作时间，直到加 1 计数器计满溢出，才向 CPU 申请中断。

3. 定时器/计数器的控制

MCS-51 单片机定时器/计数器是一种可编程的部件，在其工作之前必须将控制字写入工作方式和控制寄存器，用以确定工作方式，这个过程称为定时器/计数器的初始化。直接与 16 位定时器/计数器 T0、T1 有关的特殊功能寄存器有 6 个：TH0、TL0、TH1、TL1、TMOD、TCON，另外还有中断允许控制寄存器 IE 和中断优先级控制寄存器 IP。

定时器/计数器的工作由特殊功能寄存器 TCON 和 TMOD 控制，通过对 TCON 和 TMOD 的编程来选择 T0、T1 的工作方式和控制 T0、T1 的运行。通过对 TH0、TL0、TH1、TL1 的初始化编程来设置 T0、T1 计数器初值。当 80C51 系统复位时，TCON 和 TMOD 所有位都被清零。

1）工作方式寄存器 TMOD

TMOD 用于控制 T0 和 T1 的工作方式，其各位的定义格式如图 3-12 所示。其中，低 4 位用于 T0，高 4 位用于 T1。

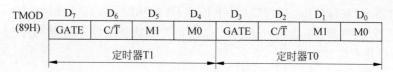

图 3-12　工作模式寄存器 TMOD 的位定义

以下介绍各位的功能。

（1）M1、M0：工作方式控制位。可构成如表 3-2 所示的 4 种工作方式。

表 3-2　定时器的方式选择

M1	M0	工 作 方 式	功 能 说 明
0	0	0	为 13 位的定时器/计数器
0	1	1	为 16 位的定时器/计数器
1	0	2	为常数自动重新装入的 8 位定时器/计数器
1	1	3	仅适用于 T0，分为两个 8 位计数器，T1 停止计数

（2）C/$\overline{T}$：计数器/定时器方式选择位。C/$\overline{T}$=0，设置为定时方式。定时器计数 80C51 片内脉冲，亦即对机器周期（振荡周期的 12 倍）进行计数。C/$\overline{T}$=1，设置为计数方式，计数器对来自 T0（P3.4）或 T1（P3.5）端的外部脉冲进行计数。对外部输入脉冲计数的目的通常是为了测试脉冲的周期、频率或对输入的脉冲数进行累加。

（3）GATE：门控位。GATE=0 时，只要用软件使 TR0（或 TR1）置 1 就可以启动定时器，而不管 $\overline{INT0}$（INT0 控制 T0 的运行）或 $\overline{INT1}$（INT1 控制 T1 的运行）的电平是高还是低（参见图 3-14～图 3-17）。GATE=1 时，只有 $\overline{INT0}$（或 $\overline{INT1}$）引脚为高电平且由软件使 TR0（或 TR1）置 1 时，才能启动定时器工作。TMOD 不能位寻址，只能用字节设置定时器工作方式，低半字节设定 T0，高半字节设定 T1。

2）控制寄存器 TCON

定时器/计数器控制寄存器 TCON 除可字节寻址外，还可位寻址。TCON 的高 4 位为定时器的运行控制位和溢出标志位，低 4 位为外部中断的触发方式控制位和锁存外部中断请求源（见 3.1 节）。TCON 各位定义及格式如图 3-13 所示。

	D_7	D_6	D_5	D_4	D_3	D_2	D_1	D_0	
TCON	TF1	TR1	TF0	TR0	IE1	IT1	IE0	IT0	字节地址88H

图 3-13　控制寄存器 TCON 的位定义

（1）定时器/计数器 T0 运行控制位 TR0。TR0 由软件置位和清零来启动或关闭 T0。在程序中用指令"SETB　TR0"使 TR0 位置 1，定时器/计数器 T0 便开始计数。GATE=0 时，T0 的计数仅由 TR0 控制，TR0=1 时允许 T0 计数，TR0=0 时禁止 T0 计数；GATE=1 时，仅当 TR0=1 且 $\overline{INT0}$（P3.2）输入为高电平时 T0 才计数，TR0=0 或 $\overline{INT0}$ 输入低电平时都禁止 T0 计数。

（2）定时器/计数器 T0 溢出标志位 TF0。当 T0 被允许计数以后，T0 从初值开始加 1 计数。当 T0 溢出时，由硬件自动使中断触发器 TF0 置 1，并向 CPU 申请中断。当 CPU 响应中断进入中断服务程序后，TF0 又被硬件自动清零。TF0 也可以用软件清零。

（3）定时器/计数器 T1 运行控制位 TR1。TR1 的功能及操作情况同 TR0。

（4）定时器/计数器 T1 溢出标志位 TF1。TF1 的功能及操作情况同 TF0。80C51 复位时，TCON 的所有位被清零。

3.2.2　定时器/计数器的工作方式

80C51 单片机的定时器/计数器 T0 和 T1 可由软件对特殊功能寄存器 TMOD 中控制位 $C/\overline{T}$ 进行设置，以选择定时功能或计数功能。对 M1 和 M0 位的设置对应于 4 种工作方式，即方式 0、方式 1、方式 2 和方式 3。在方式 0、方式 1 和方式 2 时，T0 与 T1 的工作方式相同；在方式 3 时，它们的工作方式不同。

1．工作方式 0

定时器/计数器 T0 方式 0 的结构框图如图 3-14 所示。方式 0 为 13 位的计数器，由 TL0 的低 5 位和 TH0 的 8 位组成，TL0 的高 3 位未用。TL0 低 5 位计数溢出时向 TH0 进位，TH0 计数溢出时向中断标志位 TF0 进位（硬件置位 TF0），并申请中断。T0 是否溢出可查询 TF0 是否被置位，以判断是否产生 T0 中断。

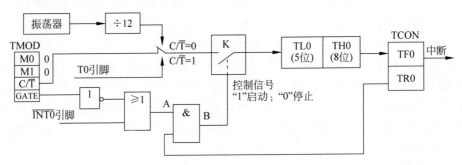

图 3-14　定时器 T0 方式 0 的结构图

在图 3-14 中，$C/\overline{T}=0$ 时，控制开关接通振荡器 12 分频输出端，T0 对机器周期计数。

当 $C/\overline{T}=1$ 时，控制开关使引脚 T0(P3.4)与 13 位计数器相连，外部计数脉冲由引脚 T0(P3.4)输入，当外部信号电平发生由 1 到 0 跳变时，计数器加 1。这时，T0 成为外部事件计数器。这就是计数工作方式。

GATE＝0 时，使"或"门输出（A 点电位）保持为 1，"或"门被封锁。于是，$\overline{INT0}$ 引脚输入信号无效。这时，"或"门输出的 1 打开"与"门。B 点电位取决于 TR0 的状态，于是，由 TR0 一位就可控制计数开关 S，开启或关断 T0。若软件使 TR0 置 1，便接通计数开关 S，启动 T0 在原值上加 1 计数，直至溢出。溢出时，13 位寄存器清零，TF0 置位，并申请中断，T0 从 0 重新开始计数。若 TR0＝0，则关断计数开关 S，停止计数。

当 GATE＝1 时，A 点电位取决于 $\overline{INT0}$(P3.2)引脚的输入电平。仅当 $\overline{INT0}$ 输入高电平且 TR0＝1 时，B 点才是高电平，计数开关 S 闭合，T0 开始计数；当 $\overline{INT0}$ 由 1 变 0 时，T0 停止计数。这一特性可以用来测量在 $\overline{INT0}$ 端出现的正脉冲的宽度。

若 T0 工作于方式 0 定时，计数初值为 x_0，则 T0 从初值 x_0 加 1 计数至溢出的时间（μs），也就是定时时间为

$$t_0 = (2^{13} - x_0) \times T_m = (2^{13} - x_0) \times \frac{1}{f_{osc}} \times 12$$

式中，x_0 为计数初值，T_m 为机器周期，f_{osc} 为晶振频率。

用于计数工作方式时，最大计数值为 $2^{13} = 8192$（个外部脉冲）。

2. 工作方式 1

方式 1 和方式 0 的差别仅仅在于计数器的位数不同，方式 1 为 16 位的定时器/计数器。定时器 T0 工作于方式 1 的逻辑结构框图如图 3-15 所示。

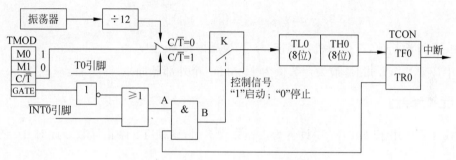

图 3-15　定时器 T0 方式 1 的结构图

T0 工作于方式 1 时，由 TH0 作为高 8 位，TL0 作为低 8 位，构成一个 16 位计数器。若 T0 工作于方式 1 定时，计数初值为 x_0，则 T0 从计数初值加 1 计数到溢出的定时时间（μs），也就是定时时间为

$$t_1 = (2^{16} - x_0) \times T_m = (2^{16} - x_0) \times \frac{1}{f_{osc}} \times 12$$

式中，x_0 为计数初值，T_m 为机器周期，f_{osc} 为晶振频率。

用于计数工作方式时，最大计数值为 $2^{16} = 65\ 536$（个外部脉冲）。

3. 工作方式 2

方式 2 为自动重装载的 8 位定时器/计数器。在方式 2 时，16 位计数器被拆成两个，TL0 用做 8 位计数器，TH0 用做计数初值寄存器。定时器 T0 工作于方式 2 的逻辑结构框图如图 3-16 所示。

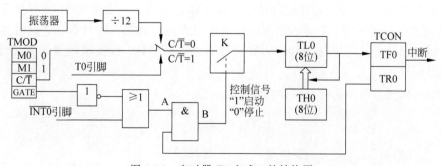

图 3-16　定时器 T0 方式 2 的结构图

TL0 计数溢出时,不仅使溢出中断标志位 TF0 置 1,向 CPU 申请中断,而且还自动把 TH0 中的内容重新装载到 TL0 中,使 TL0 从初值开始重新加 1 计数。这里,编程时必须给 TH0 和 TL0 置入相同的初值。当 T0 启动后,TL0 按 8 位加 1 计数器计数。每当它计满回零时,一方面向 CPU 发出溢出中断请求,另一方面从 TH0 中重新获得初值并启动计数,也就是 CPU 自动将 TH0 中存放的初值重新装回到 TL0,并在此初值的基础上对 TL0 开始新一轮计数,周而复始,直到写入停止计数或更改工作方式命令为止。

若 T0 工作于方式 2 定时,定时精度比较高,但定时时间(μs)小。设计数初值为 x_0,则 TL0 从计数初值加 1 计数到溢出的定时时间(μs),也就是定时时间为

$$t_2 = (2^8 - x_0) \times T_m = (2^8 - x_0) \times \frac{1}{f_{osc}} \times 12$$

式中,x_0 为计数初值,T_m 为机器周期,f_{osc} 为晶振频率。

用于计数工作方式时,最大计数值为 $2^8 = 256$(个外部脉冲)。

4．工作方式 3

方式 3 只适用于 T0,若 T1 设置为工作方式 3 时,则使 T1 停止计数。此时 T0 的逻辑结构如图 3-17 所示。

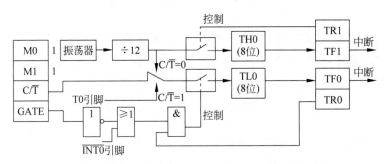

图 3-17　定时器 T0 方式 3 的结构图

T0 分为两个独立的 8 位计数器 TL0 和 TH0。TL0 使用 T0 的所有状态控制位 GATE、TR0、$\overline{INT0}$(P3.2)、T0(P3.4)、TF0 等,TL0 可以作为 8 位定时器或外部事件计数器,TL0 计数溢出时置 1 溢出标志 TF0,TL0 计数初值每次必须由软件设定。

TH0 被固定为一个 8 位定时器方式,并使用 T1 的状态控制位 TR1、TF1。TR1 为 1 时,允许 TH0 计数,当 TH0 计数溢出时置 1 溢出标志 TF1。一般情况下,只有当 T1 用于串行口的波特率发生器时,T0 才在需要时选工作方式 3,以增加一个计数器。这时 T1 的运行由方式来控制,方式 3 停止计数,方式 0～2 允许计数,计数溢出时并不置 1 溢出标志 TF1。

若 T0 工作于方式 3 定时,定时时间为

$$t_3 = (2^8 - x_0) \times T_m = (2^8 - x_0) \times \frac{1}{f_{osc}} \times 12$$

式中,x_0 为计数初值,T_m 为机器周期,f_{osc} 为晶振频率。

用于计数工作方式时,最大计数值为 $2^8 = 256$(个外部脉冲)。

3.2.3 定时器/计数器的初始化和应用举例

1. 定时器/计数器的初始化

1) 初始化的步骤

MCS-51 内部的定时器/计数器是可编程的,工作方式和工作过程均可由 MCS-51 通过程序进行设定和控制。因此,MCS-51 在定时器/计数器工作前必须对它进行初始化。初始化步骤如下。

(1) 确定工作方式,即根据题目要求先给 TMOD 送一个方式控制字。

(2) 计算计数初值/定时初值,并写入 TH0、TL0 或 TH1、TL1 中。

(3) 根据需要给中断允许控制寄存器 IE 选送中断控制字、给中断优先级控制寄存器 IP 选送中断优先级字,以开放相应中断和设定中断优先级。

(4) 给 TCON 送命令控制字,以启动或禁止定时器/计数器的运行。

2) 计数器初值的计算

定时器/计数器在计数模式下工作时必须给计数器选送计数器初值,这个计数器初值是送到 TH0/TH1 和 TL0/TL1 中的。

定时器/计数器中的计数器是在计数初值基础上以加法计数的,并能在计数器从全 1 变为 0 时自动产生定时溢出中断请求。因此,可以把计数器计满为 0 所需要的计数值设定为 C 和计数初值设定为 x_0,由此得到如下的计算通式

$$x_0 = M - C$$

式中,M 为计数器模式,该值和计数器工作方式有关。在方式 0 时 M 为 2^{13},在方式 1 时 M 为 2^{16},在方式 2 和方式 3 时 M 为 2^8。

3) 定时器初值的计算

在定时器模式下,计数器对单片机振荡频率 f_{osc} 经 12 分频后的机器周期进行加 1 计数,用 X 表示计数个数,M 表示模,x_0 表示定时初值,T_m 表示机器周期,则 $T_m = 12 \times \dfrac{1}{f_{osc}}$。因此,定时时间 T 的计算公式为

$$T = X \cdot T_m = (M - x_0) \times T_m$$

定时初值公式为

$$x_0 = M - T/T_m$$

定时器的溢出率为

$$1/T = f_{osc}/(12X) = f_{osc}/(12(M - x_0))$$

2. 定时器/计数器的应用举例

1) 方式 0 的应用

【例 3-4】 利用 T0 方式 0 产生 1ms 的定时,在 P1.2 引脚上输出周期为 2ms 的方波。设单片机晶振频率 $f_{osc} = 12\text{MHz}$。

解:

(1) 确定工作方式。要在 P1.2 引脚输出周期为 2ms 的方波,只要使 P1.2 每隔 1ms 取

反一次即可。

送 T0 的方式控制字，(TMOD)＝00H，即 T0 方式 0 定时，只由 TR0 启动，因为 T1 不用，高 4 位取 0。

T0 的方式控制字为 TMOD＝00H，即

TMOD.1～TMOD.0	M1M0 = 00,T0 为方式 0
TMOD.2	C/$\overline{\text{T}}$ = 0,T0 为定时状态
TMOD.3	GATE = 0,表示计数不受 $\overline{\text{INT0}}$ 控制
TMOD.4～TMOD.7	可为任意值。因 T1 不用,这里取 0 值

（2）计算 1ms 定时时间 T0 的初值。

机器周期：$T_m = 12 \times \dfrac{1}{f_{osc}} = \dfrac{1}{12 \times 10^6\,\text{Hz}} \times 12 = 1\mu s$

计数个数：$X = 1\text{ms}/1\mu s = 1000$

设 T0 的计数初值为 x_0，则

$$x_0 = (2^{13} - X) = 8192 - 1000 = 7192$$

$(7192)_{10} = (1110000011000)_2$ 其中高 8 位为 11100000，低 5 位为 11000。所以 TH0 初值为 E0H，TL0 初值为 18H。

（3）编程方法：可以采用中断或查询两种方式编写程序。

① 中断方式：当 T0 定时溢出时，TF0 被置 1，申请中断。编程使 CPU 采用响应中断方式输出方波的效率比较高。

汇编程序如下：

```
        ORG    0000H
        AJMP   MAIN                ; 转主程序 MAIN
        ORG    000BH
        AJMP   ITOP                ; 转 T0 中断服务程序 ITOP
```

主程序：

```
        ORG    1000H
MAIN:   MOV    SP,#60H             ; 设堆栈指针
        MOV    TMOD,#00H           : 设置 T0 为方式 0,定时
        MOV    TL0,#18H            ; 送定时初值
        MOV    TH0,#0E0H
        SETB   EA                  ; CPU 开中断
        SETB   ET0                 ; T0 允许中断
        SETB   TR0                 ; 启动 T0 定时
HERE:   SJMP   HERE                ; 等待中断
```

中断服务程序：

```
        ORG    1200H               ; T0 中断入口
ITOP:   MOV    TL0,#18H            ; 重新装入计数初值
        MOV    TH0,#0E0H
        CPL    P1.2                ; 输出方波
        RETI                       ; 中断返回
        END
```

C 语言程序如下：

```c
#include < reg51.h >
sbit OUT = P1^2;
void timer0() interrupt 1                    //定时器 T0 中断服务子程序
    {
        TH0 = 0xe0;
        TL0 = 0x18;
        OUT = ～OUT;                         //输出取反
    }
void main()
{
    SP = 0x60;                               //堆栈指针及定时器 0 初始化
    TMOD = 0x00;
    TH0 = 0x18;
    TL0 = 0xe0;
    ET0 = 1;
    EA = 1;
    TR0 = 1;
    while(1)                                 //等待中断
    {
    }
}
```

② 查询方式：采用查询方式的程序很简单,但在定时器计数过程中,CPU 要不断查询溢出标志位 TF0 的状态,这就占用了很多 CPU 的工作时间,使 CPU 的效率下降。

汇编程序如下：

```
        MOV   TMOD,#00H              //设置 T0 为方式 0,定时
        MOV   TL0,#18H               //送初值
        MOV   TH0,#0E0H
        SETB  TR0                    //启动 T0 定时
LOOP:   JBC   TF0,NEXT               //查询定时时间到否
        SJMP  LOOP
NEXT:   MOV   TL0,#18H               //重新装入计数初值
        MOV   TH0,#0E0H
        CPL   P1.2                   //输出方波
        SJMP  LOOP                   //重复循环
```

C 语言程序如下：

```c
#include < reg51.h >
sbit OUT = P1^2;
void main()
{
    TMOD = 0x00;                             //定时器 0 初始化
    TL0 = 0x18;
    TH0 = 0xe0;
    TR0 = 1;
    while(1)
        {
```

```
            if (TF0 == 1)                    //查询定时时间到否
              {
                  TF0 = 0;
                  TL0 = 0x18;
                  TH0 = 0xe0;
                  OUT = ~OUT;
              }
          }
      }
```

程序中查询采用"JBC　TF0,NEXT"指令,目的是当判断 TF0=1 后,必须用软件复位 TF0,为下次计数器回零溢出做好准备。这条指令具有判 TF0 为 1 后清零的双重功能。

2) 方式 1 的应用

方式 1 与方式 0 唯一的差别是:在方式 1 中,寄存器 TH0 和 TL0 是以全部 16 位参与操作。其他与方式 0 完全相同。上例也可采用方式 1 定时,只需修改 TMOD 为 01H,TH0 为 0FCH,TL0 为 18H,其他不变。

3) 方式 2 的应用

【例 3-5】　利用 T0 方式 2 实现以下功能:当 T0(P3.4)引脚每输入一个负脉冲时,使 P1.0 输出一个 $500\mu s$ 的同步脉冲。设晶振频率为 6MHz,请编程实现该功能。

解:

(1) 确定工作方式。首先选 T0 为方式 2,外部事件计数方式。当 P3.4 引脚上的电平发生负跳变时,T0 计数器加 1,溢出标志 TF0 置 1;然后改变 T0 为 $500\mu s$ 定时工作方式,并使 P1.0 输出由 1 变为 0。T0 定时到产生溢出,使 P1.0 引脚恢复输出高电平。T0 先计数,后定时,分时操作,如图 3-18 所示。

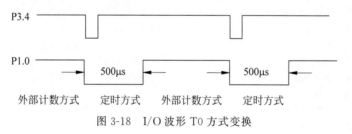

图 3-18　I/O 波形 T0 方式变换

根据题目要求,方式控制字 TMOD 的取值如下。

计数时:(TMOD)=0000 0110B=06H

定时时:(TMOD)=0000 0010B=02H

(2) 计算初值。

机器周期 $T_m = 12/f_{osc} = 12/(6\text{MHz}) = 2\mu s$

计数时:计数个数 $X=1$

　　　　计数初值 $x_0 = (256-X) = (256-1) = 255 = 0\text{FFH}$,(TH0)=(TL0)=0FFH

定时时:计数个数 $X = T/T_m = 500\mu s/(2\mu s) = 250$

　　　　定时初值 $x_0 = 256 - X = 256 - 250 = 6$,(TH0)=(TL0)=06H

(3) 编程方法:采用查询 TF0 且由软件将 TF0 清零的方法。

汇编程序如下:

```
START:  MOV   TMOD, #06H                    ;T0 方式 2,外部计数方式
        MOV   TH0, #0FFH                    ;T0 计数初值
        MOV   TL0, #0FFH
        SETB  TR0                           ;启动 T0 计数
LOOP1:  JBC   TF0,PTF01                     ;查询 T0 溢出标志,TF0 = 1 时转移,
                                            ;且 TF0 = 0

        SJMP  LOOP1
PTF01:  CLR   TR0                           ;停止计数
        MOV   TMOD, #02H                    ;T0 方式 2,定时
        MOV   TH0, #06H                     ;T0 定时 500μs 初值
        MOV   TL0, #06H
        CLR   P1.0                          ;P1.0 清零
        SETB  TR0                           ;启动定时 500μs
LOOP2:  JBC   TF0,PTF02                     ;查询溢出标志,定时到 TF0 = 1 转移,
                                            ;且 TF0 = 0(第 1 个 500μs 到否)

        SJMP  LOOP2
PTF02:  SETB  P1.0                          ;P1.0 置 1(到了第 1 个 500μs)
        CLR   TR0                           ;停止计数
        SJMP  START
```

C 语言程序如下:

```c
#include <reg51.h>
sbit LED = P1^0;
void main()
{
        while(1)
        {   TMOD = 0x06;                    //计数功能
            TH0 = 0xff;                     //初值
            TR0 = 1;                        //启动定时器
            while(TF0 == 1)                 //计 1 次负脉冲成立
            {
                TF0 == 0;                   //停止计数
                TMOD = 0x02;                //定时功能
                TH0 = 6;
                TL0 = 6;                    //初值
                P1^0 = 0;                   //P1.0 清零
                    TR0 = 1;                //启动定时器
            }
            while(TF0 == 1) ;               //定时满 500μs
             {
                TF0 == 0;                   //停止定时
                P1^0 = 1;                   //P1.0 置 1
             }
        }
}
```

4) 方式 3 的应用

【例 3-6】 设某用户系统中已使用了两个外部中断源,并置定时器 T1 工作在方式 2,用做串行口波特率发生器。现要求再增加一个外部中断源,并由 P1.0 引脚输出一个 5kHz 的

方波。$f_{osc} = 12\text{MHz}$。

解：为了不增加其他硬件开销，可设置 T0 工作在方式 3 计数方式，把 T0 的引脚作附加外部中断输入端。TL0 的计数初值为 FFH，当检测到 T0 引脚电平出现由 1 至 0 的负跳变时 TL0 产生溢出，申请中断。这相当于边沿触发的外部中断源，如图 3-19 所示。

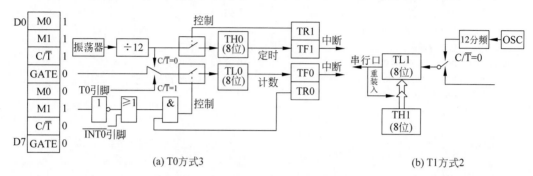

(a) T0方式3   (b) T1方式2

图 3-19　T0 方式 3、T1 方式 2 定时器结构

(1) 确定工作方式。T0 方式 3 下，TL0 用做计数，而 TH0 可用做 8 位的定时器，定时控制 P1.0 引脚输出 5kHz 的方波信号。T1 为方式 2，定时。

根据题目要求，方式控制字 TMOD 是：

(TMOD) = 00100111B = 27H

(2) 计算初值。TL0 的计数初值为 FFH，TH0 的计数初值 x_0 计算如下：

因为 P1.0 的方波频率为 5kHz，故周期 T = 1/(5kHz) = 0.2ms = 200μs。

所以用 TH0 定时 100μs 时，$x_0 = 256 - 100 \times 12/12 = 156$。

汇编程序如下：

```
        MOV   TMOD, #27H          ; T0 为方式 3,计数; T1 为方式 2,定时
        MOV   TL0, #0FFH          ; 置 TL0 计数初值
        MOV   TH0, #9CH           ; 置 TH0 计数初值
        MOV   TH1, #data          ; data 是根据波特率要求设置的常数(即初值)
        MOV   TL1, #data
        MOV   TCON, #55H          ; 外中断 0,外中断 1 边沿触发,启动 T0、T1
        MOV   IE, #9FH            ; 开放全部中断
        ⋮
        TL0 溢出中断服务程序(由 000BH 转来)
TL0INT: MOV   TL0, #0FFH          ; TL0 重赋初值
        ⋮                        ; 中断处理
        RETI
        TH0 溢出中断服务程序(由 001BH 转来)
TH0INT: MOV   TH0, #156           ; TH0 重新装入初值
        CPL   P1.0                ; 输出波形
        RETI
```

C 语言程序如下：

```
#include< reg51.h>
sbit   LED = P1^0;
```

```
void  timer0() interrupt 1              //定时器 TL0 中断服务子程序
    {
        TL0 = 0xff;
        ⋮                               //中断处理
    }
void  timer0() interrupt 3              //定时器 TH0 中断服务子程序
    {
        TH0 = 0x9c;
        LED = ~LED;
    }
void  main( )
    {
        TMOD = 0x27;                    //T0 为方式 3,计数;T1 为方式 2,定时
        TL0 = 0xff;                     //置 TL0 计数初值
        TH0 = 0x9c;                     //置 TH0 计数初值
        TH1 = 0xdata;                   //data 是根据波特率要求设置的常数(即初值)
        TL1 = 0xdata;
        TCON = 0x55;                    //外中断 0,外中断 1 边沿触发,启动 T0、T1
        IE = 0x9f;                      //开放全部中断
        ⋮
    }
```

串行口及外部中断 0、外部中断 1 的服务程序,在此不再一一列出。

5) 扩大计数个数和定时时间

【例 3-7】　利用 MCS-51 单片机的定时器/计数器,产生电子时钟的 1s 基时,并且由 P1.7 输出 2s 的方波。$f_{osc} = 12\text{MHz}$。

解:

(1) 问题分析:对于 MCS-51 系列单片机中 16 位的定时器/计数器,当 $f_{osc} = 12\text{MHz}$ 时,最长定时时间为 65.536ms;当 $f_{osc} = 6\text{MHz}$ 时,最长定时时间为 131.072ms,都达不到 1s 时间。对这种问题可用两种方法解决。

方法 1:用一个定时器/计数器与软件计数相结合的方法。

方法 2:采用两个定时器/计数器级联的方法,一个定时器/计数器定时,回 0 溢出时,使 P1.0 输出一个负脉冲,送到另一个定时器/计数器的外部脉冲输入端用以计数。当 $f_{osc} = 12\text{MHz}$ 时,最长定时时间可以达到 T:

$(65\,536 \times 65\,536) \times 1\mu s = 4\,294\,967\,296\mu s = 4\,294\,967.296\text{ms} = 4294.967\,296\text{s}$

若再与软件计数相结合,会产生更长的时间。可以产生 1s 基时的电路,如图 3-20 所示。

(2) 方法 1 编程。

① 选择 T0 定时 50ms,中断服务程序中用工作寄存器 R2 从 0 开始计数。当(R2)=20 时,则 1s 延时到,以驱动 P1.7 输出周期为 2s 的方波。

确定 T0 工作方式字:定时器 T0 工作在方式 1 下定时,TR0 启动。

(TMOD) = 00000001B = 01H

② 计算初值:

计数个数:$X = T/T_m = 50\text{ms}/(1\mu s) = 50\,000$

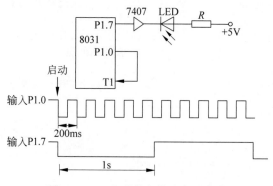

图 3-20　1s 定时的电路及定时波形

定时初值：$x_0 = M - X = 65\,536 - 50\,000 = 15\,536 = 3CB0H$

　　　　$(TH0) = 3CH, (TL0) = 0B0H$

③ 编写程序。软件计数器选工作寄存器 R2，初值为 0。T0 溢出采用中断程序处理。
汇编程序如下：

```
ORG   0000H
AJMP  MAIN
ORG   000BH
AJMP  TIMES
```

主程序如下：

```
MAIN:   MOV   SP, #60H
        MOV   TMOD, #01H
        MOV   TH0, #3CH
        MOV   TL0, #0B0H
        MOV   IE, #82H
        MOV   R2, #00H
        SETB  P1.7
        SETB  TR0
LOOP:   SJMP  LOOP
```

中断服务程序如下：

```
TIMES:  INC   R2
        CJNE  R2, #14H, NEXT               ;未到 1s, 则转 NEXT
        CPL   P1.7
        MOV   R2, #00H
NEXT:   MOV   TH0, #3CH
        MOV   TL0, #0B0H
        RETI
        END
```

C 语言程序如下：

```
#include <reg51.h>
#define uchar unsigned char
sbit  LED2 = P1^7;
```

```
uchar    second_50ms;
void timer0() interrupt 1                        //定时器 TL0 中断服务子程序
    {
        TH0 = 0x3c;
            TL0 = 0xb0;
        second_50ms++;
        if(second_50ms == 20)
        {
        second_50ms = 0;
        LED2 = ～LED2;
        }
    }
void  main( )
{
        SP = 0x60;
        TMOD = 0x01;
        TH0 = 0x3c;
        TL0 = 0xb0;
        IE = 0x82;
        second_50ms = 0;
        LED2 = 1;
        TR0 = 1;
        while(1);
}
```

(3) 方法 2 编程。

① 确定 T0 和 T1 的工作方式。T0 方式 1 定时 50ms,中断时使 P1.0 输出 100ms 方波传送给 T1 外部脉冲输入端供 T1 计数。因此,T1 采用方式 2 并允许中断,再利用自动装入方式计数。每计数 10 次为 1s。到 1s 后使 P1.7 输出 2s 的方波。

根据上述要求,设 T1 为方式 2 计数,由 TR1 启动计数;设 T0 为方式 1 定时,由 TR0 启动定时。此时,方式控制字如下:

(TMOD) = 01100001B = 61H

② 计算初值:

T0 方式 1 定时,计数个数 $X = T/T_m = 50\text{ms}/1\mu s = 50\,000$

定时初值 $x_0 = M - X = 65\,536 - 50\,000 = 15\,536 = 3\text{CB0H}$

  (TH0) = 3CH, (TL0) = 0B0H

T1 方式 2 计数,计数个数 $X = 10$

计数初值 $x_0 = M - X = 256 - 10 = 246 = 0\text{F6H}$

  (TH1) = (TL1) = 0F6H

③ 编写程序:T0 和 T1 均采用中断方式。

汇编程序如下:

```
        ORG   0000H
        AJMP  MAIN
        ORG   000BH
        AJMP  TIMS0
```

```
            ORG   001BH
            AJMP   TIMSI
MAIN:   MOV   SP,＃5FH
            MOV   TMOD,＃61H
            MOV   TH0,＃3CH
            MOV   TL0,＃0B0H
            MOV   TH1,＃0F6H
            MOV   TL1,＃0F6H
            SETB   ET0
            SETB   ET1
            SETB   EA
            SETB   TR0
            SETB   TR1
            SETB   P1.0
            SETB   P1.7
WAIT:   SJMP   WAIT
TIMSO:  CPL   P1.0
            MOV   TH0,＃3CH
            MOV   TL0,＃0B0H
            RETI
TIMSI:  CPL   P1.7
            RETI
            END
```

C 语言程序如下：

```c
# include < reg51.h >
# define uchar unsigned char
sbit   LED1 = P1^0;
sbit   LED2 = P1^7;
uchar   second_50ms;
void timer0() interrupt 1               //定时器 TL0 中断服务子程序
    {
        TH0 = 0x3c;
        TL0 = 0xb0;
        second_50ms++;
        if(second_50ms == 20)
        {
            second_50ms = 0;
            LED1 = ~LED1;
        }
    }
void timerl()interrupt3                 //定时器 TL0 中断服务子程序
    {
        LED2 = ~LED2;
    }
void main( )
{
        SP = 0x5f;
        TMOD = 0x61;
        TH0 = 0x3c;
```

```
        TL0 = 0xb0;
        TH1 = 0xf6;
        TL1 = 0xf6;
        ET0 = 1;
        ET1 = 1;
        EA  = 1;
        TR0 = 1;
        TR1 = 1;
        LED1 = 1;
        LED2 = 1;
        while(1);
    }
```

3.3 80C51 的串行口

80C51 单片机有一个全双工串行通信接口,能同时进行串行发送和接收。它可以用做通用异步接收和发送器(UART),也可以用做同步位移寄存器。应用串行接口可以实现80C51 单片机系统之间点对点的单机通信、多机通信和 80C51 与系统机的单机或多机通信。

3.3.1 串行通信基本知识

1. 数据通信

在实际工作中,计算机的 CPU 与外部设备之间常常要进行信息交换,一台计算机与其他计算机之间也往往要交换信息,所有这些信息交换均可称为通信。

通信方式有两种,即并行通信和串行通信。

并行通信是指数据的各位同时进行传送(发送或接收)的通信方式。其优点是传送速度快,适用于近距离通信;缺点是数据有多少位,就需要多少根传送线。

串行通信指数据是一位一位按顺序传送的通信方式。它的突出优点是只需一对传输线(利用电话线就可作为传送线),这样就大大降低了传送成本,特别适用于远距离通信;其缺点是传送速度较低。

2. 串行通信的传输方式

串行通信的传送方向通常有三种:一种为单工(或单向)配置,只允许数据向一个方向传送;另一种是半双工(或半双向)配置,允许数据向两个方向中的任一方向传送,但每次只能有一个发送,一个接收;第三种传送方式是全双工(全双向)配置,允许同时双向传送数据,因此,全双工配置是一对单向配置,它要求两端的通信设备都具有完整和独立的发送和接收能力。

3. 异步通信和同步通信

按照串行数据的同步方式,串行通信又分为异步通信和同步通信两种方式。在单片机中,主要使用异步通信方式。

1）异步通信

在异步通信中,数据通常是以字符(字节)为单位组成字符帧传送的。字符帧由发送端一帧一帧地发送,通过传输线由接收设备一帧一帧地接收。发送端和接收端可以有各自的时钟来控制数据的发送和接收。这两个时钟源彼此独立,互不同步。

在异步通信中,发送端和接收端依靠字符帧格式规定和波特率来协调数据的发送和接收。字符帧格式和波特率是两个重要指标,由用户根据实际情况选定。

在异步通信中,数据是一帧一帧(包括一个字符代码或一字节数据)传送的,每一帧的数据格式如图 3-21 所示。

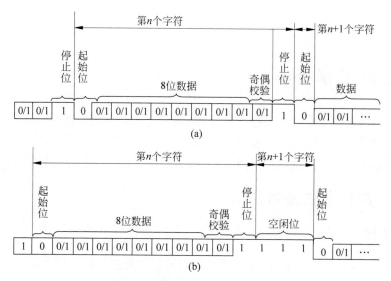

图 3-21　异步通信的一帧数据格式

在帧格式中,一个字符由 4 部分组成:起始位、数据位、奇偶校验位和停止位。首先是一个起始位(0),然后是 5～8 位数据(规定低位在前,高位在后),接下来是奇偶校验位(可省略),最后是停止位(1)。起始位(0)信号只占用一位,用来通知接收设备一个待接收的字符开始到达。线路上在不传送字符时应保持为 1。接收端不断检测线路的状态,若连续为 1以后又测到一个 0,就知道发来一个新字符,应马上准备接收。字符的起始位还被用做同步接收端的时钟,以保证以后的接收能正确进行。

起始位后面紧接着是数据位,它可以是 5 位(D0～D4)、6 位、7 位或 8 位(D0～D7)。

奇偶校验(D8)只占一位,但在字符中也可以规定不用奇偶校验位,则这一位就可省去。也可用这一位(0/1)来确定这一帧中的字符所代表信息的性质(地址/数据等)。

停止位用来表征字符的结束,它一定是高电平(逻辑 1)。停止位可以是 1 位、1.5 位或2 位。接收端收到停止位后,知道上一字符已传送完毕,同时,也为接收下一个字符做好准备,只要再接收到 0,就是新的字符的起始位。若停止位以后不是紧接着传送下一个字符,则使线路电平保持为高电平(逻辑 1)。图 3-21(a)表示一个字符紧接一个字符传送的情况,上一个字符的停止位和下一个字符的起始位是紧邻的;图 3-21(b)则是两个字符间有空闲位的情况,空闲位为 1,线路处于等待状态。存在空闲位正是异步通信的特征之一。

例如,规定用 ASCII 编码,字符为 7 位,加一个奇偶校验位、一个起始位、一个停止位,则一帧共 10 位。

2) 同步通信

同步通信是指在一个数据块的开头使用同步字符。数据传送时使用同一频率的时钟脉冲来实现发送端与接收端的严格时间同步。这种时钟脉冲称为同步脉冲。数据同步传送的格式如图 3-22 所示。

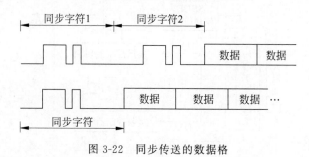

图 3-22 同步传送的数据格

数据传送时,数据与同步脉冲同时发出。在数据块中首先发同步字符,一般为 1~2 个。接收端首先接收同步字符,确认同步后开始接收数据。采用同步方式传送,硬件设备较为复杂,因为对同步脉冲相位的一致性要求严格。为此,常采用"锁相环路"来保证。与异步传送相比,同步传送速率高。

3) 波特率

波特率(baud rate)的定义是每秒传送二进制数码的位数(也称比特数),单位是 b/s。波特率是串行通信的重要指标,用于表征数据传送的速率。波特率越高,数据传输速度越快。

假设数据传送速率是 120 字符/s,而每个字符格式包含 10 个代码(1 个起始位,1 个终止位,8 个数据位)。这时,传送的波特率为

$$(10b/ 字符) \times (120 字符 /s) = 1200b/s$$

每一位代码的传送时间 T_d 为波特率的倒数。

$$T_d = \frac{1b}{1200b/s} = 0.833ms$$

异步通信的传送速率在 50b/s~19 200b/s 之间。波特率不同于发送时钟和接收时钟,时钟频率常是波特率的 1、16 或 64 倍。

3.3.2 串行口的组成和特性

MCS-51 单片机中有一个全双工的串行口,它可用做通用异步接收和发送器(UART),也可用做同步移位寄存器。它的字符帧格式可以是 8 位、10 位或 11 位,可以设置各种波特率,能方便地构成双机、多机串行通信接口,从而能实现 89C51 单片机系统之间点对点的单机通信、多机通信及与系统机的单机或多机通信。

1. 串行口的结构

80C51 单片机通过引脚 RXD(P3.0,串行数据接收端)和引脚 TXD(P3.1,串行数据发送端)与外界进行通信。

80C51 串行口主要由两个物理上独立的串行数据缓冲寄存器 SBUF、发送控制器、接收控制器、输入移位寄存器和输出控制门组成，如图 3-23 所示。发送缓冲寄存器 SBUF 只能写，不能读；接收缓冲寄存器 SBUF 只能读，不能写。两个缓冲寄存器共用一个地址 99H，可以用读/写指令区分。

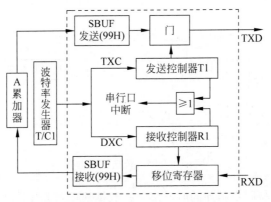

图 3-23   80C51 串行口内部结构图

串行发送时，通过"MOV SBUF,A"写指令，CPU 把累加器 A 的内容写入发送的 SBUF(99H)，再由发送端 TXD 一位一位地向外发送；串行接收时，接收端 RXD 一位一位地接收数据，直到收到一个完整的字符数据后通知 CPU，再通过"MOV A,SBUF"读指令，CP 从接收的 SBUF(99H)读出数据，送到累加器 A 中。发送和接收的过程可以采用中断方式，从而可以大大提高 CPU 的效率。

另外，在接收数据缓冲寄存器之前还有移位寄存器，构成了串行接收的双缓冲结构，以避免在数据接收过程中出现帧重叠（又称为溢出错）。因为在接收缓冲寄存器读出先前接收的字节之前就开始接收下一字节，所以，如果在第二字节的接收完成后仍未读出第一字节，则将丢失一个字节。与接收数据情况不同，发送数据时，由于 CPU 是主动的，不会产生帧重叠错误，因此发送电路就不需要双重缓冲结构。

系统中由两个特殊功能寄存器 SCON 和 PCON 来控制串行口的工作方式和波特率。波特率发生器可用定时器 T1 或 T2(89C52)构成。

2. 串行口控制器及控制寄存器

80C51 串行口是可编程接口，对它初始化编程只用两个控制字分别写入串行口控制寄存器 SCON 和电源控制寄存器 PCON 中即可。

1）串行口控制寄存器 SCON(98H)

串行口控制寄存器 SCON 是一个特殊功能寄存器，地址为 98H，具有位寻址功能，内容如图 3-24 所示。SCON 包括串行口的工作方式选择位 SM0、SM1，多机通信标志 SM2，接收允许位 REN，发送接收的第 9 位数据 TB8、RB8，以及发送和接收中断标志 TI、RI。

（1）SM0 和 SM1(SCON.7,SCON.6)：串行口工作方式选择位。两个选择位对应 4 种通信方式，如表 3-3 所示。其中，f_{osc} 是振荡频率。

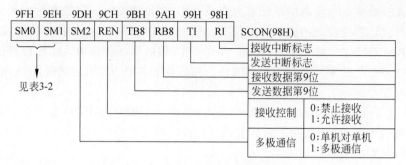

图 3-24　SCON 各位的定义

表 3-3　串行口的工作方式

SM0	SM1	工 作 方 式	说 明	波 特 率
0	0	方式 0	同步移位寄存器	$f_{osc}/12$
0	1	方式 1	10 位异步收发	由定时器控制
1	0	方式 2	11 位异步收发	$f_{osc}/32$ 或 $f_{osc}/64$
1	1	方式 3	11 位异步收发	由定时器控制

　　(2) SM2(SCON.5)：多机通信控制位，主要用于方式 2 和方式 3。若置 SM2＝1，则允许多机通信。多机通信协议规定，第 9 位数据(RB8)为 1，说明本帧数据为地址帧；若第 9 位为 0，则本帧为数据帧。当一片 80C51(主机)与多片 80C51(从机)通信时，所有从机的 SM2 位都置 1。主机首先发送的一帧数据为地址，即某从机机号，其中第 9 位为 1，所有的从机接收到数据后，将其中第 9 位装入 RB8 中。各个从机根据收到的第 9 位数据(RB8 中)的值来决定从机可否再接收主机的信息。若(RB8)＝0，说明是数据帧，则使接收中断标志位 RI＝0，信息丢失；若(RB8)＝1，说明是地址帧，数据装入 SBUF 并置 RI＝1，中断所有从机，被寻址的目标从机清除 SM2 以接收主机发来的一帧数据。其他从机仍然保持 SM2＝1。

　　若 SM2＝0，即不属于多机通信情况，则接收一帧数据后，不管第 9 位数据是 0 还是 1，都置 RI＝1，接收到的数据装入 SBUF 中。

　　根据 SM2 这个功能，可实现多个 80C51 应用系统的串行通信。

　　在方式 1 时，若 SM2＝1，则只有接收到有效停止位时，RI 才置 1，以便接收下一帧数据。在方式 0 时，SM2 必须是 0。

　　(3) REN(SCON.4)：允许接收控制位。由软件置 1 或清零。REN＝1，允许接收；REN＝0，禁止接收。

　　在串行通信接收控制过程中，如果满足 RI＝0 和 REN＝1(允许接收)的条件，就允许接收，一帧数据就装载入接收 SBUF 中。

　　(4) TB8(SCON.3)：在方式 2 或方式 3 中，TB8 是发送的第 9 位数据，也可作为奇偶校验位。根据发送数据的需要由软件置位或复位。在多通信中，TB8 位的状态表示主机发送的是地址还是数据。TB8＝1，为地址；TB8＝0，为数据。在方式 0 或方式 1 中，不使用 TB8。

　　(5) RB8(SCON.2)：在方式 2 或方式 3 中，RB8 是接收的第 9 位数据。若 SM2＝1，RB8＝1，说明收到的是地址帧。

　　在方式 1 中，若 SM2＝0(即不是多机通信情况)，RB8 中存放的是已接收到的停止位。在方式 0 中，不使用 RB8。

（6）TI(SCON.1)：发送中断标志。方式 0 中，在发送完第 8 位数据时由硬件置位；其他方式中，在发送停止位之前由硬件置位。在任何方式中都必须由软件来清除 TI。

（7）RI(SCON.0)：接收中断标志。方式 0 中，接收第 8 位结束时由硬件置位。其他方式中，在接收停止位的中间时刻由硬件置位。在任何方式(SM2 所述情况除外)必须由软件清除 RI。

串行发送中断标志 TI 和接收中断标志 RI 是同一个中断源，CPU 事先不知道是发送中断 TI 还是接收中断 RI 产生的中断请求，所以，在全双工通信时，必须由软件来判别。

复位时，SCON 所有位均清零。

2）电源控制寄存器 PCON(87H)

PCON 主要是为 HCMOS 型单片机的电源控制而设置的专用寄存器，地址为 87H，内容见图 3-25。

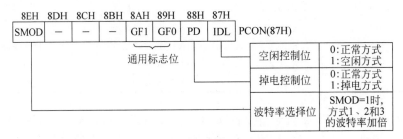

图 3-25　PCON 各位的定义

SMOD 为波特率倍增位。在方式 1、方式 2、方式 3 下，串行通信波特率与 2^{SMOD} 成正比。当 SMOD=1 时，串行通信波特率可提高一倍。复位时 SMOD=0。PCON 中的电源控制位，已在 1.7.4 节介绍，在此从略。

3.3.3　串行口的工作方式

根据实际需要，80C51 串行口可设置 4 种工作方式，它们是由 SCON 中的 SM0、SM1 这两位定义的。

1. 工作方式 0

当 SM0 SM1=00 时，串行接口选择工作方式 0，为同步移位寄存器输入输出方式，常用于扩展 I/O 口。串行数据通过 RXD 输入或输出，而 TXD 用于输出移位时钟，作为外接部件的同步信号。发送或接收的是 8 位数据（低位在前，高位在后）。其波特率固定为 $f_{osc}/12$。

方式 0 以 8 位数据为一帧，不设起始位和停止位，先发送或接收最低位。其帧格式如图 3-26 所示。

…	D0	D1	D2	D3	D4	D5	D6	D7	…

图 3-26　方式 0 数据帧格式

1) 方式 0 输出

按工作方式 0 发送时，RXD 引脚用于串行数据输出，TXD 输出移位同步脉冲。当数据写入发送缓冲器后,串行口将 8 位数据从低位开始以 $f_{osc}/12$ 的波特率从 RXD 端输出,输出完后将中断标志 TI 置 1,发中断请求。要再次发送数据时,必须通过软件将 TI 清零。

2) 方式 0 输入

在按工作方式 0 接收时,受串行口允许接收控制 REN 控制。REN＝0,禁止接收;REN＝1,允许接收,数据由 RXD 端输入,TXD 端输出移位同步信号。当接收到 8 位数据时,将中断标志 RI 置 1,发中断请求。要再次接收数据时,必须通过软件将 RI 清零。

转入中断服务后,由中断服务程序将 TI、RI 清零。在工作方式 0 中没有使用 TB8 和 RB8 位。

例如,74LS164 可用于扩展并行输出口。

MCS-51 单片机和串行输入并行输出移位寄存器 74LS164 的接口逻辑如图 3-27 所示。

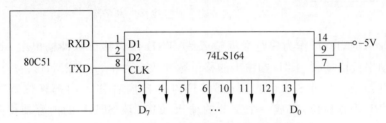

图 3-27　方式 0 输出时连接移位寄存器

方式 0 输出时,TXD 端输出的移位脉冲将 RXD 端输出的数据移入 74LS164。CPU 对发送数据缓冲器 SBUF 写入一个数据,就启动串行口从低位开始串行发送。经过 8 个机器周期,串行口输出数据缓冲器内容移入外部的移位寄存器 74LS164,置位 TI,串行口停止移位,于是完成一个字节的输出。由此可见,在串行口移位输出过程中,74LS164 的输出状态是动态变化的。若 $f_{osc}=12\text{MHz}$,则这个时间为 $8\mu s$。另外,串行口是从低位开始串行输出的,所以在图 3-27 中,数据的低位在右、高位在左,这两点在具体应用中必须加以注意。串行口方式 0 输出时,可以串接多个移位寄存器。

例如,在图 3-28 中,串行口外接两个 74LS164,74LS164 的输出接指示灯 L0～L15。

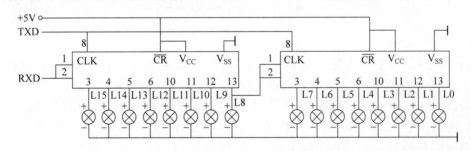

图 3-28　串行口方式 0 输出应用

欲使 L0～L3、L8、L10、L12、L14 亮,其余灯暗,程序设计如下:

```
LSUB0:  MOV  SBUF, #0FH              ; #00001111B
        JNB  TI, $
        CLR  TI
        MOV  SBUF, #055H             ; #01010101B
        JNB  TI, $
```

```
        CLR  TI
        RET
```

例如,74LS166 可用于扩展输入口。

80C51 单片机和外接的并行输入串行输出的移位寄存器 74LS166 的接口逻辑如图 3-29 所示。

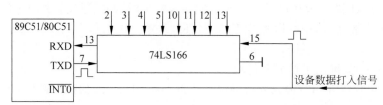

图 3-29　方式 0 输入时连接移位寄存器

方式 0 输入时,RXD 作为串行数据输入线,TXD 作为移位脉冲输出线。在 REN＝1、RI＝0 时启动串行口接收,TXD 端输出的移位脉冲频率为 $f_{osc}=12\mathrm{MHz}$。$f_{osc}=12\mathrm{MHz}$,移位速率为 $1\mu s/$位,经过 8 次移位,外部移位寄存器内容移入内部移位寄存器,并写入 SBUF,置位 RI,停止移位,完成一个字节的输入,CPU 读 SBUF 的内容便得到输入结果。当检测到外部移位寄存器内容再次有效时(设备将数据打入外部移位寄存器,打入信号向 CPU 请求中断),清零 RI,启动串行口接收下一个数据。

2．工作方式 1

当 SM0 SM1＝01 时,串行接口选择工作方式 1,为可变波特率的 8 位异步通信方式。发送数据由 TXD 端输出,接收数据由 RXD 端输入。方式 1 以 10 位为一帧传输,设有 1 个起始位(0)、8 个数据位和 1 个停止位(1)。其帧格式如图 3-30 所示。

图 3-30　方式 1 数据帧格式

1) 方式 1 输出

CPU 向串行口发送数据,缓冲器 SBUF 写入一个数据就启动串行口发送,在串行口内部一个 16 分频计数器的同步控制下,在 TXD 端输出一帧信息,先发送起始位 0,接着从低位开始依次输出 8 位数据,最后输出停止位 1,并置 1,发送中断标志 TI,串行口输出完一个字符后停止工作。CPU 执行程序判断 TI＝1 后,清零 TI,再向 SBUF 写入数据,启动串行口发送下一个字符。

2) 方式 1 输入

REN 置 1 以后,就允许接收器接收。接收器以所选波特率的 16 倍的速率采样 RXD 端的电平。当检测到 RXD 端输入电平发生负跳时,复位内部的 16 分频计数器。计数器的 16 个状态把传送一位数据的时间分为 16 等份,在每位中心,即 7、8、9 这三个计数状态,位检测器采样 RXD 的输入电平,接收的值是三次采样中至少是两次相同的值,这样处理可以防止干扰。如果在第 1 位时间接收到的值(起始位)不是 0,则起始位无效,复位接收电路,重新搜索 RXD 端上的负跳变。如果起始位有效,则开始接收本帧其余部分的信息。接收到停止位为 1 时,将接收到的 8 位数据装入接收数据缓冲器 SBUF,置位 RI,表示串行口接收到有效的一帧信息,向 CPU 请求中断。接着串行口输入控制电路重新搜索 RXD 端上负跳变,接收下一个数据。

在方式 1 的接收器中设置有数据辨识功能,即在同时满足以下两个条件时,接收数据有效,实现装载 SBUF、RB8 及 R1 置 I,接收控制器再次采样 RXD 的负跳变,以便接收下一帧数据。这两个条件是:

① RI＝0;

② SM2＝0 或接收到的停止位＝1。

如果上述条件任一不满足,所接收的数据无效,接收控制器不再恢复。

3) 方式 1 应用举例

【例 3-8】　80C51 串行口按双工方式收发 ASCII 字符,最高位用来作奇偶校验位。采用奇校验方式,要求传送的波特率为 1200b/s。编写有关的通信程序。

解:7 位 ASCII 码加 1 位奇校验共 8 位数据,故可采用串行口方式 1。

80C51 单片机的奇偶校验位 P 是当累加器 A 中 1 的数目为奇数时,P＝1。如果直接把 P 值放入 ASCII 码的最高位,恰好成了偶校验,与要求不符,因此,要把 P 的值取反以后放入 ASCII 码最高位,才是要求的奇校验。

双工通信要求收、发能同时进行。实际上,收、发操作主要是在串行接口进行,CPU 只把数据从接收缓冲器读出和把数据写入发送缓冲器。数据传送用中断方式进行,响应中断以后,通过检测是 RI 置位还是 TI 置位来决定 CPU 是进行发送操作还是接收操作。发送和接收都通过调用子程序来完成。设发送数据区的首地址为 20H,接收数据区的首地址为 40H,f_{osc} 为 6MHz,通过查波特率初值(见表 3-4)可知定时器的初装值为 F3H。定时器 T1 采用工作方式 2,可以避免计数溢出后用软件重装定时初值的工作。

汇编程序设计如下:

主程序

```
            MOV   TMOD,＃20H              ;定时器 1 设为工作方式 2
            MOV   TL1,＃0F3H              ;定时器初值
            MOV   TH1,＃0F3H              ;8 位重装值
            SETB  TR1                     ;启动定时器 1
            MOV   SCON,＃50H              ;将串行口设置为方式 1,REN＝1
            MOV   R0,＃20H                ;发送数据区首址
            MOV   R1,＃40H                ;接收数据区首址
            ACALL SOUT                    ;先输出一个字符
            SETB  ES
            SETB  EA
LOOP:       SJMP  $                       ;等待中断
```

中断服务程序

```
            ORG   0023H                   ;串行口中断入口
            AJMP  SBR1                    ;转至中断服务程序
            ORG   0100H
SBR1:       JNB   RI,SEND                 ;TI＝1,为发送中断
            ACALL SIN                     ;RI＝1,为接收中断
            SJMP  NEXT                    ;转至统一的出口
SEND:       ACALL SOUT                    ;调用发送子程序
```

```
NEXT:   RETI                                    ;中断返回
```

发送子程序

```
SOUT:   CLR  TI
        MOV  A,@R0                              ;取发送数据到 A
        MOV  C,P                                ;奇偶标志赋予 C
        CPL  C                                  ;奇校验
        MOV  ACC.7,C                            ;加到 ASCII 码高位
        INC  R0                                 ;修改发送数据指针
        MOV  SBUF,A                             ;发送 ASCII 码
        RET                                     ;返回
```

接收子程序

```
SIN:    CLR  RI
        MOV  A,SBUF                             ;读出接收缓冲区内容
        MOV  C,P                                ;取出校验位
        CPL  C                                  ;奇校验
        ANL  A,#7FH                             ;删去校验位
        MOV  @R1,A                              ;读入接收缓冲区
        INC  R1                                 ;修改接收数据指针
        RET                                     ;返回
```

在主程序中已初始化 REN＝1,则允许接收。以上程序基本上具备了全双工通信的能力,但不能说很完善。例如,在接收子程序中,虽然检验了奇偶校验位,但没有进行出错处理;另外,发送和接收数据区的范围都很有限,也不能满足实际需要。但有了一个基本的框架之后,逐渐完善还是可以做到的。

3. 工作方式 2 和工作方式 3

当 SM0 SM1＝10 时,串行接口选择工作方式 2;当 SM0 SM1＝11 时,串行接口选择工作方式 3。串行口定义为方式 2 或方式 3 时,它是一个 9 位的异步串行通信接口,TXD 为数据发送端,RXD 为数据接收端。方式 2 的波特率固定为 $f_{osc}/64$ 或 $f_{osc}/32$,而方式 3 的波特率由定时器 T1 或 T2(80C52)的溢出率所确定。

方式 2 和方式 3 以 11 位为 1 帧传输,设有 1 个起始位(0),8 个数据位,1 个附加第 9 位和 1 个停止位(1)。其帧格式如图 3-31 所示。

图 3-31　方式 2 和方式 3 数据帧格式

附加第 9 位(D8)由软件置 1 或清零。发送时在 SCON 的 TB8 中,接收时存入 SCON 的 RB8 中。

1) 方式 2 和方式 3 输出

CPU 向发送数据缓冲器 SBUF 写入一个数据就启动串行口发送,同时将 TB8 写入输出移位寄存器的第 9 位。实际发送在内部 16 分频计数器下一次循环的机器周期的 S1P1,使发送定时与这个 16 分频计数器同步。先发送起始位 0,接着从低位开始依次发送 SBUF 中的 8 位数据,再发送 SCON 中的 TB8,最后发送停止位,置 1 发送中断标志 TI,CPU 判

TI＝1 以后清零 TI,可以再向 TB8 和 SBUF 写入新的数据,再次启动串行口发送。

2) 方式 2 和方式 3 输入

REN 置 1 以后,接收器就以所选波特率的 16 倍的速率采样 RXD 端的输入电平。当检测到 RXD 上输入电平发生负跳变时,复位内部的 16 分频计数器。计数器的 16 个状态把一位数据的时间分成 16 等份,在一位中心,即 7、8、9 这三个计数状态,位检测器采样 RXD 的输入电平,接收的值是三次采样中至少是两次相同的值。如果在第 1 位时间接收到的值不是 0,则起始位无效,复位接收电路,重新搜索 RXD 上的负跳变。如果起始位有效,则开始接收本帧其余位信息。

先从低位开始接收 8 位数据,再接收第 9 位数据,在 RI＝0、SM2＝0 或接收到的第 9 位数据为 1 时,接收的数据装入 SBUF 和 RB8,置位 RI;如果条件不满足,把数据丢失,并且不置位 RI。一位时间以后又开始搜索 RXD 上的负跳变。

同样,方式 2、方式 3 中也设置有数据辨识功能。即当 RI＝0、SM2＝0 或接收到的第 9 位的数据为 1 的任一条件不满足时,接收的数据帧无效。

3.3.4　波特率的设计

在串行通信中,收发双方对发送或接收的数据速率有一个约定。80C51 串行口有 4 种工作方式,其中,方式 0 和方式 2 的波特率是固定的;而方式 1 和方式 3 的波特率是可变的,由定时器 T1 的溢出率来决定。各种方式波特率的计算公式是不同的。

1. 波特率的计算方法

1) 方式 0 波特率

串行口方式 0 的波特率由振荡器的频率所确定:

$$\text{方式 0 波特率} = f_{\text{osc}} / 12$$

若振荡器频率 $f_{\text{osc}} = 12\text{MHz}$,则波特率 $= f_{\text{osc}}/12 = 12\text{MHz}/12 = 1\text{MHz/s}$,即 $1\mu\text{s}$ 移位一次。

2) 方式 2 波特率

串行口方式 2 的波特率由振荡器的频率和 SMOD(PCON.7)所确定:

$$\text{方式 2 波特率} = \frac{2^{\text{SMOD}}}{64} \times f_{\text{osc}}$$

SMOD 为 0 时,波特率等于振荡器频率的 1/64;SMOD 为 1 时,波特率等于振荡器频率的 1/32。

3) 方式 1 和方式 3 的波特率

串行口方式 1 和方式 3 的波特率由定时器 T1 或 T2(89C52 等单片机)的溢出率和 SMOD 所确定。T1 和 T2 是可编程的,可以选的波特率范围比较大,因此串行口方式 1 和方式 3 是最常用的工作方式。

2. 波特率的产生

当定时器 T1 作为串行口的波特率发生器时,串行口方式 1 和方式 3 的波特率由下式确定:

$$方式 1 和方式 3 波特率 = \frac{2^{\text{SMOD}}}{32} \times (\text{T1 溢出率})$$

其中,溢出率取决于计数速率和定时器的预置值。计数速率与 TMOD 寄存器中 $C/\overline{T}$ 的状态有关。当 $C/\overline{T}=0$ 时,计数速率＝振荡器频率/12；当 $C/\overline{T}=1$ 时,计数速率取决于外部输入时钟频率。

当定时器 T1 作波特率发生器使用时,通常选用定时器工作方式 2(自动装入初值)。在工作方式 2 中,用 TL1 计数,而自动装入的初值放在 TH1 中。设计数初值为 X,则每过 "$256-X$"个机器周期,定时器 T1 就会产生一次溢出。为了避免因溢出而引起中断,此时应禁止 T1 中断。这时有

$$溢出周期 = 12/振荡器频率 \times (256 - X)$$

溢出率为溢出周期的倒数,所以有

$$波特率 = 2^{\text{SMOD}} \times 振荡器频率 /[32 \times 12 \times (256 - X)]$$

此时,定时器 T1 在工作方式 2 时的初值为

$$X = 256 - \frac{f_{\text{osc}} \times (\text{SOMD} + 1)}{384 \times 波特率}$$

表 3-4 列出了最常用的波特率以及相应的振荡器频率、T1 工作方式和计数初值。

表 3-4　常用波特率与其他参数选取关系

串行口工作方式	波特率/(b/s)	f_{osc}/MHz	定时器 T1			
			SMOD	C/$\overline{T}$	模式	定时器初值
方式 0	1M	12	$\times$	$\times$	$\times$	$\times$
	0.5M	6				
方式 2	375K	12	1	$\times$	$\times$	$\times$
	187.5K		0	$\times$	$\times$	$\times$
	187.5K	6	1	$\times$	$\times$	$\times$
方式 1 和方式 3	62.5k	12	1	0	2	FFH
	19.2k	11.059	1	0	2	FDH
	9.6k		0	0	2	FDH
	4.8k		0	0	2	FAH
	2.4k		0	0	2	F4H
	1.2k		0	0	2	E8H
	137.5		0	0	2	1DH
	110	12	0	0	1	FEEBH
	19.2K	6	1	0	2	FEH
	9.6K		1	0	2	FDH
	4.8K		0	0	2	FDH
	2.4K		0	0	2	FAH
	1.2K		0	0	2	F3H
	0.6K		0	0	2	E6H
	110		0	0	2	72H
	55		0	0	1	FFEBH

【例 3-9】 80C51 单片机时钟振荡频率为 11.0592MHz,选用定时器 T1 工作模式 2 作为波特率发生器,波特率为 2400b/s,求初值。

解:设置波特率控制位 SMOD＝0,

$$X = 256 - \frac{11.0592 \times 10^6 \times (0+1)}{384 \times 2400} = 244 = \text{F4H}$$

所以,TH1＝TL1＝F4H。

当振荡器频率选用 11.0592MHz 时,对于常用的标准波特率,能正确地计算出 T1 的计数初值,所以这个频率是最常用的。

3.3.5　80C51 串行口双机异步通信

双机通信也称为点对点的串行异步通信。利用单片机的串行口,可以进行单片机与单片机、单片机与通用微机间的点对点的串行通信。

若利用 80C51 的串行口进行两个 80C51 之间的串行异步通信,串行接口的连接方式有多种,应根据实际需要选择。本节将介绍 RS-232C 标准接口总线、信号电气特性与电平转换、双机通信和多机通信。

1. RS-232C 标准接口总线

RS-232C 是目前最常用的串行接口标准,用于实现计算机与计算机之间、计算机与外设之间的数据通信。该标准的目的是定义数据终端设备(DTE)之间接口的电气特性。一般的串行通信系统是指通用计算机和调制解调器(Modem)。调制解调器叫数据电路终端设备(简称 DCE)。RS-232C 提供了单片机与单片机、单片机与通用计算机间串行数据通信的标准接口,通信距离可达到 15m。

RS-232C 接口的具体规定如下。

1) 范围

RS-232C 标准适用于 DCE 和 DTE 间的串行二进制通信,最高的数据速率为19.2Kb/s。

如果不增加其他设备的话,RS-232C 标准的电缆长度最大为 15m。

2) RS-232C 的信号特性

RS-232C 标准规定了数据线上、控制和状态线上的信号电平。

(1) 数据线上的信号电平。

　　mark(逻辑 1)＝＋3～＋25V

　　space(逻辑 0)＝－3～－25V

(2) 控制和状态线上的信号电平。

　　ON(逻辑 0)＝＋3～＋25V(接通)

　　OFF(逻辑 1)＝－3～－25V(断开)

3) RS-232C 接口信号及引脚说明

表 3-5 列出了 RS-232C 串行标准接口信号的定义以及信号分类。

表 3-5   RS-232C 接口标准

引　脚	信 号 名	功 能 说 明	信 号 方 向	
			对 DTE	对 DCE
1 *	GND	保护地	×	
2 *	TXD	发送数据	出	入
3 *	RXD	接收数据	入	出
4 *	RTS	请求发送	出	入
5 *	CTS	允许发送	入	出
6 *	DSR	数据设备(DCE)准备就绪	入	出
7 *	SGND	信号地(公共回路)	×	×
8 *	DCD	接收线路信号检测	入	出
9,10		未用,为测试保留		
11		空		
12		辅信道接收线路信号检测		
13		辅信道允许发送		
14		辅信道发送数据		
15 *		发送信号码元定时(DCE 为源)		
16		辅信道接收数据		
17 *	DTR	接收信号码元定时	出	入
18		空		
19		辅信道请求发送		
20 *		数据终端(DTE)准备就绪		
21 *		信号质量检测		
22 *		振铃指示		
23 *		数据信号速率选择		
24 *		发送信号码元定时(DTE 为源)		

　　RS-232C 有 20 根信号线,其中 15 根信号线(表中打 * 号者)用于主信道通信,其他的信号线用于辅信道或未定义。辅信道主要用于线路两端的调制解调器的连接,很少使用。

　　通常使用 25 芯的接插件(DB25 插头和插座)实现 RS-232C 标准接口的连接。RS-232C 标准接口(DB25)连接器的机械性能与信号线的排列如图 3-32 所示。

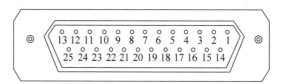

图 3-32   DB25 连接器结构图

2. 信号电气特性与电平转换

1) 电气特性

　　为了增加信号在线路上的传输距离和提高抗干扰能力,RS-232C 提高了信号的传输电平。该接口采用双极性信号、公共地线和负逻辑。

使用 RS-232C,数据通信的波特率允许范围为 0~20Kb/s。在使用 19200b/s 进行通信时,最大传送距离在 20m 之内。降低波特率可以增加传输距离。

2) 电平转换

RS-232C 规定的逻辑电平与一般微处理器、单片机的逻辑电平是不一致的。因此,在实际应用时,必须把微处理器的信号电平(TTL 电平)转换为 RS-232C 电平,或者对两者进行逆转换。这两种转换是通过专用电平转换芯片实现的。

3) 专用电平转换芯片 MC1488、MC1489

MC1488、75188 等芯片可实现 TTL→RS-232C 的电平转换,MC1489、75189 等芯片可实现 RS-232C→TTL 的电平转换。MC1488、MC1489 的电路结构与引脚排列见图 3-33。

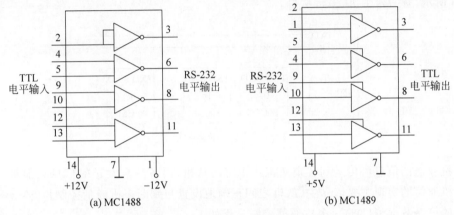

图 3-33　MC1488、MC1489 内部结构与引脚排列

MC1488 由 3 个"与非"门和 1 个反相器构成。VCC 可接+15V 或+12V,VEE 可接−15V 或−12V,输入为 TTL 电平,输出为 RS-232C 电平。

MC1489 由 4 个反相器组成。VCC 接+5V,每个反相器都有一个控制端,它可接到电源电压上,用以调整输入的门限特性,也可通过一滤波电容接地。

单片机的串行口通过电平转换芯片所组成的 RS-232C 标准接口电路,如图 3-34 所示。

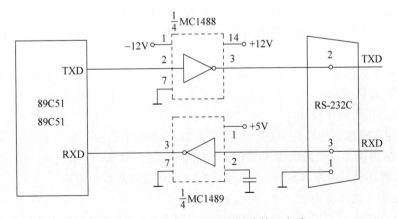

图 3-34　80C51 的 RS-232C 标准接口电路

3. 多机通信

MCS-51 串行口的方式 2 和方式 3 具有一个专门的应用领域，即多机通信。

1）多机通信原理

在多机通信时，TB8 可置 1 或者清零，与 SM2 配合使用。当 SM2＝1 时，实现多机通信功能。若接收到的 RB8＝1，接收内容进入 SBUF，RI 置 1，向 CPU 发中断请求；若 RB8＝0，RI 不置 1，即不向 CPU 发中断请求。当 SM2＝0 时，不判 RB8 的状态，均向 CPU 发中断请求。因此，在 SM2＝1 时，TB8/RB8 可作为地址/数据标志位。根据这一配置方式，可构成主从式多机通信系统。所谓主从式，即在多台单片机中，有一台是主机，其余的为从机，其连接如图 3-35 所示，有一台主机，多台从机。

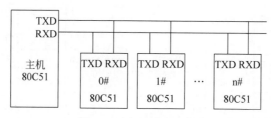

图 3-35　主从多机通信

主机发送的信息可传送到各个从机或指定的从机，而各从机发送的信息只能被主机接收。多机通信的实现主要依靠主、从机之间正确地设置与判断多机通信控制位 SM2 和发送或接收的第 9 数据位（D8）。多机通信控制过程如下。

（1）使所有从机的 SM2 位置 1，处于只接收地址帧的状态。

（2）主机发送一帧地址信息，其中包含 8 位地址和第 9 位为地址/数据信息的标志位。第 9 位（TB8）是 1，表示该帧为地址信息。

（3）从机接收到地址帧后，各自将所接收到的地址与本从机的地址比较。对于地址相符的那个从机，使 SM2 位清零，并把本机的地址发送回主机作为应答，然后开始接收主机随后发来的数据或命令信息；对于地址不符的从机，仍保持 SM2 位为 1，对主机随后发来的数据不予理睬，直至发送新的地址帧。

（4）主机收到从机发回的应答地址后，确认地址是否相符。如果地址相符，则清 TB8，开始发送命令，通知从机是进行数据接收还是进行数据发送；如果地址不符，则发复位信号（数据帧中 TB8＝1）。

（5）主从机之间进行数据通信。需要注意的是，通信的各机之间必须以相同的帧格式及波特率进行通信。

2）多机通信的程序设计

（1）约定多机通信的软件协议。要保证多机通信的可靠和有条不紊，相互通信时必须有严格的通信协议。一般通信协议都有通用标准，协议较完善，但很复杂。为了介绍 MCS-51 多机通信程序设计的基本原理，这里仅规定以下几条最基本的协议。

① 系统中从机容量为 255 台，地址分别为 00H～0FEH。

② 地址 0FFH 是对所有从机都起作用的控制命令，命令各从机恢复 SM2＝1 的状态。

③ 制定主机发送控制命令的代码，代码按 00H，01H，02H，…顺序设置，其他均为非法

代码。

④ 数据块长度为 16B。

⑤ 设计从机状态字,以表明从机的工作状态。本例中,从机的状态字如图 3-36 所示。

D_0	D_1	D_2	D_3	D_4	D_5	D_6	D_7	D_8
ERR	0	0	0	0	0	0	TRDY	RRDY

图 3-36　从机状态字各位含义

其中 ERR 为非法命令位。ERR＝1,从机接收到非法命令;ERR＝0,从机接收到合法命令。

TRDY 为发送准备位。TRDY＝0,从机发送准备未就绪;TRDY＝1,从机发送准备就绪。

RRDY 为接收准备位。RRDY＝0,从机接收准备未就绪;RRDY＝1,从机接收准备就绪。

(2) 主机通信子程序。主机通信以子程序调用形式进行,因此主机通信程序为子程序。

在调用主机通信子程序之前,有关寄存器的内容如下。

R0:主机接收的数据块首地址。

R1:主机发送的数据块首地址。

R2:寻址的从机地址。

R3:主机发出的命令。

R4:主机发送的数据块长度。

R5:主机接收的数据块长度。

主机通信子程序流程图如图 3-37 所示。

主机串行口设定为:工作方式 3,允许接收,置 TB8＝1。此时,控制字为 11011000B,即 0D8H。

主机通信子汇编程序如下:

```
        MOV   SCON,#0D8H            ;串行口控制字
MSI01:  MOV   A,R2
        MOV   SBUF,A                ;发出从机地址
        JNB   RI,$                  ;等待从机应答
        CLR   RI                    ;从机应答后清 RI
        MOV   A,SBUF                ;取出从机应答地址
        XRL   A,R2                  ;核对应答地址
        JZ    MSI03                 ;地址相符转 MSI03
MSI02:  MOV   SBUF,#0FFH            ;命令所有从机置 SM2＝1
        SETB  TB8                   ;置地址标志
        SJMP  MSI01                 ;重发地址
MSI03:  CLR   TB8                   ;置命令标志
        MOV   SBUF,R3               ;发送命令
        JNB   RI,$                  ;等待从机应答
        CLR   RI                    ;清 RI
        MOV   A,SBUF                ;取出应答信息
        JNB   ACC.7,MSI04           ;核对命令是否出错
```

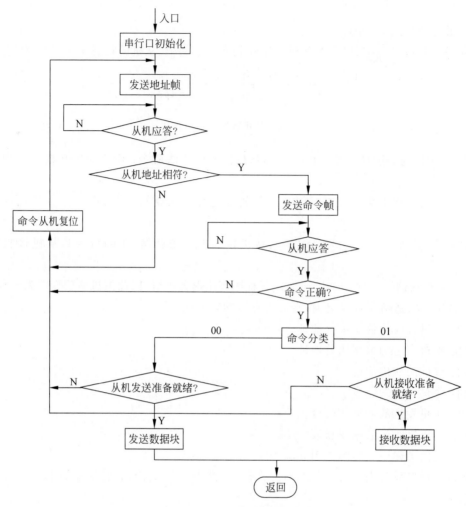

图 3-37　主机通信子程序流程

```
        SJMP   MSI02                    ;命令接收错,重发
MSI04:  CJNE   R3,#00H,MSI05            ;若为从机发送命令,转出
        JNB    ACC.0, MSI02            ;从机接收没准备好,重新联络
STX:    MOV    SBUF,@R1                 ;主机发送数据
        JNB    TI, $                    ;等待一个字符发送结束
        CLR    TI                       ;为接收下一字符做准备
        INC    R1                       ;指向下一字符
        DJNZ   R4,STX                   ;未发送完,继续
        RET                             ;发送完,返回
MSI05:  JNB    ACC.1, MSI02            ;从机发送没准备好,重新联络
SRX:    JNB    RI, $                    ;等待主机接收完毕
        CLR    RI                       ;为接收下一字符做准备
        MOV    A, SBUF                  ;取出接收到的字符
        MOV    @R0, A                   ;送数据缓冲区
        INC    R0                       ;修改地址指针
        DJNZ   R5,SRX                   ;未接收完,继续
        RET                             ;接收完,返回
```

（3）从机通信子程序。从机通信以中断方式进入，其主程序在收到主机发送来的地址后，即发出串行中断请求。中断请求被响应后，进入中断服务程序，进行多机通信。为此，有关从机串行口的初始化、波特率设置和串行中断初始化等内容，都应在主程序中预先进行。

假定以 SLAVE 作为被寻址的从机地址，以 F0 和 PSW.1 作为本从机发送和接收准备就绪的状态位。

从机通信中断服务程序流程图如图 3-38 所示。该通信中断服务程序中有关寄存器的内容如下。

R0：从机发送的数据块首地址；

R1：从机接收的数据块首地址；

R2：发送的数据块长度；

R3：接收的数据块长度。

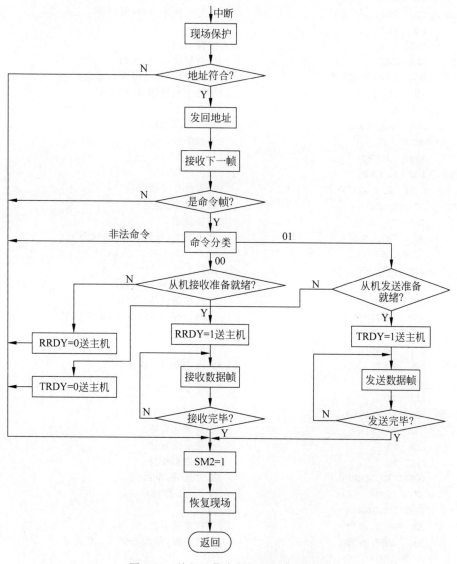

图 3-38　从机通信中断服务程序流程图

从机通信子程序如下：

```
        ORG    0023H
        LJMP   SSIO


        ORG    3000H
SLAVE   EQL    01H
SSIO:   CLR    RI
        PUSH   ACC                    ;现场保护
        PUSH   PSW
        SETB   RS1                    ;选择 2 区工作寄存器
        CLR    RS0
        MOV    A,SBUF                 ;取出接收到的地址
        XRL    A,#SLAVE               ;核对是否为本机地址
        JZ     SSIO1                  ;是本机地址,则转
RETURN: POP    PSW                    ;不是呼叫本机,恢复现场
        POP    ACC
        RETI                          ;中断返回
SSIO1:  CLR    SM2                    ;准备接收命令/数据
        MOV    SBUF,#SLAVE            ;发送本机地址,供主机核对
        JNB    RI,$                   ;等待主机发送命令/数据
        CLR    RI                     ;清 RI
        JNB    RB8,SSIO2              ;是命令/数据,继续
        SETB   SM2                    ;复位信号,返回
        SJMP   RETURN
SSIO2:  MOV    A, SBUF                ;取出命令
        CJNE   A,#02H,NEXT            ;检查命令是否合法
NEXT:   JC     SSIO3                  ;合法命令,继续
        CLR    TI                     ;准备发送
        MOV    SBUF,#80H              ;非法命令,发回 ERR = 1 状态字
        SETB   SM2
        SJMP   RETURN                 ;返回
SSIO3:  JZ     CMOD                   ;是接收命令,转接收
CMD1:   JB     F0,SSIO4              ;发送准备就绪,继续
        MOV    SBUF,#00H              ;未准备好,发出 TRDY = 0 状态字
        SETB   SM2
        SJMP   RETURN                 ;返回
SSIO4:  MOV    SBUF,#02H              ;发出 TRDY = 1 状态字
        JNB    TI,$
        CLR    TI
LOOP1:  MOV    SBUF,@R0               ;发送一个字符
        JNB    TI,$                   ;等待发送完毕
        CLR    TI                     ;准备下次发送
        INC    R0                     ;修改数据指针
        DJNZ   R2,LOOP1              ;未发送完,继续
        SETB   SM2                    ;发送完,置 SM2 = 1
        SJMP   RETURN                 ;返回
CMOD:   JB     PSW.1,SSIO5           ;接收准备就绪,继续
        MOV    SBUF,#00H              ;未准备好,发出 RRDY = 0 状态字
        SETB   SM2
        SJMP   RETURN                 ;返回
```

```
SSIO5:  MOV   SBUF,＃01H                //发出 RRDY＝1状态字
LOOP2:  JNB   RI, $                     //接收一个字符
        CLR   RI                        //准备下次接收
        MOV   @R1,SBUF                  //存接收数据
        INC   R1                        //修改数据指针
        DJNZ  R3,LOOP2                  //未完,继续
        SETB  SM2
        SJMP  RETURN                    //返回
        END
```

【例 3-10】 以工作方式 2 为串行通信方式,完成发送及接收数据的 C51 语言程序设计。

（1）发送数据

```
＃include＜reg51.h＞
int   ch;
void  SISR(void)  interrupt  4
{
    TI＝0;
}
void  main()
{
    int   i;
    SCON＝0x80;                    //初始化串口方式
    PCON＝0x80;
    ES＝1;EA＝1;
    TB8＝ParityCheck(0x46);        //奇偶校验位
    SBUF＝0x46;
    while(1);
}
```

（2）接收数据

```
＃include＜reg51.h＞
int   ch;
void  SISR(void)  interrupt  4
{   RI＝0;
    ch＝SBUF;
    if(RB8＝＝ParityCheck(ch))      //判断奇偶校验位
    {       …                       //用户处理语句,省略
    }
    else
    {       …
    }                               //错误处理语句,省略
}
void  main()
{   SCON＝0x90;                    //初始化串口方式
    PCON＝0x80;
    ES＝1; EA＝1;
    while(1);
}
```

思考题与习题

1. 什么是中断和中断系统？在单片机中，中断能实现哪些功能？

2. 试编写一段对中断系统初始化的程序，使之允许 $\overline{INT0}$、$\overline{INT1}$、T0 和串行口中断，且使 T0 中断为高优先级中断。

3. 80C51 共有哪些中断源？对其中断请求如何进行控制？

4. 什么是中断优先级？中断优先处理的原则是什么？

5. 说明外部中断请求的查询和响应过程。

6. 80C51 在什么条件下可响应中断？

7. 试述中断的作用及中断的全过程。

8. 80C51 单片机外部中断源有几种触发中断请求的方法？如何实现中断请求？

9. 当正在执行某一中断源的中断服务程序时，如果有新的中断请求出现，试问在什么情况下可响应新的中断请求？在什么情况下不能响应新的中断请求？

10. 80C51 单片机有 5 个中断源，但只能设置两个中断优先级，因此，在中断优先级安排上受到一定的限制。试问以下几种中断优先顺序的安排（级别由高到低）是否可能？若可能，则应如何设置中断源的中断级别？否则，请简述不可能的理由。

(1) 定时器 0，定时器 1，外中断 0，外中断 1，串行口中断。

(2) 串行口中断，外中断 0，定时器 0 溢出中断，外中断 1，定时器 1 溢出中断。

(3) 外中断 0，定时器 1 溢出中断，外中断 1，定时器 0 溢出中断，串行口中断。

(4) 外中断 0，外中断 1，串行口中断，定时器 0 溢出中断，定时器 1 溢出中断。

(5) 串行口中断，定时器 0 溢出中断，外中断 0，外中断 1，定时器 1 溢出中断。

(6) 外中断 0，外中断 1，定时器 0 溢出中断，串行口中断，定时器 1 溢出中断。

(7) 外中断 0，定时器 1 溢出中断，定时器 0 溢出中断，外中断 1，串行口中断。

11. 80C51 定时器有哪几种工作方式？有何区别？

12. 80C51 单片机内部设有几个定时器/计数器？它们是由哪些特殊功能寄存器组成的？

13. 定时器用作定时器时，其定时时间与哪些因素有关？作计数器时，对外界计数频率有何限制？

14. 简述定时器 4 种工作方式的特点，如何选择和设定。

15. 80C51 定时器的门控制信号 GATE 设置为 1 时，定时器如何启动？

16. 一个定时器的定时时间有限，如何实现两个定时器的串行定时，以满足较长定时间的要求？

17. 使用一个定时器，如何通过软、硬件结合的方法，实现较长时间的定时？

18. 单片机用内部定时方法产生频率为 100kHz 等宽矩形波，假定单片机的晶振频率为 12MHz。请编程实现。

19. 以定时器/计数器 1 进行外部事件计数。每计数 1000 个脉冲后，定时器/计数器 1 转为定时工作方式。定时 10ms 后，又转为计数方式，如此循环不止。假定单片机晶振频率为 6MHz，请使用方式 1 编程实现。

20. 已知 80C51 单片机的 f_{osc} =12MHz，用 T1 定时。试编程由 P1.0 和 P1.1 引脚分别输出周期为 2ms 和 500μs 的方波。

21. 单片机 80C51 的时钟频率为 6MHz，若要求定时值分别为 0.1ms、1ms 和 10ms，定时器 0 工作在模式 0、模式 1 和模式 2 时，其定时器初值各应是多少？

22. 80C51 单片机的串行口由哪些功能部件组成？各有什么作用？

23. 简述串行口接收和发送数据的过程。

24. 80C51 串行口有几种工作方式？有几种帧格式？各工作方式的波特率如何确定？

25. 80C51 中 SCON 的 SM2、TB8、RB8 有何作用？

26. 设 f_{osc} =11.0592MHz，试编写一段程序，其功能为对串行口初始化，使之工作于方式 1，波特率为 1200b/s；并用查询串行口状态的方法，读出接收缓冲器的数据并回送到发送缓冲器。

27. 若晶振为 11.0592MHz，串行口工作于方式 1，波特率为 4800b/s，写出用 T1 作为波特率发生器的方式字和计数初值。

28. 以 80C51 串行口按工作方式 3 进行串行数据通信。假定波特率为 1200b/s，第 9 数据位作奇偶校验位，以中断方式传送数据。请编写通信程序。

29. 串行口工作在方式 1 和方式 3 时，其波特率与 f_{osc}、定时器 T1 工作方式 2 的初值及 SMOD 位的关系如何？设 f_{osc} =6MHz，现利用定时器 T1 方式 2 产生的波特率为 110b/s。试计算定时器初值。

30. 设计一个单片机的双机通信系统，并编写通信程序。将甲机内部 RAM 30H～3FH 存储区的数据块通过串行口传送到乙机内部 RAM 40H～4FH 存储区中去。

第 4 章 MCS-51单片机系统扩展

单片机的芯片内集成了计算机的基本功能部件,已具备了很强的功能。例如 MCS-51 系列中的 89C51、87C51 和 80C51,一块芯片就是一个完整的最小微机系统,但片内 ROM、RAM 的容量,并行 I/O 端口,定时器及中断源等内部资源都还是有限的。因为很多接口电路都是标准通用接口芯片,所以用户可根据系统的需要,选用适当的接口芯片与单片机连接起来,然后用程序设置其工作方式,以组成用户所需要的、完整的单片微机应用系统。

本章讨论如何扩展 80C51/89C51 单片机外部程序存储器和数据存储器,并行口芯片 8155A 和并行接口的扩展,A/D 转换器芯片 MC14433、ADC0809 和 D/A 转换器芯片 DAC0832、DAC1208,并介绍了键盘、显示器的工作原理和键盘、显示接口芯片 8279 与 80C51/89C51 单片机的接口。

4.1 单片机系统总线概述

MCS-51 单片机有强大的外部扩展性能,而且市场上有大量兼容的常规芯片可供选用,扩展电路和扩展方法比较典型和规范。另一方面,MCS-51 系列单片机在功能上不断完善,推出了片内集成各种总线和器件的单片机,如 ATMEL 公司的 AT89C51ID2,包含 64KB Flash Memory、2KB EEPROM、TWI(二线接口)、3 个 16 位定时器、WATCHDOG(看门狗定时器)、SPI 总线、UART(通用异步收发器),最大工作频率 60 MHz,工作电压范围为 2.7～5.5V,具有 ISP(系统内编程)功能,其中一个 I/O 口可直接作为键盘接口。其他系列单片机还有 CAN 接口、10 位 ADC 等,这意味着很多功能扩展不是必需的。在系统设计时,应根据实际的功能需求,如速度、功耗、可扩展性、存储器容量、成本等综合因素来选择单片机和外围芯片。这里,更强调掌握设计思想和方法。

从总线的角度来看,单片机系统的接口分为并行和串行两种类型。前者是利用单片机的地址、数据和控制三组总线来完成数据传送;后者数据总线为串行方式,按照某种串行总线规范进行扩展,如 I^2C、SPI、MICROWIRE 等。相对于并行接口器件,串行接口器件体积小,与单片机连接时需要的接口线少,占用较少的资源,从而简化了系统结构,提高了可靠性。其缺点是速度相对较慢,不适用于高速应用的场合。由于单片机集成度和速度的不断提高,串行方法越来越流行,并得到了广泛使用。此外,计算机通信方式可以分为并行通信和串行通信,相应的通信总线被称为并行总线和串行总线。

4.1.1　单片机并行总线

1．MCS-51 单片机总线

MCS-51 单片机的总线包括地址总线(address bus)、数据总线(data bus)、控制总线(control bus)。这些总线通过相应的引脚，与片外接口芯片进行并行连接。

1）地址总线

MCS-51 单片机地址总线宽度为 16 位，决定了其可寻址空间为 64KB。地址总线低位即 A7～A0 由 P0 口提供，高 8 位 A15～A8 由 P2 口提供。

由于 P0 口是数据总线和地址总线低 8 位分时复用，因而地址数据必须要锁存。P2 口有锁存功能，不需要外加锁存器，但 P2 口作为高位地址线后，便不能作为通用 I/O 使口用。

2）数据总线

MCS-51 单片机的 8 位数据总线 D7～D0 由 P0 口提供。P0 口是带有三态门的双向口，是单片机与外部交换数据的通道。单片机取指、大多数情况存取数据都是通过 P0 口进行的，少数情况下通过 P1 口传送。

在连接多个外围芯片时，由于数据总线上同一时间只能有一个有效通道，此时这些芯片大都采用三态门与总线连接，一般由地址线控制相应的片选端。

3）控制总线

控制总线是单片机与外部芯片连接时的联络信号，控制线包括 ALE、$\overline{\text{PSEN}}$、$\overline{\text{EA}}$、$\overline{\text{RD}}$、$\overline{\text{WR}}$，其功能和输入输出特性如下。

ALE：地址锁存允许，输出，用于锁存 P0 口输出的低 8 位地址信号。

$\overline{\text{PSEN}}$：程序存储器选通允许，输出，用于选通片外程序存储器。区别于数据存储器的选通控制。

$\overline{\text{EA}}$：外部访问，输入，用于选择片内或片外程序存储器。当 $\overline{\text{EA}}=0$ 时，无论片内有无 ROM，只访问片外程序存储器。

$\overline{\text{RD}}$、$\overline{\text{WR}}$：读/写，输出，用于片外数据存储器(RAM)的读写控制。在执行"MOV X"指令时，自动生成这两个控制信号。

2．MCS-51 单片机并行接口基本方法

单片机与片外并行器件接口设计有两个任务：硬件电路连接和软件编程。二者相互关联，软件编程应根据硬件连线确定的地址单元和接口芯片的工作时序，完成相应的读写操作。硬件接口就是完成 3 种总线的连接。

(1) 数据总线：片外器件的数据总线宽度不超过 8 位时，直接与单片机相连即可；超过 8 位时，需要分时来存取。

(2) 地址总线：先对片外器件分配地址，然后进行相应的硬件连接。

(3) 控制总线：根据片外器件工作的定时逻辑，利用单片机控制信号以及与 I/O 口线的组合，完成对器件的控制和读写操作。

4.1.2　单片机串行总线

1. 串行总线的类型

MCS-51 单片机等微控制器（MCU）常用的串行总线有 I^2C 总线、SPI 总线、MICROWIRE 总线，以及现场总线 CAN 总线等，这里简单介绍 I^2C 和 SPI 两种总线。

1）I^2C 总线

I^2C 总线是由飞利浦公司开发的一种简单、双向二线制同步串行总线。它只需要两根线即可在连接于总线上的器件之间传送信息。

主器件用于启动总线传送数据，并产生时钟以开放传送的器件，此时任何被寻址的器件均被认为是从器件。在总线上主和从、发和收的关系不是恒定的，而取决于此时数据传送方向。如果主机要发送数据给从器件，则主机首先寻址从器件，然后主动发送数据至从器件，最后由主机终止数据传送；如果主机要接收从器件的数据，首先由主器件寻址从器件，然后主机接收从器件发送的数据，最后由主机终止接收过程。在这种情况下，主机负责产生定时时钟和终止数据传送。

2）SPI 总线接口

SPI 三线总线结构是一个同步外围接口，允许 MCU 与各种外围设备以串行方式进行通信。一般 SPI 系统使用以下 I/O 引脚。

（1）串行数据线。

主机输入/从机输出数据线（master input slave output，MISO）和主机输出/从机输入数据线（master output slave input，MOSI），用于串行数据的发送和接收。数据发送时，先传送高位，后传送低位。

在 SPI 设置为主机方式时，MISO 是主机数据输入线，MOSI 是主机数据输出线；在 SPI 设置为从机方式时，MISO 是从机数据输出线，MOSI 是从机数据输入线。

（2）串行时钟线。

串行时钟（serial clock，SCLK）线用于同步从 MISO 和 MOSI 引脚输入和输出数据的传送。在 SPI 设置为主机方式时，SCLK 为输出；在 SPI 设置为从机方式时，SCLK 为输入。

（3）从机选择输入。

在 SPI 设置为主机方式时，主机启动一次传送时自动在 SCLK 引脚产生 8 个时钟周期；在主机和从机 SPI 器件中，在 SCLK 信号的一个跳变时进行数据移位，在数据稳定后的另一个跳变时进行采样。在从机方式时，从机选择输入（$\overline{SS}$）引脚是输入端，用于能使 SPI 从机进行数据传送；在主机方式时，$\overline{SS}$ 一般由外部设置为高电平。

按要求连接 SCLK、MOSI/MISO、$\overline{SS}$ 三根线，即可通过 SPI 扩展各种 I/O 功能，包ADC、DAC、实时时钟、RAM、EPROM 及并行输入输出接口等。

3）单片机的 SPI 总线接口

多数场合下都是使用一个 MCU 作为主机，与一个或多个从机（外围器件）进行数据传送，此时，利用单片机串行口的方式 0 可实现简化的 SPI 同步串行通信功能，RXD（P3.1）作为 MOSI/MISO，TXD（P3.1）作为 SCLK。其特点如下。

（1）串行时钟（SCLK）极性和相位之间的关系是固定的，串行传送速率也是固定的，不能编程改变；

（2）无从机选择输入($\overline{SS}$)端；

（3）串行数据输入、输出线不是隔离的，而是同一根线用软件设置数据传输方向；

（4）串行数据线上传送数据位的顺序为先低位，后高位。

除利用单片机的串行通信口作为 SPI 接口外，还可以采用软件编程来仿真 SPI 操作，包括串行时钟的发生、串行数据的输入输出。

4.2 存储器扩展

MCS-51 的程序存储器空间、数据存储器空间是相互独立的。由于 MCS-51 单片机内部存储器的容量较小，因此在实际使用时需要由外部扩展，其中包括外部程序存储器和外部数据存储器。

由于 MCS-51 单片机的 P0 口是分时复用的地址/数据总线，因此在进行存储器扩展时，必须利用地址锁存器将地址信号锁存起来。

4.2.1 8 位数据/地址锁存器 74LS273/74LS373

1. 74LS273

74LS273 是一种带清除功能的 8D 触发器，其内部结构如图 4-1 所示，引脚分布如图 4-2 所示，每个触发器的功能如表 4-1 所示。1D～8D 为数据输入端，1Q～8Q 为数据输出端，正脉冲触发，低电平清除。常用做 8 位地址锁存器。

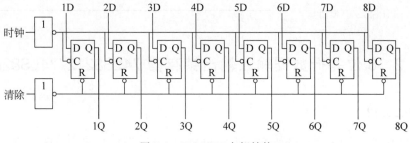

图 4-1　74LS273 内部结构

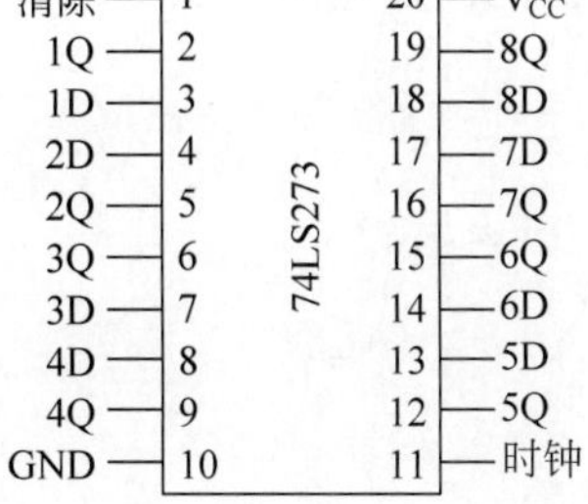

图 4-2　74LS273 引脚图

表 4-1　74LS273 功能表

输　　　入			输出 Q
消除	时钟	D	
L	×	×	L
H	↑	H	H
H	↑	L	L
H	L	×	Q_D

注：×表示无关。

2. 74LS373

74LS373 是一种带有三态输出门的 8D 触发器,其内部结构如图 4-3 所示,引脚分布如图 4-4 所示,每个触发器的功能如表 4-2 所示。数据输入由允许端 G 控制,数据输出由数据输出控制端控制。各触发器仅输出单一状态,1D～8D 为数据输入端,1Q～8Q 为数据输出端。常用做数据锁存器。

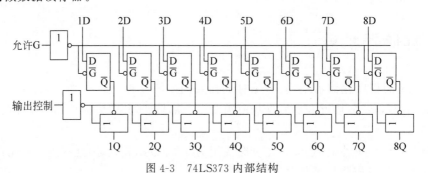

图 4-3　74LS373 内部结构

图 4-4　74LS373 引脚图

表 4-2　74LS373 功能表

输出控制	允许 G	D	输　　出
L	H	H	H
L	H	L	L
L	L	×	L
H	×	×	Q_0

4.2.2　8 位并行数据输入输出锁存器 74LS8212/74LS8282

1. 74LS8212

74LS8212 是一种 8 位并行数据输入输出接口,可用做单片机与外围设备之间的接口电路。

74LS8212 主要由一个带有三态输出缓冲器的锁存器、输入输出门控电路以及中断请求触发器等部件组成,其内部结构和引脚功能如图 4-5 所示。

引脚说明如下。

DI_8～DI_1:8 数据输入端。

DO_8～DO_1:8 数据输出端。

$\overline{CLR}$:8 复位脉冲输入端。

74LS8212 与 80C51 单片机的连接如图 4-6 所示。

在微机应用系统中,74LS8212 常用做三态输出缓冲器、锁存器和多路转换器。具有多

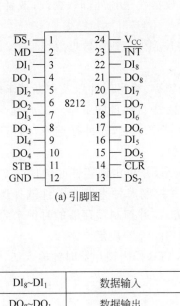

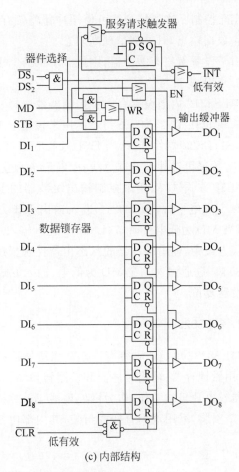

图 4-5　74LS8212 内部结构和引脚功能

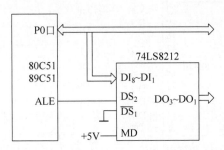

图 4-6　74LS8212 与 80C51 单片机的连接

种工作方式,其功能说明如下。

1）数据锁存

数据锁存器由 8 个 D 触发器构成。当时钟输入端 C 为高电平时,触发器的输出端 Q 跟随数据输入端 D,即输出与输入保持一致。当 C 为低电平时,数据保持锁存。锁存器设有复位输入端 $\overline{CLR}$,用来对锁存器进行清除。

2）输出缓冲器

在锁存器的输出端设有不带反相器的三态输出缓冲器。这些缓冲器由一个公共的控制信号 EN 控制。这条控制线可使缓冲器将锁存器的数据发送到外部数据线，或者控制缓冲器禁止数据输出，对外部呈现高阻态。

由于设置有三态缓冲器，因此 74LS8212 可直接连到外部双向数据总线上。

3）控制逻辑与信号

74LS8212 内部设置有用于控制器件选择、数据锁存、输出缓冲以及中断请求的控制信号输入端 $\overline{DS1}$、DS2、MD、STB 等，用来控制 74LS8212 中各部件的工作。

$\overline{DS1}$、DS2：器件选择，当 $\overline{DS1}$ 为低电平、DS2 为高电平时，器件被选中，输出缓冲器允许工作，数据可送外部数据总线，中断请求触发器置位。

MD：方式选择，用来控制输出缓冲器的工作状态，并决定锁存器时钟信号 C 的来源。当 MD 为高电平时，74LS8212 进入输出工作方式，并控制时钟来源于器件选择逻辑 $\overline{DS1}$、DS2；当 MD 为低电平时，74LS8212 进入输入工作方式，并控制锁存器的时钟来源于 STB。在输入方式中，输出缓冲器的状态由器件选择逻辑 $\overline{DS1}$(DS2)决定。

STB：选通输入。在 MD 为低电（输入方式）时，STB 作为锁存器时钟输入端，并且使中断触发器复位。

2. 74LS8282

74LS8282 也是一种带有三态输出缓冲器的 8 位锁存器，其引脚和内部结构如图 4-7 所示，可用做锁存器、输出缓冲器和多路转换器。74LS8282 总线驱动能力很强，能支持多种微处理器或单片机的工作，作为微处理器或单片机与外围设备连接时的中间接口。74LS8282 有 20 个引脚，采用双列直插式封装，其内部由 8 个触发器和相应的门控电路组成。

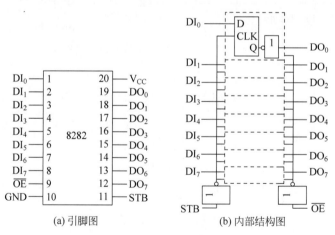

(a) 引脚图　　　(b) 内部结构图

图 4-7　74LS8282 内部结构和引脚功能

引脚说明如下。

$DI_7 \sim DI_0$：8 数据输入端。

$DO_7 \sim DO_0$：8 数据输出端。

STB：数据输入锁存选通信号，高电平有效。当该信号为高电平时，外部数据选通到内部锁存器；负跳变时，数据锁存。

$\overline{OE}$：数据输出允许信号，低电平有效。当该信号为低电平时，锁存器中的数据送数据输出线；当该信号为高电平时,输出线为高阻态。

74LS8282 与 80C51 单片机的连接如图 4-8 所示,作为单片机的外部地址锁存器,用来锁存 P0 口输出的低 8 位地址。$\overline{OE}$ 接地,表示地址输入锁存后可立即在 $DO_7 \sim DO_0$ 获得输出。

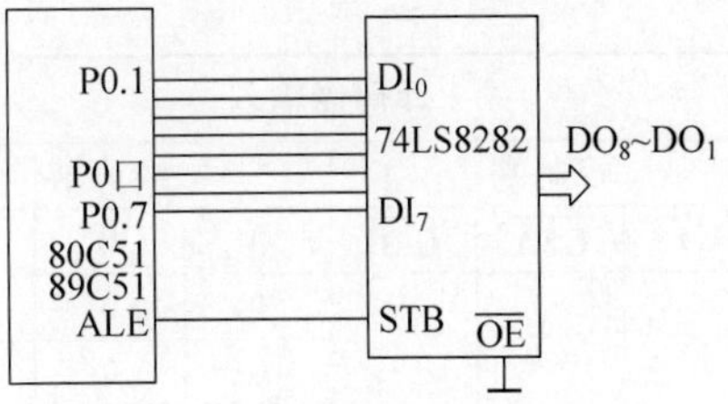

图 4-8　74LS8282 连接 80C51 单片机

4.2.3　地址译码方法

MCS-51 单片机的 CPU 是根据地址访问外部存储器的,即由地址线上送出的地址信息选中某一芯片的某个单元进行读写。在逻辑上芯片选择是由高位地址译码实现的,选中的芯片中单元的选择则由低位地址信息确定。地址译码方法有线选法、全地址译码法及部分地址译码法三种。

1. 线选法

所谓线选法就是利用单片机高地址总线(一般是 P2 口)的某一位作为所扩展的芯片的片选端。一般片选端($\overline{CS}$、$\overline{CE}$ 等符号表示)均为低电平有效,只要这一位地址线为低电平,就选中该芯片电路进行读/写。在外部扩展的芯片中,如果所用地址最多为 $A_0 \sim A_i$,则可以作为片选的地址线为 $A_{i+1} \sim A_{15}$。

例如,$i = 12$,则只有 A_{15}、A_{14}、A_{13} 可以作为片选线,分别接到 0♯、1♯、2♯ 芯片的片选端。图 4-9 给出了线选法的示意图,必须注意的是,软件上必须保证这些片选线每次寻址时只能有一位有效,绝不允许多于一位同时有效,才能保证硬件正常工作。

2. 全地址译码法

线选法优点是简单,缺点是地址空间没有被充分利用,可以连接的芯片少。若扩展较多RAM 或 IO 口,则需全地址译码。所谓全地址译码就是片内寻址未用的全部高位地址线都参加译码,译码输出作为片选信号。

常用地址译码器有：3-8 译码器 74HC138、2-4 译码器 74HC139 和 4-16 译码器74HC154。下面简单地介绍 74HC138 的工作原理。图 4-10 所示为 74HC138 的引脚图,表 4-3 为 74HC138 的真值表。

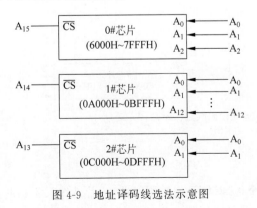

图 4-9　地址译码线选法示意图

图 4-10　74HC138 的引脚图

表 4-3　74HC138 的真值表

译码器输入						译码器输出							
控制端			编码前			$\overline{Y0}$	$\overline{Y1}$	$\overline{Y2}$	$\overline{Y3}$	$\overline{Y4}$	$\overline{Y5}$	$\overline{Y6}$	$\overline{Y7}$
G1	$\overline{G2A}$	$\overline{G2B}$	A	B	C								
1	0	0	0	0	0	0	1	1	1	1	1	1	1
			0	0	1	1	0	1	1	1	1	1	1
			0	1	0	1	1	0	1	1	1	1	1
			0	1	1	1	1	1	0	1	1	1	1
			1	0	0	1	1	1	1	0	1	1	1
			1	0	1	1	1	1	1	1	0	1	1
			1	1	0	1	1	1	1	1	1	0	1
			1	1	1	1	1	1	1	1	1	1	0
0	×	×	×	×	×	$\overline{Y0}\sim\overline{Y7}$ 均为 1							
×	1	×											
×	×	1											

对照表 4-3 和图 4-10，可以看出 74HC138 一共有 6 个输入端；其中 G1、$\overline{G2A}$ 和 $\overline{G2B}$ 用于选通芯片，相当于 74HC138 的片选端。如果要 74HC138 起作用，G1 必须接高电平，而 $\overline{G2A}$ 和 $\overline{G2B}$ 则必须接低电平。这三个引脚可以用做 74HC138 的级联，即在系统中有多个 74HC138 时的情况。另外的三个输入端是编码端 A、B、C，它们的状态决定了译码器的输出 $\overline{Y0}\sim\overline{Y7}$ 的状态。三根线有 8 种状态（$2^3=8$），而输出也正好是 8 根线，因此这 8 根线的状态就与这三根线的 8 种状态相对应。注意，这里的关键是三根线可以是 0 和 1 的任意组合，而输出的 8 根线却是任意时刻只有一根线是 0，而其余都是 1。

图 4-11 所示给出了地址译码线选法示意图。3-8 译码器 74HC138 对 A_{15}、A_{14}、A_{13} 译码产生 8 个片选信号，可接 8 个芯片，每个芯片占 8KB。

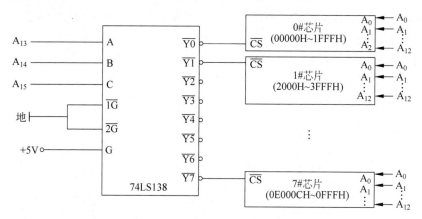

图 4-11　地址译码线选法示意图

3. 部分地址译码法

当系统中扩展的芯片不多，不需要全地址译码，但采用线选法、片选线又不够时，可采用部分地址译码法。所谓部分译码即用片内寻址外的高位地址的一部分译码产生片选信号。

此时单片机的高位地址的一部分参与译码,其余部分是悬空的。由于悬空片选地址线上的电平无论怎样变化,都不会影响它对存储单元的选址,故 RAM 或 I/O 口中每个单元的地址不是唯一的,即具有重叠地址。

图 4-12 所示给出了部分地址译码示意图。2-4 译码器 74LS139 对 A_{15}、A_{14} 译码产生 4 个片选信号,可接 4 个芯片,每个芯片占 8KB。

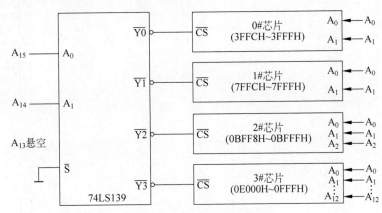

图 4-12　部分地址译码示意图

4.2.4　外部程序存储器扩展

外部程序存储器一般由 EPROM、EEPROM 或 Flash 快闪存储器构成,在单片机开发装置中也可由 RAM 存储器构成,以便对用户程序进行调试或修改。

1. 常用的 EPROM 芯片

紫外线擦除电可编程只读存储器 EPROM 可作为 MCS-51 单片机的外部程序存储器,其典型产品是 Intel 公司的系列芯片:2716(2K×8bit)、2732(4K×8bit)、2764(8K×8bit)、27128(16K×8bit)、27256(32K×8bit)和 27512(64K×8bit)等。这些芯片上均有一个玻璃窗口,在紫外光下照射 20 分钟左右后,存储器中的各位信息均变为 1,此时,可以通过编程器将工作程序固化到这些芯片中。6 种 EPROM 芯片引脚图如图 4-13 所示。

图中 $A_0 \sim A_{15}$ 为地址线,$O_0 \sim O_7$ 为数据输出线,$\overline{CE}$ 是片选线,$\overline{OE}/V_{PP}$ 是数据输出选通/编程电源线,$\overline{PGM}$ 是编程脉冲输入端。

2. 几种典型的程序存储器扩展电路

在程序存储器扩展电路设计中,由于所选中的程序存储器扩展芯片及地址锁存器不同,电路的连接方式也不同。下面结合使用不同的地址锁存器介绍几种典型的程序存储器扩展电路。

1) 扩展 8KB EPROM

图 4-14 是用 80C51 地址线直接外扩 8KB EPROM 的系统连接图。图中,由 80C51、74LS373 和 2764 构成单片机最小系统。其中,74LS373 锁存低 8 位地址线 $A_7 \sim A_0$,并输出供 2764 使用。

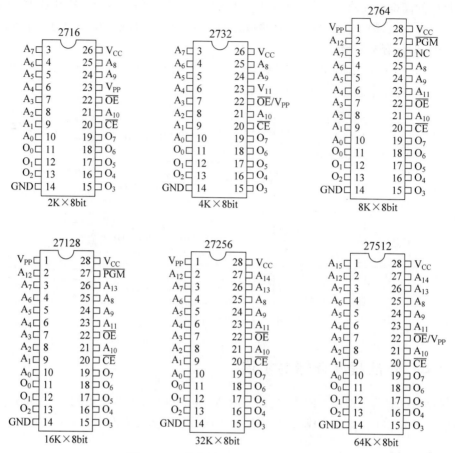

图 4-13　6 种常用 EPROM 芯片引脚图

2764 是 8K×8 位 EPROM 器件，用以存放程序和常数。它有 13 根地址线 $A_{12} \sim A_0$，能区分 13 位二进制地址信息；$2^{13}=8192$ 种状态，即可选择 8192 个片内存储器中任一字节单元。所以，称 2764 为 8KB EPROM。这 13 根地址线分别与 80C51 的 P0 口和 P2.0～P2.4 连接，当 80C51 发送 13 位地址信息时，可分别选中 2764 片内 8KB 存储器中任何一个单元。

2764 的 $\overline{CE}$ 引脚为片选信号输入端，低电平有效。图 4-14 中，$\overline{CE}$ 接地表示选中该 2764 芯片。该片选信号决定 2764 的 8KB 存储器在整个 80C51 扩展程序存储器 64KB 空间中的位置。根据上述电路的接法，2764 占有的扩展程序存储器地址空间为 0000H～1FFFH。2764 的 $\overline{OE}$ 端由 80C51 的 $\overline{PSEN}$ 引脚信号控制。

2）扩展 16KB EPROM

如果系统的程序比较长，一片 2764 容量不够时，可直接选用大容量的芯片来解决，如采用 27128（16KB）、27256（32KB）和 27512（64KB）等。此时，扩展方法与 2764 的扩展方法基本一样，不同之处只是把 P2 口的高位地址线根据不同容量的芯片分别接到相应的地址线上。

27128 与 2764 一样，也是 28 个引脚，与 2764 不同的是增加了一根地址线（A_{13}，26 引脚），而 2764 的 26 引脚为空引脚（NC）。

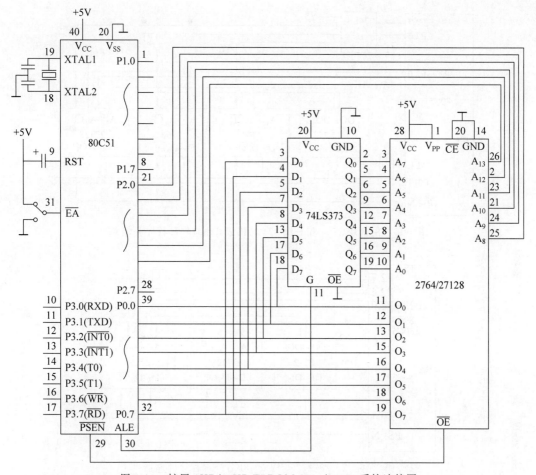

图 4-14 扩展 8KB/16KB EPROM 2764/27128 系统连接图

图 4-14 中,27128 是 16K×8 位 EPROM 芯片,14 根地址线 A_{13}～A_0,可选中片内 16KB 程序存储器空间中任一单元。27128 的片选信号 $\overline{CE}$ 由 P2.6(A_{14})送出,低电平有效。显然,27128 的地址范围是 0000H～3FFFH。

3）用 EPROM 2764/27128 构成 32KB 外部程序存储器

用 2764/27128 构成外部程序存储器的硬件连接如图 4-15 所示,74LS273 用做低 8 位地址锁存器,片选信号由译码产生,EPROM 的允许读信号由 80C51 单片机的 $\overline{PSEN}$ 提供。两块 2764 和一块 27128 构成 32KB 外部程序存储器。

4）用 EPROM 27128/27256 构成 48KB 外部程序存储器

用 27128/27256 构成外部程序存储器的硬件连接如图 4-16 所示,低 8 位地址锁存器由 74LS8212 构成,片选信号由 P2.7 提供。当 P2.7 为低电平时选择 27128,当 P2.7 为高电平时选择 27256,这种方式称为线选法。一块 27128 与一块 27256 构成 48KB 外部程序存储器。

5）用 EEPROM 2864A 构成外部程序存储器

2864A 与 2764 引脚相同,硬件连接也基本一样,如图 4-17 所示,区别仅在于引入了写命令,可电擦除,然后写入。在 2864A 内部设有页缓冲器,因而可对其快速写入。写入时由

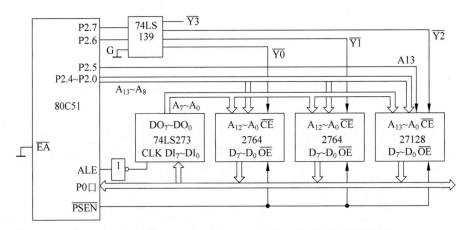

图 4-15　由两块 2764 和一块 27128 构成 32KB 外部程序存储器

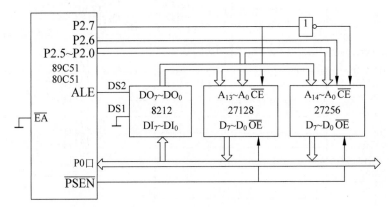

图 4-16　27128/27256 构成 48KB 外部程序存储器

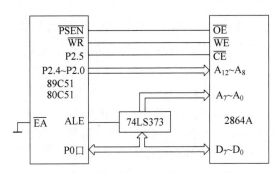

图 4-17　2864A 构成外部程序存储器

内部提供全部定时,编程写入结束后可给出查询信号,以便查询写入是否结束。

　　2864A 可按字节写入,也可按页写入。在按字节写入时,由 CPU 发字节写入命令,其内部锁存地址、数据和控制信号,然后启动一次写操作。若按页写入,16 字节为一页,共 512 页。写入时分两步完成,首先把数据写入页缓冲器,称为“页加载”周期,然后在内部定时电路的控制下写入指定单元,称为“页存储”周期。在“页存储”期间,若对 2864A 读,则读出的是最后写入的字节。若“页存储”尚未结束,读出的是最后写入的字节的反码。这样,依此可判断"页存储"是否完成。另外在"页加载"周期还须注意一个字节的写入时间 t_{BLW} 满足：

$$3\mu s < t_{BLW} < 20\mu s$$

设源数据存储区首地址为 SADDR，2864A 用 R0 寻址，"页加载"程序设计如下：

```
PLOAD:  MOV   R7, ♯10H
        MOV   DPTR, ♯ SADDR              ;DPTR←源首地址
        MOV   R0, ♯ADDRL                 ;R0←目的地址低位
        MOV   R2, ♯ADDRH                 ;R2←目的地址高位
PLOAD1: MOVX  A, @DPTR                   ;取源数据
        MOV   R2, A
        MOVX  @R0, A                     ;写入
        INC   DPTR
        INC   R0
        CJNE  R0, ♯00H, PLOAD2           ;判断低 8 位地址是否满
        INC   R2
PLOAD2: DJNZ  R7, PLOAD1                 ;判断一页是否写完
DEL:    MOVX  A, @R0                     ;判断页存储是否完成
        XRL   A, R2
        JZ    DEL
        RET
```

4.2.5 外部数据存储器扩展

MCS-51 系列单片机内已具有 128B 或 256B 的数据存储器 RAM，它们可以作为工作寄存器、堆栈、软件标志和数据缓冲器使用，CPU 对内部 RAM 具有丰富的操作指令。对大多数控制性应用场合，内部 RAM 已能满足系统对数据存储器的要求；对需要大容量数据缓冲器的应用系统（如数据采集系统），就需要在单片机的外部扩展数据存储器。

1. 常用的数据存储器

外部数据存储器一般由 RAM 存储器构成，目前单片机系统常用的 RAM 电路有 6116 (2KB)、6264(8KB)、62256(32KB)。图 4-18 给出了引脚图，其引脚符号的功能如下。

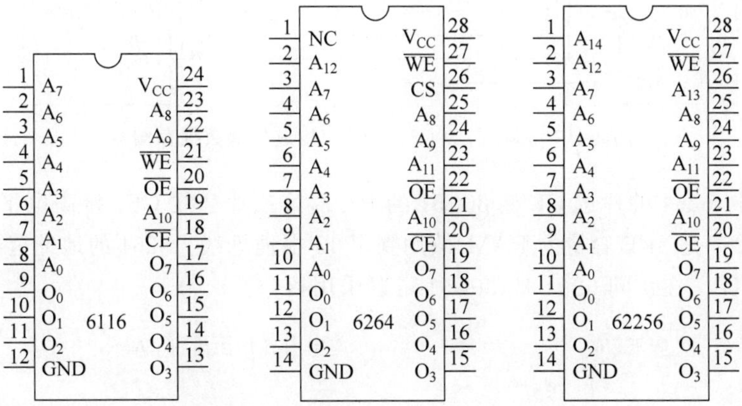

图 4-18 常用的 RAM 电路引脚图

$A_0 \sim A_i$：地址输入线，$i = 10(6116)$，$12(6264)$，$14(62256)$。

$O_0 \sim O_7$：双向三态数据线。

$\overline{CE}$：片选信号输入线，低电平有效。6264的26引脚(CS)为高电平，且 $\overline{CE}$ 为低电平时才选中该片。

$\overline{OE}$：读选通信号输入线，低电平有效。

$\overline{WE}$：写允许信号输入线，低电平有效。

V_{CC}：工作电源，电压为+5V。

GND：线路接地。

2. 用6264构成外部数据存储器

图4-19所示为6264与80C51/89C51构成的数据存储器。

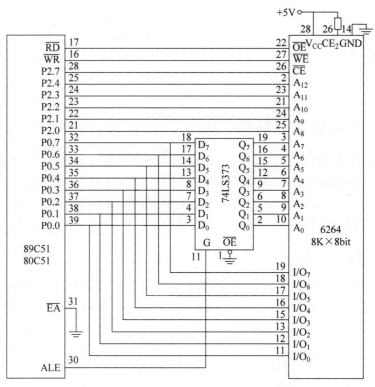

图 4-19　6264 与 80C51/89C51 构成外部数据存储器

图4-19中，6264的片选 $\overline{CE}$ 接80C51的P2.7，第二片选线 CE_2 接高电平，保持一直有效状态。因6264是8KB容量的RAM，故用到了13根地址线。6264的地址范围为6000H～7FFFH，共8KB。在访问6264时，80C51可以采用指令：

```
MOVX  @DPTR, A                        ;A 中内容传至外部 RAM
```

或

```
MOVX  A, @DPTR                        ;外部 RAM 内容读至 A 中
```

3. 用 62256 构成外部数据存储器

使用 62256 构成 64KB 的外部数据存储器的硬件连接如图 4-20 所示,选用 74LS8282 作为低 8 位地址锁存器,片选信号由 P2.7 提供。两块 62256 构成 64KB 的外部数据存储器。

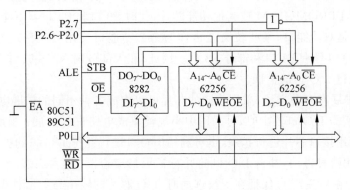

图 4-20   使用 62256 构成 64KB 的外部数据存储器

4.2.6   外部程序/数据共用存储器

在单片机开发装置中往往需要一部分外部存储器既能随机取存数据又能存放程序,即用做程序/数据共用存储器。在程序存储器中,允许读信号由 $\overline{\text{PSEN}}$ 产生;在数据存储器中,允许读信号由 $\overline{\text{RD}}$ 产生。若把这两个信号进行逻辑"与",作为外部存储器的允许读信号,就可以使这部分存储器为程序/数据共用。图 4-21 所示的 62128 就是程序/数据共用存储器。

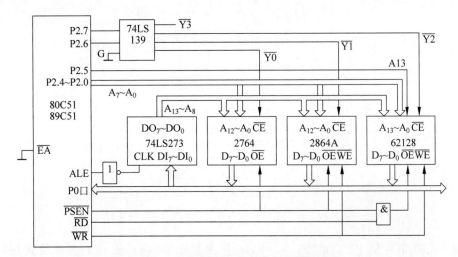

图 4-21   外部程序/数据共用存储器的连接

用这种方式构成外部存储器时,62128 既占用外部数据存储器地址空间,又占用外部程序存储器地址空间,因此外部总存储空间减小。

4.3 并行接口的扩展

MCS-51 系列的单片机大多具有 4 个 8 位并行 I/O 口（即 P0、P1、P2、P3），原理上这 4 个口均可用做双向并行 I/O 接口，但在实际应用系统中，单片机往往通过 P0 和 P2 口构成扩展总线，扩展 EPROM、RAM 或其他功能芯片，此时 P0 口和 P2 口就不能作为一般的 I/O 口使用。P3 口是双功能口，某些位又经常作为第二功能口使用，MCS-51 单片机可提供给用户使用的 I/O 只有 P1 口和部分 P3 口。因此，在大部分的 MCS-51 单片机应用系统设计中，都需要进行 I/O 口的扩展。

I/O 接口扩展有多种方法，采用不同的芯片可以构成各种不同的扩展电路，满足各种不同的需要。当所需 I/O 口较少时，可采用中小规模集成电路进行扩展；当所需 I/O 口较多时，则可采用专用接口芯片进行扩展，也可利用串行口进行并行 I/O 口的扩展。

无论是采用哪种方法，并行 I/O 口的并行扩展均应遵照"输入三态，输出锁存"的原则与总线相连。"输入三态"可保证在未被选通时，I/O 芯片的输出与数据总线隔离，防止使总线上的数据出错；"输出锁存"则可使通过总线输出的信息得以保持，以备速度较慢的外设较长时间读取，或能长期作用于被控对象。

4.3.1 I/O 口的直接输入输出

由于 80C51 的 P0～P3 口输入数据时可以缓冲，输出时能够锁存，并且有一定的带负载能力，所以，在有些场合 I/O 口可以直接接外部设备，如开关、LED 发光二极管、BCD 码拨盘和打印机等。

图 4-22 所示为 80C51 单片机与开关（键）、LED 发光二极管的接口电路。

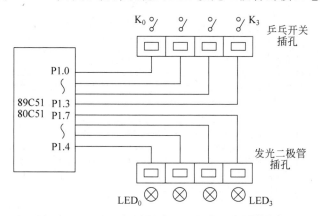

图 4-22　80C51 单片机与开关（键）和 LED 的接口

用 80C51 单片机 P1 口的 P1.3～P1.0 作为数据输入口，连接到实验装置逻辑开关 K_3～K_0 的插孔内；P1.7～P1.4 作为输出口，连接到实验装置发光二极管（逻辑电平指示灯）LED_3～LED_0 的插孔内。编写程序，使开关 K_3～K_0 表示 0 或 1 开关量，由 P1.3～P1.0 输入，再由 P1.7～P1.4 输出开关量到发光二极管（逻辑电平指示灯）上显示出来。在执行程序时，不断改变开关 K3～K0 的状态，可观察到发光二极管（逻辑电平指示灯）的变化。

开关状态输入显示实验参考程序如下:

```
LOOP:   MOV  A, ♯0FH           ;P1 口为输入,先送 1
        MOV  P1, A
        MOV  A, P1             ;P1 口状态输入
        SWAP A                 ;开关状态到高 4 位
        MOV  P1, A             ;开关状态输出
        AJMP LOOP              ;循环
```

4.3.2　用 74 系列器件扩展并行 I/O 口

由于 TTL 或 MOS 型 74 系列器件的品种多、价格低,故选用 74 系列器件作为 MCS-51 的并行 I/O 口也是常用的方法。

在图 4-23 中,采用 74LS244 作扩展输入。74LS244 是一个三态输出缓冲器及总线驱动器,它带负载能力强。采用 74LS273(8-D 锁存器)作扩展输出。它们直接挂在 P0 口线上。

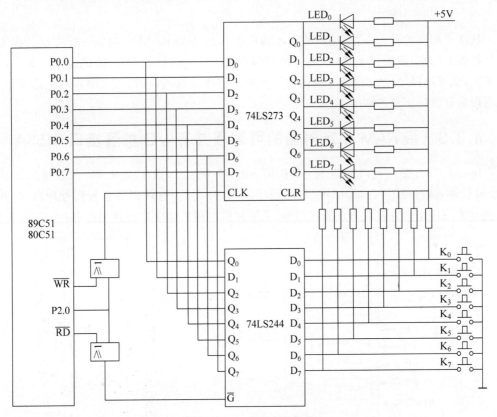

图 4-23　74 系列芯片扩展

需要注意的是,89C51 单片机把外扩 I/O 口和片外 RAM 统一编址,每个扩展的接口相当于一个扩展的外部 RAM 单元,访问外部接口就像访问外部 RAM 一样,用的都是 MOVX 指令,并产生 $\overline{RD}$(或 $\overline{WR}$)信号。用 $\overline{RD}/\overline{WR}$ 作为输入输出控制信号。

图 4-23 中,P0 口为双向数据线,既能从 74LS244 输入数据,又能将数据传送给

74LS273 输出。输出控制信号由 P2.0 和 $\overline{\text{WR}}$ 合成。当二者同时为 0 电平时，"与"门输出 0，将 P0 口数据锁存到 74LS273，其输出控制着发光二极管 LED。当某线输出 0 电平时，该线上的 LED 发光。

输入控制信号由 P2.0 和 $\overline{\text{RD}}$ 合成。当二者同时为 0 电平时，"与"门输出 0，选通 74LS244，将外部信号输入到总线。无键按下时，输入为全 1；若按下某键，则所在线输入为 0。

可见，输入和输出都是在 P2.0 为 0 时有效，74LS244 和 74LS273 的地址都为 FEFFH（实际只要保证 P2.0=0，其他地址位无关），但由于分别是由 $\overline{\text{RD}}$ 和 $\overline{\text{WR}}$ 信号控制，因此不会发生冲突。系统中若有其他扩展 RAM 或其他输入输出接口，则必须将地址空间区分开，这时可用线选法；而当扩展较多的 I/O 接口时，应采用译码器法。

图 4-23 所示电路可实现的功能是：按下任意键，对应的 LED 发光。程序如下：

```
LOOP:   MOV  DPTR, ♯FEFFH         ;数据指针指向扩展 I/O 口地址
        MOVX A, @DPTR            ;向 74LS244 读入数据，检测按钮
        MOVX @DPTR, A            ;向 74LS273 输出数据，驱动 LED
        SJMP LOOP               ;循环
```

从这个程序可看出，对于接口的输入输出就像从外部 RAM 写数据一样方便。图 4-23 仅仅扩展了两片，如果仍不够用，还可扩展多片 74LS244、74LS273 之类的芯片。如果不需要 8 位，也可选择 2 位、4 位或 6 位的芯片扩展。但作为输入口时，一定要求有三态功能，否则将影响总线的正常工作。

4.3.3　带 RAM 和定时器的可编程并行 I/O 扩展接口 8155A

Intel 8155A 是一种内部设有 256B 的 SRAM 和一个 14 位定时器/计数器的多功能 8 位并行输入输出接口（内部结构和引脚如图 4-24 所示）。它可以和各种微处理器、单片机直接连接，为 40 个引脚双列直插式封装，是单片机应用系统中广泛使用的芯片。

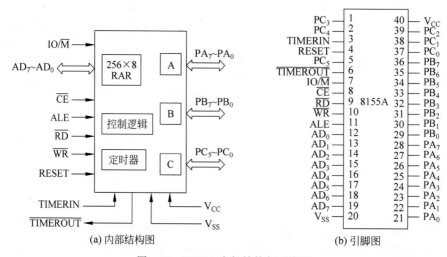

(a) 内部结构图　　(b) 引脚图

图 4-24　8155A 内部结构与引脚图

1. 内部结构

8155A 的内部结构包括两个 8 位、一个 6 位并行输入输出接口,256 字节的 SRAM,一个地址锁存器,一个 14 位的定时器/计数器和控制逻辑电路。各部件与存储器的地址选择由引脚 $IO/\overline{M}$ 决定。当 $IO/\overline{M}$ 为低电平时,表示 $AD_7 \sim AD_0$ 输入的是存储器地址,寻址范围为 00~FFH;当 $IO/\overline{M}$ 为高电平时,表示 $AD_7 \sim AD_0$ 输入的是 I/O 端口地址,其编码如表 4-4 所示。

表 4-4　8155A 的 I/O 端口地址编码

$\overline{CE}$	$IO/\overline{M}$	A_7	A_6	A_5	A_4	A_3	A_2	A_1	A_0	所选端口
0	1	×	×	×	×	×	0	0	0	命令/状态寄存器
0	1	×	×	×	×	×	0	0	1	A 口($PA_7 \sim PA_0$)
0	1	×	×	×	×	×	0	1	0	B 口($PB_7 \sim PB_0$)
0	1	×	×	×	×	×	0	1	1	C 口($PC_5 \sim PC_0$)
0	1	×	×	×	×	×	1	0	0	计数器低 8 位
0	1	×	×	×	×	×	1	0	1	计数器高 8 位
0	0	×	×	×	×	×	×	×	×	RAM 单元

2. 工作方式

8155A 提供的 A 口、B 口、C 口以及定时器/计数器都是可编程的。在 8155A 的控制逻辑电路中设置有一个控制命令寄存器和一个状态标志寄存器,其工作方式由写入到命令寄存器中的控制字决定。CPU 通过写命令字来控制对它们的操作,通过读状态字来判别它们的状态。命令字和状态字寄存器共用一个口地址,命令字寄存器只能写不能读,状态字寄存器只能读不能写。

1) 8155A 命令字格式

控制命令寄存器只能写入不能读出,其中低 4 位用来设置 A 口、B 口和 C 口的工作方式,第 4、5 位用来确定 A 口、B 口以选通输入输出方式工作时是否允许中断请求,第 6、7 位用来设置定时器的工作。工作方式控制字的格式如图 4-25 所示。

方式 1 和方式 2 为基本 I/O 方式,A 口、B 口和 C 口分别用做无条件输入或输出。方式 3 和方式 4 为选通 I/O 方式,A 口、B 口分别用做选通输入或输出,C 口各线规定为 A 口、B 口的联络线。

2) 8155A 状态字格式

状态寄存器用来存放 A 口和 B 口的状态标志。状态寄存器由 7 位锁存器组成,每位是一个状态。其中,6 位用于表示 PA 口和 PB 口的状(0~5),1 位表示定位器/计数器的状态。状态标志寄存器的地址与命令寄存器的地址相同,CPU 只能读出,不能写入,在对 8155A 读操作时,能从 I/O 地址××××000B 读出,其格式如图 4-26 所示。

3. 8155A 的定时器/计数器

8155A 的定时器/计数器是一个 14 位的减法计数器。它的计数初值可设在 0002H~3FFFH 之间,其计数速率取决于输入 TIMEIN 的脉冲频率,最高可达 4MHz。8155 内有两

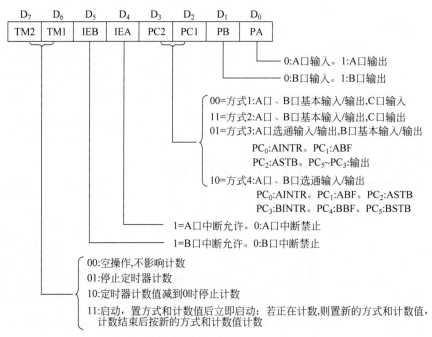

图 4-25　8155A 工作方式控制字格式

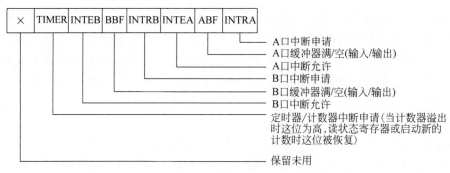

图 4-26　8155A 的状态标志寄存器格式

个寄存器存放操作方式码和计数初值。最高两位存放的方式码决定定时器/计数器的 4 种操作方式,操作方式的选择及相应的输出波形如表 4-5 所示。

表 4-5　8155 定时器/计数器的 4 种操作方式

M2 M1	方　　式	定时器输出波形	说　　明
0　0	单负方波		宽为 $n/2$ 个(n 为偶数)或($n-1$)/2 个(n 为奇数)TI 时钟周期
0　1	连续方波		低电平宽 $n/2$ 个(n 为偶数)或($n-1$)/2 个(n 为奇数)TI 时钟周期;高电平宽 $n/2$ 个(n 为偶数)或($n+1$)/2 个(n 为奇数)TI 时钟周期,自动恢复初值

M2 M1	方　式	定时器输出波形	说　明
1　0	单负脉冲		计数溢出时,输出一个宽为 TI 时钟周期的负脉冲
1　1	连续脉冲		每次计数溢出时,输出一个宽为 TI 时钟周期的负脉冲并自动恢复初值

使用 8155A 的定时器/计数器时,应先对它的高、低字节寄存器编程,设置操作方式和计数初值 n;然后对命令寄存器编程(命令字最高两位为 1),启动定时器/计数器计数。

通过将命令寄存器的最高两位编程为 01 或 10,可使定时器/计数器立即停止计数或待定时器/计数器溢出时停止计数。

4. 8155A 的引脚功能

8155A 引脚功能如表 4-6 所示。

表 4-6　8155A 引脚功能

引 脚 名 称	引　脚　号	功　能
RESET	4	复位信号,输入,是系统(如 89C51 的 RESET,输出)提供的复位信号,它将系统复位于初始状态。这条输入线为高电平时,将该芯片复位并置三个 I/O 接口为输入方式。RESET 脉冲宽度最少为 640ns
$AD_0 \sim AD_7$	12～19	这些是三态地址/数据总线,与 89C51 地址/数据总线相接。它的分时复用功能和 89C51 的 P0 口完全一致。低 8 位地址在 ALE 的下降沿时送入地址锁存器。该地址由 IO/$\overline{M}$ 输入信号的极性决定是存储器区域还是 I/O 区域。配合 $\overline{RD}$ 或 $\overline{WR}$ 输入信号,在 ALE 的上升沿把片内数据读出或把数据写入芯片
$\overline{CE}$	8	片选端,输入,低电平有效
$\overline{RD}$	9	在 $\overline{CE}$ 有效且该线为低电平时,$AD_0 \sim AD_7$ 的缓冲器能动作。如果 IO/$\overline{M}$ 输入端为低电平,RAM 中的内容读出到 AD 总线;否则,被选中的 I/O 接口内容读出到 AD 总线
$\overline{WR}$	10	在 $\overline{CE}$ 有效且该线输入为低电平时,按照 IO/$\overline{M}$ 的极性,AD 线上的数据写入 RAM 或 I/O 接口
ALE	11	输入,地址锁存允许信号。在 ALE 的下降沿将 $AD_0 \sim AD_7$ 地址、IO/$\overline{M}$ 以及 $\overline{CE}$ 的状态锁存在芯片内
IO/$\overline{M}$	7	输入,I/O 接口和存储器选择信号。这条线为低电平时选中存储器;否则,选中 I/O 接口寄存器
$PA_0 \sim PA_7$	21～28	这 8 个引脚为 8 位通用 I/O 接口,输入输出的流向可由程序控制
$PB_7 \sim PB_0$	29～36	这 8 个引脚为 8 位通用 I/O 接口,输入输出的流向可由程序控制
$PC_5 \sim PC_0$		这 6 个引脚可为 6 位通用 I/O 接口,也可用做 PA 和 PB 的控制信号,这些可通过程序控制
PC_0	37	A INTR:A 口中断申请线
PC_1	38	A BF:A 口缓冲器满
PC_2	39	A STB:A 口选通

续表

引脚名称	引脚号	功　　能
PC$_3$	1	B INTR：B口申请中断线
PC$_4$	2	B BF：B口缓冲器满
PC$_5$	5	B STB：B口选通
TIMERIN	3	定时器输出端
$\overline{\text{TIMEROUT}}$	6	定时器输出端。此输出按定时的方式既可输出方波，又可输出脉冲信号
V$_{CC}$	40	＋5V电源
V$_{SS}$	20	地

5．89C51 和 8155A 的接口及编程方法

1）89C51 和 8155A 的接口

89C51 单片机可以和 8155A 直接连接，而不需要任何外加逻辑器件。89C51 和 8155A 的接口方法如图 4-27 所示。

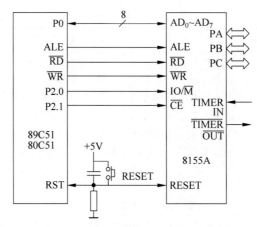

图 4-27　89C51 和 8155A 的接口电路

在图 4-27 中，89C51 单片机 P0 口输出的低 8 位地址不需要另加锁存器而直接与 8155A 的 AD$_0$～AD$_7$ 相连，既作低 8 位地址总线又作数据总线。地址锁存直接用 ALE 在 8155A 锁存。8155A 的 $\overline{\text{CE}}$ 端与 P2.1 相连，IO/$\overline{\text{M}}$ 端与 P2.0 相连。当 P2.1 为低电平时，若 P2.0＝1，访问 8155A 的 I/O 口；若 P2.0＝0，访问 8155A 的 RAM 单元。由此得到图 4-27 中 8155A 的地址编码如下：

RAM 字节地址	7E00H～7EFFH
I/O 口地址	
命令/状态口	7F00H
PA 口	7F01H
PB 口	7F02H
PC 口	7F03H
定时器低 8 位	7F04H
定时器高 8 位	7F05H

2) 8155A 编程举例

根据图 4-27 接口电路,说明对 8155A 的操作方法。

(1) 初始化程序设计。若 A 口定义为基本输入方式,B 口定义为基本输出方式,定时器作为方波发生器,对输入脉冲进行 24 分频(8155A 中定时器最高计数频率为 4MHz),则 8155A 的 I/O 初始化汇编程序如下:

```
MOV   DPTR, ♯7F04H              ;指向定时器低 8 位
MOV   A, ♯18H                   ;计数常数 0018H = 24
MOVX  @DPTR, A                  ;装入计数常数低 8 位
INC   DPTR                      ;指向定时器高 8 位
MOV   A, ♯40H(01000000B)        ;设置定时器方式为连续方波输出( 因为 M2M1 = 01)
MOVX  @DPTR, A                  ;装入定时器高 8 位
MOVX  DPTR, ♯7F00H             ;指向命令/状态口
MOV   A, ♯0C2H(11000010B)       ;命令控制字设定 A 口为基本输入方式,B 口为基本
MOVX  @DPTR, A                  ;输出方式并启动定时器
```

C51 程序如下:

```
♯define TIMER_L8 XBYTE[0x7f04]    ;定时器低 8 位端口定义
♯define TIMER_H8 XBYTE[0x7f05]    ;定时器高 8 位端口定义
♯define P_COM XBYTE[0x7f00]       ;命令/状态口定义


TIMER_L8 = 0x18;                  ;装入计数常数低 8 位
TIMER_H8 = 0x40;                  ;装入定时器高 8 位
P_COM = 0xc2;                     ;设定 A 口为基本输入方式,B 口为基本输出方式
```

使用 C51 语言对扩展端口的操作,要先定义端口地址,再实现读/写操作。

(2) 读 8155A RAM 的 0F1H 单元内容,程序如下:

```
MOV   DPTR, ♯7EF1H              ;指向 8155A 的 0F1H 单元
MOVX  A, @DPTR                  ;(A)←0F1H 单元内容
```

(3) 将立即数 41H 写入 8155A RAM 的 20H 单元,程序如下:

```
MOV   A, ♯41H                   ;(A)← 立即数
MOV   DPTR, ♯7E20H             ;指向 8155A 的 20H 单元
MOVX  @DPTR, A                  ;立即数 41H 送到 8155A RAM 的 20H 单元
```

4.4 模/数(A/D)转换器接口的扩展

模/数(A/D)转换是把模拟量信号转化成与其大小成正比的数字量信号。A/D 转换电路的种类很多。根据转换原理,目前常用的 A/D 转换电路主要分成双积分法和逐次逼近法。双积分法用在转换速度要求不太快的场合,逐次逼近法用在转换速度要求较快的场合,选择 A/D 转换器件主要是从速度、精度和价格上考虑。下面先讨论 A/D 的基本原理和主要参数,然后介绍目前常用的 A/D 转换器芯片 MC14433 和 ADC0809 与单片机 89C51 的接口方法。

4.4.1　A/D转换原理

1. 双积分法A/D转换原理

采用双积分法进行模/数转换的A/D转换器的工作原理如图4-28(a)所示。电子开关先把V_x采样输入到积分器，积分器从0开始进行固定时间T的正向积分，时间T到后，开关将与V_x极性相反的基准电压V_{REF}输入到积分器进行反相积分，到输出为0伏时停止反相积分。

从图4-28(b)所示的积分器输出波形可以看出：反相积分时积分器的斜率是固定的，V_x越大，积分器的输出电压越大，反相积分时间越长。计数器在反相积分时间内所计的数值就是与输入电压V_x在时间T内的平均值对应的数字量。

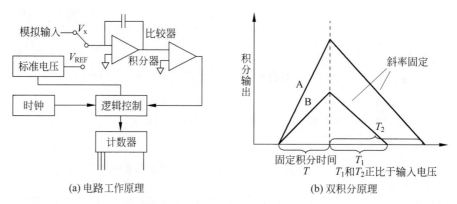

(a) 电路工作原理　　　　　　　　(b) 双积分原理

图4-28　双积分法A/D转换原理

由于双积分方法的二次积分时间比较长，因此A/D转换速度慢，而精度可以做得比较高。对周期变化的干扰信号积分为0，抗干扰性能也比较好。

目前国内外双积分A/D转换芯片很多，常用的为BCD码输出，有MC14433(3.5位)、ICL7135(4.5位)、ICL7109(12位二进制)等。

2. 逐次逼近法A/D转换原理

逐次逼近法又称逐次比较法，其工作原理如图4-29所示。将一个待转换的模拟输入信号V_{IN}与一个"推测"信号相比较，根据推测信号是大于还是小于输入信号来决定减小还是增大该推测信号V_O以便向模拟输入信号逼近。推测信号由D/A转换器的输出V_O获得，当推测信号与模拟输入信号相等时，向D/A转换器输入的数字即为对应的模拟输入的数字。

其"推测"的算法是这样的：它使二进制计数器中的二进制数的每一位从最高位起依次置1。每接一位时，都要进行测试。若模拟输入信号V_{IN}小于推测信号V_1，则比较器的输出为0，并使该位置0；否则，比较器的输出为1，并使该位保持1。无论哪种情况，均应继续比较下一位，直到最末位为止。此时在D/A转换器的数字输入即为对应于模拟输入信号的数字量，将此数字输出即完成其A/D转换过程。

常用的逐次逼近式A/D转换器件有ADC0809、AD574A等。

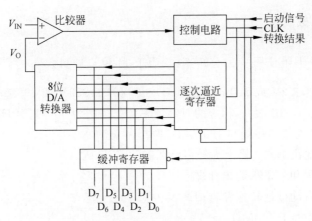

图 4-29 逐次逼近法 A/D 转换原理

3．A/D 转换器的主要参数

转换时间与分辨率是 A/D 转换器的两个主要技术指标。A/D 转换器完成一次 A/D 转换所需要的时间即为转换时间。显然，它反映了 A/D 转换的快慢。实际应用中，只要满足微机系统的要求即可，并不一定要用时间快的转换器。

双积分式 A/D 转换器的转换时间一般为毫秒级，而逐次逼近式 A/D 转换器的转换时间一般为微秒级。

分辨率，即输出的数字量变化一个相邻的值所对应的输入模拟量的变化值。也就是指输出数字量的位数，常用的有 8、10、12、14 位等。一般地，位数越多，价格越贵。分辨率表示的是转换器对微小输入量变化的敏感程度。

例如，8 位 ADC，其分辨率为 8 位，数字量转换范围为 0～255，当输入电压满刻度为 5V 时，转换电路对输入模拟电压的分辨能力为 5V/255≈14.6mV。

例如，A/D 转换器 AD574 的分辨率为 12 位，即该转换器的输出可以用 12 个二进制数进行量化，分辨率为 1LSB(最低有效位)。如果用百分数来表示则为

$$1/2^{12} \times 100\% = 1/4096 \times 100\% = 0.0244\%$$

BCD 码输出的 A/D 转换器一般用位数表示分辨率。例如，MC14433 双积分式 A/D 转换器的分辨率为 3.5 位，满度字为 1999，用百分数表示的分辨率为

$$1/1999 \times 100\% = 0.05\%$$

4.4.2 双积分式 A/D 转换器 MC14433

MC14433 是一种三位半双积分式 A/D 转换器。其最大输入电压为 199.9mV 和 1.999V 两挡(由输入的基准电压决定)，抗干扰性能好，自动量程控制信号输出，动态字位扫描 BCD 码输出，自动校零，自动极性输出，单基准电压，转换精度高达读数的±0.05%±1 字。但转换速度较慢(在 50～150kHz 时钟频率范围约每秒 3～10 次)。在各种对转换速度要求不高的场合被广泛使用。

1. 主要特征参数

(1) 转换精度：具有 $\pm\dfrac{1}{1999}$ 的分辨率(相当于 11 位二进制数)。

(2) 基准电压：取 2V 或 200mV(分别对应量程为 1.999V 或 199.9mV)。

(3) 转换速度：3～10 次/s,相应的时钟频率变化范围为 50～150kHz。

(4) 电压量程：分 1.999V 和 199.9mV 两挡。

(5) 转换结束输出形式：输出为经多路调制的 BCD 码。

(6) 具有过量程和欠量程输出标志。

(7) 片内具有自动极性转换和自动调零功能。

(8) 输入阻抗：大于 100MΩ。

2. MC14433 的内部结构

MC14433 的内部结构如图 4-30 所示。

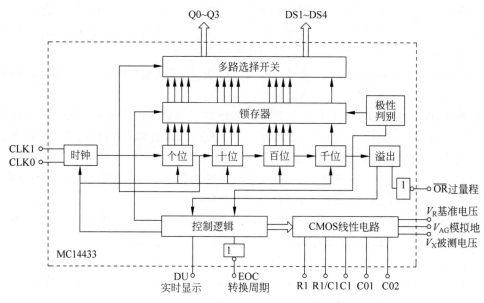

图 4-30　MC14433 的内部结构

图 4-30 中的主要外接器件是时钟振荡器外接电阻 R_C、失调补偿电容 C_0 和外接积分阻容元件 R_1、C_1。

其模拟电路部分有基准电压、模拟电压输入部分。模拟电压输入量程为 1.999V 或 199.9mV,基准电压为 2V 或 200mV。

数字电路部分由控制逻辑、BCD 码及输出锁存器、多路开关、时钟,以及极性判别、溢出检测等电路组成。MC14433 采用了字位动态扫描 BCD 码输出方式,即千、百、十、个位 BCD 码轮流地在 Q0～Q3 端输出,同时在 DS1～DS4 端出现同步字位选通信号。

3. MC14433 的引脚功能

MC14433 采用 24 个引脚双列直插式封装,图 4-31 是 MC14433 的引脚图,各引脚功能如下。

(1) V_{DD}:主电源。为 +5V。

(2) V_{EE}:模拟部分的负电源。为 -5V。

(3) V_{SS}:数字地。

(4) V_R:基准电压输入线。为 200mV 或 2V。

(5) V_X:被测电压输入线。最大为 199.9mV 或 1.999V。

(6) V_{AG}:V_R 和 V_X 的地(模拟地)。

(7) R1:积分电阻输入线。当 V_X 量程为 2V 时,R1 取 470kΩ;当 V_X 量程为 200mV 时,R1 取 27kΩ。

(8) C1:积分电容输入线。C1 一般取 0.1μF 的聚丙烯电容。

(9) R1/C1:R1 和 C1 的公共连接端。

(10) C01,C02:接失调补偿电容 C0。值约 0.1μF。

(11) CLK1,CLK0:外接振荡器时钟频率调节电阻 R_C。其典型值是 300kΩ,时钟频率随 R_C 值上升而下降。

(12) EOC:转换结束标志输出线。每当一个 A/D 转换周期结束,EOC 端输出一个宽度为时钟周期 1/2 宽度的正脉冲。

(13) DU:更新转换控制信号输入线。DU 若与 EOC 相连,则每次 A/D 转换结束后自动启动新的转换。

(14) $\overline{OR}$:过量程状态信号输出线。低电平有效,当 $|V_X| > V_R$ 时,$\overline{OR}$ 有效。

(15) DS4~DS1:分别是个、十、百、千位的选通脉冲输出线。这 4 个正选通脉冲宽度为 18 个时钟周期,相互之间的间隔时间为两个时钟周期,对应的脉冲时序如图 4-32 所示。

(16) Q3~Q0:BCD 码数据输出线。动态地输出千位、百位、十位、个位值,其中 Q0 为最低位,Q3 为最高位,即:

DS4 有效时,Q3~Q0 表示的是个位值(0~9);

DS3 有效时,Q3~Q0 表示的是十位值(0~9);

DS2 有效时,Q3~Q0 表示的是百位值(0~9);

DS1 有效时,Q3~Q0 输出除了表示千位的 0 或 1 外,还表示了转换值的正负极性,以及欠量程或过量程,见表 4-7。

由表 4-7 可知,Q3 在 Q0=0 时表示千位数的内容,Q3=0,千位为 1;Q3=1,千位为 0。Q3 在 Q0=1 时表示过、欠量程,Q3=0,表示过量程;Q3=1,表示欠量程。当量程选为 1.999V 时,过量程表示被测信号大于 1.999V,欠量程表示被测信号小于 0.179V。Q2 表示被测信号的极性,Q2=1,为正极性;Q2=0,为负极性。

	MC14433	
V_{AG} 1		24 V_{DD}
V_R 2		23 Q3
V_X 3		22 Q2
R1 4		21 Q1
R1/C1 5		20 Q0
C1 6		19 DS1
C01 7		18 DS2
C02 8		17 DS3
DU 9		16 DS4
CLKI 10		15 $\overline{OR}$
CLKO 11		14 EOC
V_{EE} 12		13 V_{SS}

图 4-31 MC14433 的引脚图

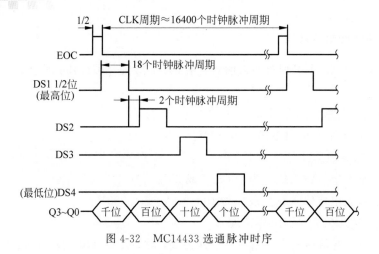

图 4-32　MC14433 选通脉冲时序

表 4-7　DS1 选通时 Q3～Q0 表示的输出结果

DS1	Q3	Q2	Q1	Q0	输出结果状态
1	1	×	×	0	千位数为 0
1	0	×	×	0	千位数为 1
1	×	1	×	0	输出结果为正
1	×	0	×	0	输出结果为负
1	0	×	×	1	输入信号过量程
1	1	×	×	1	输入信号欠量程

4.4.3　MC14433 与 89C51/80C51 单片机的接口电路及编程

1. 接口电路

MC14433 与 89C51/80C51 单片机的接口电路如图 4-33 所示。

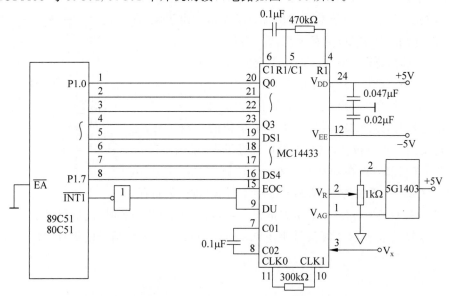

图 4-33　MC14433 与 89C51/80C51 单片机的接口电路

由于 MC14433 的输出是动态的,所以 89C51 单片机必须通过并行接口和 MC14433 连接,而不能通过总线和 MC14433 连接。图 4-33 中,将 MC14433 的转换结果 Q0～Q3 和选通脉冲输出 DS1～DS4 分别接 89C51 的 P1.0～P1.3 和 P1.4～P1.7,MC14433 所需的基准电压 V_R 由精密电源 5G1403 提供。该电路采用中断方式管理 MC14433 的操作。由于引脚 EOC 与 DU 连接在一起,所以,MC14433 能自动连续转换,每次转换结束便在 EOC 引脚输出正脉冲,经反相后作为 89C51 的外部中断请求信号 $\overline{INT1}$。

2. 中断服务程序编程

当 MC14433 每次转换结束时,EOC 端输出一正脉冲,经反相接 89C51 的 $\overline{INT1}$ 引脚申请中断,进入采集的中断服务程序 $\overline{INT1}$,将采集的千、百、十、个位数据分别存放在 RAM 中 21H～24H 单元。MC14433 数据采集的程序流程如图 4-34 所示。

数据采集中断服务子程序如下:

```
INTL1:  MOV   A, P1                ;输入一次,(P1)→ A
        JNB   ACC.4, INTL1         ;DS1 = 1?即千位选通
        JB    ACC.0 , ERR          ;Q0 = 1(过量程)出错
        JB    ACC.3, L2            ;Q3 = 1,转千位为 0
        MOV   21H, #01H            ;Q3 = 0,千位为 1,存 21H 单元
        AJMP  L3
L2:     MOV   21H, #00H            ;千位为 0,存 21H 单元
L3:     MOV   A, P1                ;输入一次
        JNB   ACC.5, L3            ;DS2 = 1?
        MOV   R0, #22H
        XCHD  A, @R0               ;Q3～Q0→22H 单元
L4:     MOV   A, P1                ;输入一次
        JNB   ACC.6, L4            ;DS3 = 1?
        INC   R0                   ;指向 23H 单元
        XCHD  A, @R0               ;十位存 23H 单元低 4 位
L5:     MOV   A, P1                ;输入一次
        JNB   ACC.7, L5            ;DS4 = 1?
        INC   R0                   ;指向 24H 单元
        XCHD  A, @R0               ;个位存 24H 单元低 4 位
        AJMP  L6
ERR:    MOV   20H, #0FH            ;0FH→20H 单元,最高位 LED 显示出错信息 F 字符
L6:     RETI
```

4.4.4　逐次逼近式 A/D 转换器 ADC0809

ADC0809 是 8 路 8 位逐次逼近式 A/D,最大不可调误差小于 ±1LSB(Least Significant Bit)。典型时钟频率为 640kHz。每一通道的转换时间需要 66～73 个时钟脉冲,约 $100\mu s$。可以和 89C51 单片机通过总线直接连接。

1. 主要技术参数

(1) 分辨率:8 位。

(2) A/D 转换形式:逐次逼近式。

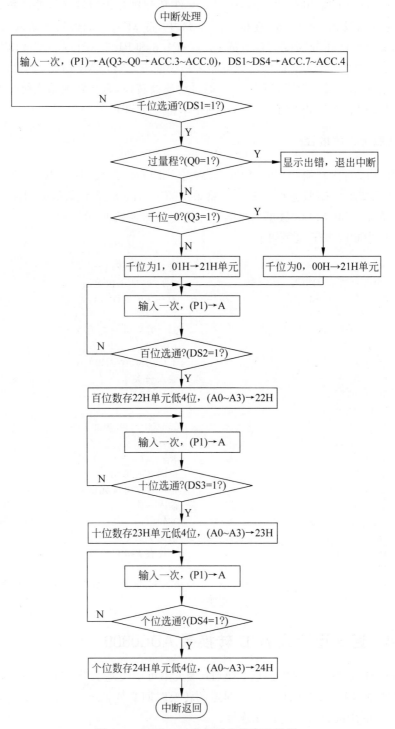

图 4-34　MC14433 数据采集程序流程图

（3）转换时间：100μs。

（4）带 8 选 1 模拟开关。

2．内部结构

ADC0809 的内部结构框图如图 4-35 所示。通过引脚 $IN_0 \sim IN_7$ 可输入 8 路模拟电压，但每次只能转换一路,其通道号由地址信号 A、B、C 译码后选定,如表 4-8 所示,片内有地址锁存和译码器。转换结果送入三态输出锁存器,当输出允许信号 OE 有效时才输出到数据总线上。

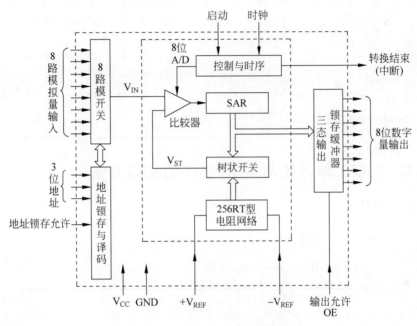

图 4-35 ADC0809 内部结构框图

表 4-8 地址与通道号

C B A	000	001	010	011	100	101	110	111
选中通道	IN_0	IN_1	IN_2	IN_3	IN_4	IN_5	IN_6	IN_7

3．引脚信号

引脚信号及功能如图 4-36 和表 4-9 所示。

ADC0809 有 28 个引脚。其主要引脚信号如下。

START 为启动模/数转换引脚。当该引脚收到高电平时,开始启动模/数转换。

EOC 为模/数转换结束输出引脚。转换结束时,该引脚输出高电平。在启动模/数转换后,可以通过对该引脚状态查询(读入)得知模/数转换是否完成。

OE 为输出允许控制。该引脚用于控制选通三态门。模/数转换完成得到的数字量存在芯片内,当 OE＝1 时,三态门打开,模/数转换后得到的数字量才可通过三态门到达数据总线,进而被读入 CPU。

CLK 为外加时钟输入引脚。其频率为 $50 \sim 800kHz$,使用时常接 $500 \sim 600kHz$。

ALE 为模拟通道锁存信号。当此引脚由低电平到高电平跳变时,将加到 C、B、A 引脚的数据锁存并选通相应的模拟通道。

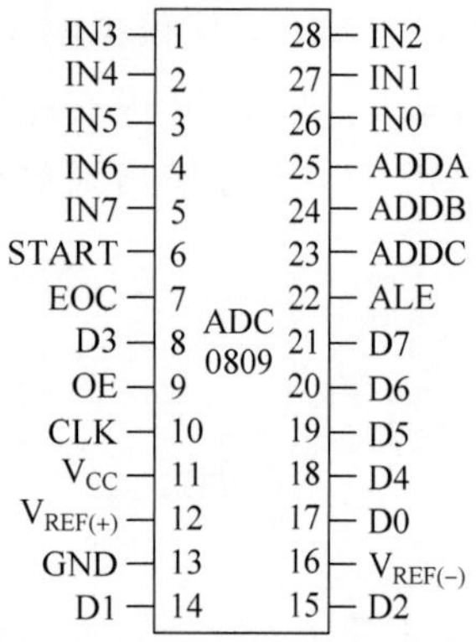

图 4-36 的左侧为 ADC0809 引脚功能图。

引 脚 名 称	功　　能
$IN_0 \sim IN_7$	模拟电压输入端
C,B,A	通道地址信号
ALE	地址锁存信号,上升沿有效
START	启动转换信号,下降沿有效
EOC	转换结束状态信号,高电平有效
$D_7 \sim D_0$	数据输出,三态
OE	输出允许信号,高电平有效
CLK	转换定时时钟信号
$V_{REF(+)}$、$V_{REF(-)}$	参考电压输入线,$V_{REF(-)}$一般为模拟地
V_{CC}	电源,+5V
GND	数字地

表 4-9　ADC0809 引脚功能

图 4-36　ADC0809 引脚功能

4.4.5　89C51 单片机与 ADC0809 的接口方法

1. 启动 A/D 转换

ADC0809 的控制时序见图 4-37。

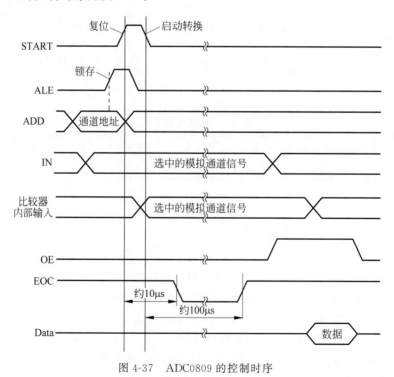

图 4-37　ADC0809 的控制时序

从 ADC0809 的控制时序图 4-37 可看到,要将特定模拟通道输入信号进行 A/D 转换,需满足以下条件。

（1）在START端需产生一个正脉冲，上升沿复位ADC0809，下降沿启动A/D转换。

（2）在启动A/D转换之前，待转换的模拟通道的地址应稳定地出现在地址线上，同时需在ALE端产生一个正跳变，将地址锁存起来，使得在A/D转换期间，比较器内部输入始终是选中的模拟通道输入信号。

（3）在A/D转换结束之前，在START端和ALE端不能再次出现正脉冲信号。

用什么信号作为START端的复位和启动A/D转换信号，以及ALE端的地址锁存信号呢？应该是89C51单片机的$\overline{\text{WR}}$信号。将$\overline{\text{WR}}$信号取反后送ADC0809的START端和ALE端，可满足条件1和2，将$\overline{\text{WR}}$号与某一仅在访问ADC0809时变低的片选线或非处理后，可进一步满足条件3。在这种接口方式下，启动A/D转换时序图如图4-38所示。

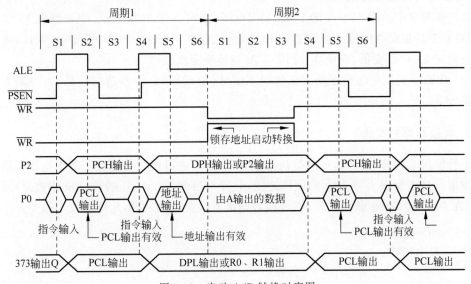

图4-38 启动A/D转换时序图

从该图可看到，在ADC0809 ALE端地址锁存信号有效时，89C51单片机外部数据总线和地址总线上的信号都是稳定的，都可以作为ADC0809的地址信号。于是就形成了ADC0809与89C51单片机的3种硬件连接方法，如图4-39所示。下面这3种情况下，启动A/D转换的程序指令需做相应的变动。

（1）ADDA、ADDB、ADDC分别接地址锁存器提供地址的低3位（如图4-39（a）所示），指向IN_7通道的相应程序指令为

```
MOV  DPTR, #0EFF7H          ;指向A/D转换器模拟通道的IN₇地址
MOVX @DPTR, A               ;启动A/D转换,A中可以是任意值
```

（2）ADDA、ADDB、ADDC分别接数据线中的低3位（P0.0～P0.2）（如图4-39（b）所示），则指向IN_7通道的相应程序指令为

```
MOV  DPH, #0E0H            ;送A/D转换器端口地址
MOV  A, #07H              ;IN₇地址送A
MOVX @DPTR, A             ;送地址并启动A/D转换
```

（3）ADDA、ADDB、ADDC 分别接高 8 位地址中的低 3 位(P2.0～P2.2)（如图 4-39(c) 所示），则指向 IN$_7$ 通道的相应程序指令为

```
MOV  DPTR, ♯0E700H
MOVX  @DPTR, A
```

2．确认 A/D 转换完成

为了确认转换结束，可以采用无条件、查询、中断三种数据传送方式。

（1）无条件传送方式。转换时间是转换器的一项已知和固定的技术指标。例如，ADC0809 转换时间为 $128\mu s$，可在 A/D 转换启动后，调用一个延时足够长的子程序，规定时间到，转换也肯定已经完成。

（2）查询方式。ADC0809 的 EOC 端高电平，表明 A/D 转换完成，查询测试 EOC 的状态，即可确知转换是否完成。需注意，ADC0809 从复位到 EOC 变低约需 $10\mu s$ 时间，查询时应首先确定 EOC 已变低，再变高，才说明 A/D 转换完成。

（3）中断方式。把表明转换完成的状态信号（EOC）作为中断请求信号，以中断方式进行数据传送。

3．转换数据的传送

不管使用上述哪种方式，一旦确认转换完成，即可通过指令传送在三态输出锁存器中的结果数据。对于如图 4-39 所示的硬件连接，只要对可使 P2.4＝0 的端口地址做读操作，即可在 OE 端产生一个正脉冲信号，把转换数据送上数据总线，供单片机接收。例如：

```
MOV  DPH, ♯0EFH
MOVX  A, @DPTR
```

4．应用举例

图 4-40 为 89C51/80C51 单片机与 ADC0809 中断方式连接电路。由于 ADC0809 片内有三态输出锁存器，因此可直接与 89C51/80C51 连接。

（1）首先程序使 ALE 有效，锁存通道号。

（2）使 START 有效，即启动 A/D 开始转换。由图 4-40 可见，START 与 ALE 连在一起，即在锁存的同时启动 A/D 转换。

（3）过 $64\mu s$ 后 EOC 有效，转换完毕。

（4）程序使 OE 有效，读出 A/D 转换后的数字量，将读数依次存放在片外数据存储器 0A0H～0A7H 单元。其主程序和中断服务程序的汇编程序如下：

主程序

```
MAIN:  MOV  R0, ♯0A0H        ;数据暂存区首址
       MOV  R2, ♯08H         ;8 路计数初值
       SETB IT1              ;脉冲触发方式
       SETB EA               ;开中断
       SETB EX1
       MOV  DPTR, ♯7FF8H     ;指向 ADC0809 首地址
```

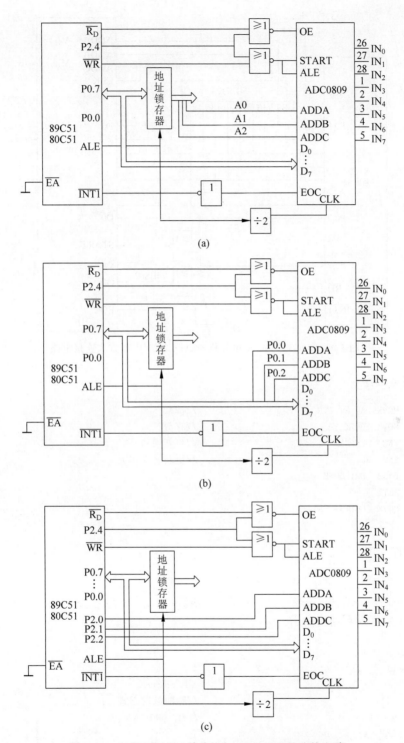

图 4-39 89C51/80C51 单片机与 ADC0809 的连接电路

```
        MOVX    @DPTR, A                 ;启动 A/D 转换
HERE:   SJMP    HERE                     ;等待中断
```

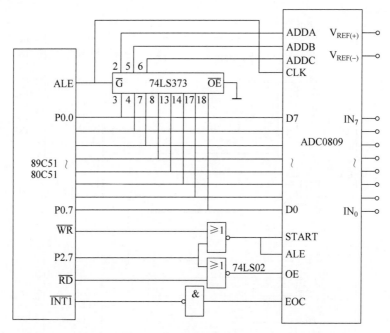

图 4-40　89C51/80C51 单片机与 ADC0809 中断方式连接电路

中断服务程序

```
        MOVX  A, @DPTR          //读数
        MOVX  @R0, A            //存数
        INC   DPTR             //更新通道
        INC   R0              //更新暂存单元
        DJNZ  R2, DONE
        RETI
DONE:   MOVX  @DPTR, A
        RETI
```

C51 程序如下：
主程序

```
#define uchar unsigned char
uchar data adtab[8];
uchar   i = 0;
xdata uchar * ad;
void   main( )
{
        IT1 = 1;                //脉冲触发方式
        EA = 1;                 //开中断
        EX1 = 1;
        ad = 0x7ff8;            //置地址指针
        * ad = 0;               //启动转换
        while(i < 8)            //8 路未转换完,继续
        {}
}
```

中断服务程序

```
void timer0( ) interrupt 3                    //INT1 中断服务子程序
    {
        adtab[ i ] = * ad;                    //读入转换数据
        ad = ad + 0x01;                       //指向下一通道
        i++;
        * ad = 0;
    }
```

4.4.6　12 位 ADC 芯片 AD574

AD574 是一种 12 位逐次逼近式 A/D 转换器。

1. 主要技术参数

(1) 分辨率 12 位。

(2) A/D 转换方式：逐次逼近式。

(3) 转换时间：$25\mu s$。

(4) 精度：$\pm 1 LSB$。

(5) 输模拟电压范围：$0\sim +10V, 0\sim +20V, -5\sim +5V, -10\sim +10V$。

(6) 模拟量输入阻抗：$3\sim 7k\Omega$。

2. AD574 内部结构

如图 4-41 所示，AD574 的内部由转换控制逻辑、时钟电路、逐次逼近寄存器、量程变换电路、比较器、D/A 转换器和电源基准组成。

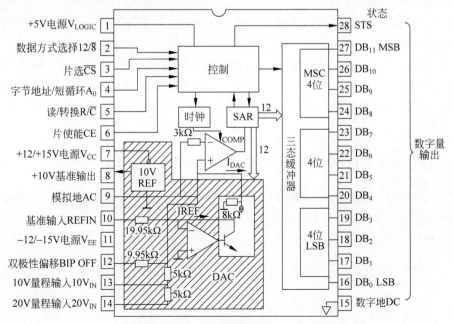

图 4-41　AD574 内部结构框图和引脚图

3. 引脚信号

AD574 的引脚共 28 位，DIP 封装，主要信号如下。

（1）12 位数字量输出：$DB_{11} \sim DB_0$，其中 DB_{11} 为最高位（MSB），DB_0 为最低位（LSB）。

（2）模拟量输入：$10V_{IN}$ 模拟输入及 $20V_{IN}$ 模拟输入。可以双极性 ±5V 或 ±10V 输入，也可以单极性 0～+10V 或 0～+20V 输入。

（3）控制信号：AD574 的逻辑控制信号共有 5 个，即 $\overline{CS}$、CE、$R/\overline{C}$、$12/\overline{8}$ 和 A_0。其工作方式如表 4-10 所示。

表 4-10   AD574 逻辑控制真值表

CE	$\overline{CS}$	$R/\overline{C}$	$12/\overline{8}$	A_0	工 作 状 态
1	0	0	×	0	启动 12 位转换
1	0	0	×	1	启动 8 位转换
1	0	1	1	×	允许 12 位并行输出
1	0	1	0	0	允许高 8 位并行输出
1	0	1	0	1	允许低 4 位加上尾随 4 个 0 输出
×	1	×	×	×	不工作
0	×	×	×	×	不工作

（1）$\overline{CS}$：片选信号。低电平有效。

（2）CE：芯片启动信号。高电平有效。

（3）$R/\overline{C}$：读出和转换控制信号。

（4）$12/\overline{8}$：数据输出格式选择控制线。$12/\overline{8}=1$ 时，12 位同时输出；$12/\overline{8}=0$ 时，高 8 位、低 4 位分两次输出，按向左对齐数据格式。

（5）A_0：字节选择控制线。

（6）STS：输出状态信号线，高电平有效。在转换过程中，STS 为高电平；转换完成后，该引脚为低电平。

在使用时，AD574 有两种连接方式，一种是单极性输入，另一种是双极性输入。单极性输入时，模拟信号由 $10V_{IN}$ 或 $20V_{IN}$ 端输入。如果不需要调零，BIP OFF 接地；如果需要调零，BIP OFF 接调零电路。双极性输入时，输入信号为 ±5V 或 ±10V，分别由 $10V_{IN}$ 和 $20V_{IN}$ 端输入。

4.4.7   89C51/80C51 单片机与 AD574 的接口

89C51/80C51 单片机与 AD574 的连接电路如图 4-42 所示，用来进行 12 位数据采集，设使用查询方式读取数据，结果存入 31H～30H 单元中。

汇编程序设计如下：

```
ORG   2000H
MOV   R0, #30H
CLR   P3.7                    ;使 CE = 1
CLR   P3.6
MOV   DPTR, #0FF7CH           ;使 CS = 0, R/C = 0, A0 = 0 选择 12 位转换
```

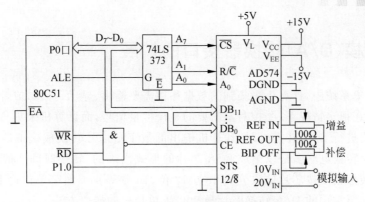

图 4-42　89C51/80C51 单片机与 AD574 的连接电路

```
          MOVX  @DPTR, A              //启动 A/D 转换
HER:      JB  P1.0, HER              //查询 STS
          MOV  DPTR, #0FF7EH         //使 R/C = 1, A0 = 0
          MOVX  A, @DPTR            //读高 8 位
          MOV  @R0, A
          MOV  DPTR, #0FF7DH         //使 R/C = 1, A0 = 1
          MOVX  A, @DPTR            //读低 4 位
          ANL  A, #0FH
          INC  R0
          MOV  @R0, A
LOOP:     SJMP  LOOP
          END
```

C51 程序设计如下：

```
#include < absacc.h >
#include < reg51.h >
#define START_AD574 XBYTE[0xff7c]      //CS = 0, R/C = 0, A0 = 0 选择 12 位转换
#define DATAH_AD574 XBYTE[0xff7d]      //CS = 0, R/C = 1, A0 = 0
#define DATAL_AD574 XBYTE[0xff7f]      //CS = 0, R/C = 1, A0 = 1
#define NRAM_H DBYTE[0x30]            //高 8 位存放在片内 RAM 30H
#define NRAM_L DBYTE[0x31]            //低 4 位存放在片内 RAM 31H
sbit rd = P3^6;
sbit wr = P3^7;
sbit adbusy = P1^0;
void main()
    {
        while(1)
        {
            rd = 0; wr = 0;              //CE = 1
            START_AD574 = 0;            //启动 AD574
            while(adbusy == 1);          //等待转换结束
            NRAM_H = DATAH_AD574;        //读取高 8 位
            NRAM_L = DATAL_AD574;
            NRAM_L = NRAM_L&0x0f;        //低 4 位
        }
    }
```

4.5　数/模(D/A)转换器接口的扩展

在数据采集系统中，计算机采集到的数据往往需要输出、显示、打印，或者用于调节或控制受控对象。在很多情况下，受控对象需要的是模拟量信号，而计算机采集与处理的则是数字量，这就需要进行 D/A 转换，即把计算机输出的数字量信号转换成模拟信号。目前单片机使用的 D/A 转换电路多是以集成 D/A 芯片的形式出现的，转换时间一般在几十纳秒到几微秒之间，转换精度按芯片位数分为 8 位、12 位、16 位等。下面简单讨论 D/A 转换的基本原理，然后介绍常用的 D/A 转换芯片与 89C51 单片机的接口方法。

4.5.1　D/A 转换的工作原理

模/数(D/A)转换有多种方法，如权电阻网络法、T 形电阻网络法和开关树法，但最常见的是 T 形电阻网络法。

见图 4-43，以一个 4 位 D/A 转换器为例，数字量的每一位 $D_3 \sim D_0$ 分别控制一个模拟开关。当某一位为 1 时，对应开关倒向右边；反之，开关倒向左边。容易分析出图中 $X_0 \sim X_3$ 各点的对应电位分别为 V_{REF}、$V_{REF}/2$、$V_{REF}/4$、$V_{REF}/8$，而与开关方向无关。于是有

$$\Sigma I = \frac{V_{X3}}{2R} \cdot D_3 + \frac{V_{X2}}{2R} \cdot D_2 + \frac{V_{X1}}{2R} \cdot D_1 + \frac{V_{X0}}{2R} \cdot D_{0|}$$

$$= \frac{1}{2R \cdot 2^3} V_{REF}(D_3 \cdot 2^3 + D_2 \cdot 2^2 + D_1 \cdot 2^1 + D_0 \cdot 2^3)$$

$$V_0 = -R_f \cdot \Sigma I = -\frac{R_f}{2R \cdot 2^3} \cdot \sum_{i=0}^{3} D_i 2^i$$

也就是说，输出电压正比于数字量的值。

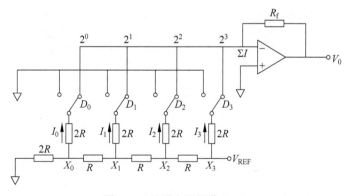

图 4-43　T 形电阻网络 DAC

4.5.2　D/A 转换器的主要性能指标

(1) 分辨率：指 D/A 转换器所能分辨最小的量化信号的能力。这是对微小输入量变化

的敏感程度的描述,一般用转换器的数字量的位数来表示。对于一个分辨率为 n 位的DAC,它能对满刻度的 2^{-n} 倍的输入变换量做出反应。常见的分辨率有 8、10、12 位等。

(2) 建立时间:是 DAC 转换速度快慢的一个重要参数,指 DAC 的数字输入有满刻度值的变化时,其输出模拟信号电压(或电流)达到满刻度值 1/2LSB 时所需要的时间。对电流输出形式的 DAC,其建立时间是很短的;而对电压输出形式的 DAC,其建立时间主要是其输出运放所需的响应时间。一般 DAC 的建立时间为几个纳秒至几个微秒。

其他还有绝对精度、相对精度、线性度、温度系数和非线性误差等性能指标。均用位数来表示。

4.5.3　8 位 DAC 芯片 DAC0832

DAC0832 是目前应用较为广泛的 8 位 D/A 转换芯片之一。它具有与微机接口简单、易于操作控制和使用灵活等优点。

1. 技术参数

内部采用 R-2R 梯形电阻网络,片外为 20 个引脚双列直插式封装。

分辨率:8 位。

建立时间:$1\mu s$,电流型输出。

单电源:$+5\sim+15V$。

功耗:200mW。

精度:$+1LSB$。

线性误差:$+0.1\%$。

基准电压范围:$-15\sim+15V$。

2. 内部结构和引脚

DAC0832 是一个 8 位单片 D/A 转换器,它的内部逻辑结构如图 4-44 所示。

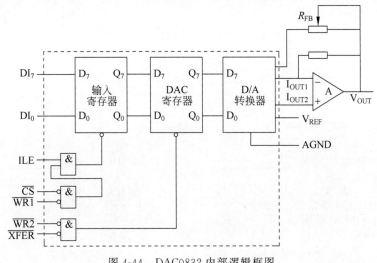

图 4-44　DAC0832 内部逻辑框图

DAC0832 采用 R-2RT 形网络转换法。它由二级缓冲寄存器（8 位输入锁存器，8 位 DAC 寄存器）和 D/A 转换电路组成，可直接与 CPU 总线连接。输入寄存器用来锁存数据总线上输入的数据。当输入锁存允许 ILE、片选信号 $\overline{\text{CS}}$ 和写 $\overline{\text{WR1}}$ 同时有效时，数据总线（$\text{DI}_7 \sim \text{DI}_0$）上的数据送输入寄存器锁存。当传送控制 $\overline{\text{XFER}}$ 和写 $\overline{\text{WR2}}$ 同时有效时，输入寄存器中的数据送 DAC 寄存器，然后由 D/A 转换器进行转换，最后在 I_{OUT1} 和 I_{OUT2} 端获得模拟量输出。V_{REF} 为参考电压输入端，用来将外部基准电压与片内的 T 形电阻网络连接。R_{FB} 为反馈信号输入，片内已有反馈电阻，因此只需由 R_{FB} 端接入反馈信号即可。

图 4-45　DAC0832 引脚信号图

DAC0832 为 20 个引脚双列直插封装，引脚信号见图 4-45 和脚功能见表 4-11。

表 4-11　DAC0832 引脚功能

引 脚 名 称	功　　　能	引 脚 名 称	功　　　能
$\text{DI}_7 \sim \text{DI}_0$	数据输入	V_{CC}	电源输入
ILE	数据允许信号,高电平有效	I_{OUT1},I_{OUT2}	电流输出线 $\text{I}_{\text{OUT1}} + \text{I}_{\text{OUT2}} =$ 常数
$\overline{\text{CS}}$	输入寄存器选择信号,低电平有效	AGND	模拟信号地
$\overline{\text{WR}_1}$	输入寄存器写选通信号,低电平有效	DGND	数字地
$\overline{\text{WR}_2}$	DAC 寄存器写选通信号,低电平有效	R_{FB}	反馈信号输入
$\overline{\text{XFER}}$	数据传送信号,低电平有效	V_{REF}	基准电压输入

3. DAC0832 的工作方式

根据对 DAC0832 的输入寄存器和 DAC 寄存器的不同的控制方法，DAC0832 有如下三种工作方式：第一种是单缓冲连接方式，输入数据经输入寄存器直接送入 DAC 寄存器，然后送 D/A 转换电路；第二种是双缓冲连接方式，即输入数据经过两级缓冲器后，送 D/A 转换电路；第三种是直通连接方式，即输入数据直接送 D/A 转换电路进行转换。三种工作方式连接电路如图 4-46 所示。

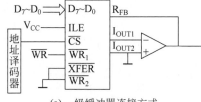

(a) 一级缓冲器连接方式

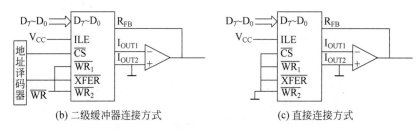

(b) 二级缓冲器连接方式　　　　　　(c) 直接连接方式

图 4-46　DAC0832 三种工作方式连接电路

4.5.4　89C51单片机与DAC0832的接口

89C51单片机与DAC0832的接口,根据DAC0832不同的工作方式,可有三种不同的连接方式,即单缓冲连接方式、双缓冲连接方式和直通连接方式。直通法简单直观,下面仅介绍单缓冲连接方式和双缓冲连接方式及其应用。

1.单缓冲连接方式

此方式适用于只有一路模拟信号输出或几路模拟信号非同步输出的情形。在这种方式下,将二级寄存器的控制信号并接,输入数据在控制信号作用下,直接进入DAC寄存器中。图4-47为DAC0832在这种方式下与89C51/80C51的连接电路。

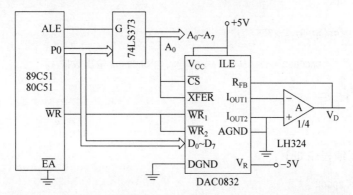

图 4-47　DAC0832在单缓冲连接方式下与89C51/80C51的连接电路

图4-47中,ILE接+5V,片选信号$\overline{CS}$和传送信号$\overline{XFER}$都连到地址线A_0上,对这种线选译码,输入寄存器和DAC寄存器的地址可为00FEH。写选通线$\overline{WR_1}$和$\overline{WR_2}$都和89C51单片机的写信号$\overline{WR}$连接,CPU对DAC0832执行一次写操作,则把一个数据直接写入DAC寄存器,DAC0832的输出模拟信号随之对应变化。

根据图4-47,可以编出许多种波形输出的D/A转换程序,例如图4-48所示的4种波形。

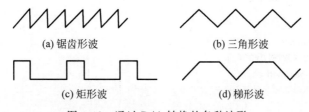

(a) 锯齿形波　　　　　　　　　(b) 三角形波

(c) 矩形波　　　　　　　　　(d) 梯形波

图 4-48　通过D/A转换的各种波形

锯齿形波汇编程序如下:

```
        ORG  2000H
START:  MOV  DPTR, ＃00FEH            ;选中DAC0832
        MOV  A, ＃00H
LP:     MOVX @DPTR, A                 ;向DAC0832输出数据
```

```
        INC    A                          ;累加器加 1
        SJMP   LP
```

若要改变锯齿波的频率，只需在"SJMP　　LP"前插入延时程序即可。

锯齿波 C51 程序如下：

```
# include < absacc. h >
# include < reg51. h >
# define DAC0832 XBYTE[0x00fe]
# define uchar unsigned char
void main()
{
    uchar i = 0;
        while(1)
        {
            for(i = 0; i < 256; i++)
            {
                DAC0832 = i;              ;向 DAC0832 输出数据
            }
        }

}
```

三角形波汇编程序如下：

```
        ORG    2000H
START:  MOV    DPTR, #00FEH              ;选中 DAC0832
        MOV    A, #00H
UP:     MOVX   @DPTR, A
        INC    A
        JNZ    UP                        ;上升到 A 中为 FFH
DOWN:   DEC    A
        MOVX   @DPTR, A
        JNZ    DOWN                      ;下降到 A 中为 00H
        SJMP   UP                        ;重复
```

三角形波 C51 程序如下：

```
# include < absacc. h >
# include < reg51. h >
# define DAC0832 XBYTE[0x00fe]
# define uchar unsigned char
void main()
{   uchar i = 0;
    while(1)
    {
        for(i = 0; i < 255; i++)
        { DAC0832 = i;}                   ;从 0 上升到 254
        for(i = 255; i > 0; i -- )
        { DAC0832 = i;}                   ;从 255 下降到 1
    }
}
```

矩形波汇编程序如下：

```
        ORG   2000H
START:  MOV   DPTR, #00FEH
LP:     MOV   A, #dataH              ;置输出矩形波上限
        MOVX  @DPTR, A
        LCALL DELH                   ;调用高电平延时程序
        MOV   A, #dataL              ;置输出矩形波下限
        MOVX  @DPTR, A
        LCALL DELL                   ;调用低电平延时程序
        SJMP  LP                     ;重复
```

矩形波 C51 程序如下：

```c
#include <absacc.h>
#include <reg51.h>
#define DAC0832 XBYTE[0x00fe]
#define uchar unsigned char
void delay1()
{ uchar j;
   for(j = 0; j < 250; j++);
}
  void delay2()
{ uchar j;
   for(j = 0; j < 100; j++);
}
    void main()
    {
        DAC0832 = 0xdataH;           ;dataH 是矩形波上限
        delay1();
        DAC0832 = 0xdataL;           ;dataL 是矩形波下限
        delay2();
    }
```

梯形波汇编程序如下：

```
        ORG   2000H
START:  MOV   DPTR, #00FEH
   L1:  MOV   A, #dataL              ;置下限
   UP:  MOVX  @DPTR, A
        INC   A
        CLR   C
        SUBB  A, #dataH              ;与上限比较
        JNC   DOWN
        ADD   A, #dataH              ;恢复
        SJMP  UP
DOWN:   LCALL DEL                    ;调上限延时程序
   L2:  MOVX  @DPTR, A
        DEC   A
        SUBB  A, #dataL              ;与下限比较
        JC    L1
        ADD   A, #dataL              ;恢复
```

```
       SJMP  L2
```

梯形波 C51 程序如下：

```
# include < absacc. h >
# include < reg51. h >
# define DAC0832 XBYTE[0x00fe]
# define uchar unsigned char
void delay1()
{ uchar j;
    for(j = 0; j < 250; j++);
}
    void main()
    {         uchar i = 0;
              while(1)
              {
                  for(i = dataL; i < dataH; i++)
                  {  DAC0832 = i;}          //从 dataL 上升到 dataH
                  delay1();                 //延时
                  for(i = dataH; i > dataL; i-- )
                  {  DAC0832 = i;}          //从 dataH 下降到 dataL
              }
    }
```

2．双缓冲连接方式

在需要同时输出几路模拟信号的场合应选择 DAC0832 工作于双缓冲连接方式。此时每一路模拟量输出需一片 DAC0832 芯片，构成多个 DAC0832 同步输出电路。图 4-49 为 DAC0832 按双缓冲连接电路与 89C51 连接形成的二路模拟信号同步输出的图形显示应用系统。

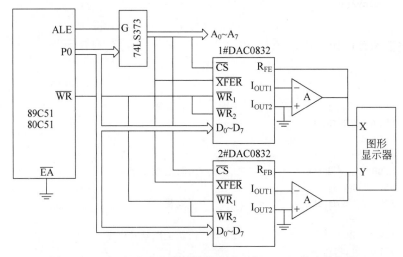

图 4-49   DAC0832 在双缓冲连接方式下与 89C51 的连接电路

图 4-49 中，DAC0832 的输入寄存器的锁存信号和 DAC 寄存器的锁存信号是分开控制的，1＃DAC0832 的输入寄存器地址为 00FEH，2＃DAC0832 的输入寄存器地址为 00FBH，

1♯和2♯DAC0832的DAC寄存器地址均为00FBH,1♯和2♯DAC0832的输出分别接图形显示器的 X 和 Y 偏转放大器的输入端。

工作时,先将要输出的 X、Y 数据分别送入1♯和2♯DAC0832的输入寄存器,然后发传送命令,则各输入寄存器的数据被同时送入DAC寄存器中,由DAC转换电路进行转换,在各输出端就能获得同步模拟信号。

要使图形显示器的光点更新位置,需执行下列汇编程序:

```
ORG   2000H
MOV   DPTR, ♯00FEH
MOV   A, ♯dataX
MOVX  @DPTR, A          ;dataX写入1♯DAC0832输入寄存器
MOV   DPTR, ♯00FDH
MOV   A, ♯dataY
MOVX  @DPTR, A          ;dataY写入2♯DAC0832输入寄存器
MOV   DPTR, ♯00FBH
MOVX  @DPTR, A          ;1♯和2♯输入寄存器的内容同时传送到DAC寄存器中
```

C51程序如下:

```
♯include < absacc.h >
♯include < reg51.h >
♯define DAC0832_1 XBYTE[0x00fe]
♯define DAC0832_2 XBYTE[0x00fd]
♯define DAC0832_DAC XBYTE[0x00fb]
♯define uchar unsigned char
    void main()
    {
        DAC0832_1 = 0xdataX;
        DAC0832_2 = 0xdataY;
        DAC0832_DAC = 0;
    }
```

3. 单极性与双极性输出

在图4-47中,由于使用了反相比例放大器实现电流到电压的转换,因此输出模拟信号的极性与参考电压的极性相反。数字量与模拟量的转换关系:

$$V_{OUT1} = -V_{REF} \times (数字码/256)$$

单极性输出D/A关系如表4-12所示。

表4-12 单极性输出D/A关系

输入数字量	模拟量输出	输入数字量	模拟量输出
MSB···LSB		**MSB···LSB**	
11111111	$-V_{REF} \times (255/256)$	01111111	$-V_{REF} \times (127/256)$
10000010	$-V_{REF} \times (130/256)$	00000000	$-V_{REF} \times (0/256)$
10000000	$-V_{REF} \times (128/256)$		

如果要求D/A转换器输出为双极性,只需在图4-49的基础上增加一个运算放大器,电

路如图 4-50 所示。

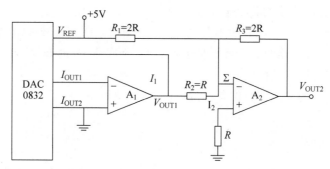

图 4-50　D/A 转换器双极性输出电路

在图 4-50 中，运算放大器 A_2 的作用是把运算放大器 A_1 的单向输出电压转变成双向输出电压。其原理是将 A_2 的输入端 Σ 通过电阻 R_1 与参考电压 V_{REF} 相连，V_{REF} 经 R_1 向 A_2 提供一个偏流 I_1，其电流方向与 I_2 相反，因此运算放大器 A_2 的输入电流为 I_1、I_2 之代数和。由图 4-50 可求出 D/A 转换器的总输出电压：

$$V_{OUT2} = -[(R_3/R_2)V_{OUT1} + (R_3/R_1)V_{REF}]$$

代入 R_1、R_2、R_3 值可得

$$V_{OUT2} = -(2V_{OUT1} + V_{REF})$$

代入 $V_{OUT1} = -V_{REF} \times (数字码/256)$，则得 $V_{OUT2} = V_{REF} \times (数字码 - 128)/128$，这一双极性 D/A 转换关系如表 4-13 所示。

表 4-13　双极性输出 D/A 关系

输入数字量	模拟量输出	
MSB⋯LSB	$+V_{REF}$	$-V_{REF}$
11111111	$V_{REF} - 1LSB$	$-\mid V_{REF} \mid + 1LSB$
11000010	$V_{REF}/2$	$-\mid V_{REF} \mid /2$
10000000	0	0
01111111	$-1LSB$	$+1LSB$
00111111	$\mid V_{REF} \mid /2 - 1LSB$	$\mid V_{REF} \mid /2 + 1LSB$
00000000	$-\mid V_{REF} \mid$	$+\mid V_{REF} \mid$

4.5.5　12 位 DAC 芯片 DAC1208

DAC1208 是一种高性能的 12 位 D/A 转换器，其系列产品有 DAC1208/1209/1210 等。

1. DAC1208 的内部结构

DAC1208 的内部逻辑结构如图 4-51 所示，包括 8 位/4 位输入寄存器、12 位 DAC 寄存器、12 位 D/A 转换电路及门控电路等。与 DAC0832 类似，DAC1208 也采用双缓冲连接结构。其中第一级由高 8 位和低 4 位寄存器构成，第二级是 12 位的 DAC 寄存器。当 BYTE1/$\overline{BYTE2}$ 与 $\overline{XFER}$ 为高电平且 $\overline{CS}$ 与 $\overline{WR_1}$ 有效时，高 8 位与低 4 位数据输入锁存；

当 BYTE1/$\overline{\text{BYTE2}}$ 为低电平且 $\overline{\text{CS}}$ 与 $\overline{\text{WR}_1}$ 有效时,仅低 4 位数据输入锁存。当 $\overline{\text{XFER}}$ 与 $\overline{\text{WR}_2}$ 有效时,12 位数据送 DAC 寄存器进行 D/A 转换,由 I_{OUT1} 和 I_{OUT2} 输出模拟电流信号。

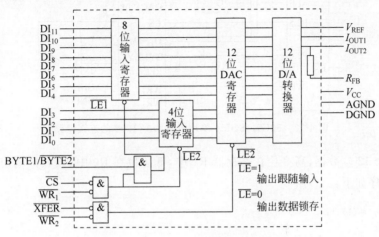

图 4-51 DAC1208 内部逻辑结构

2. DAC1208 的引脚功能

DAC1208 有 24 个引脚,采用双列直插式结构,其功能如下。

(1) 输入线 $DI_{11} \sim DI_0$:共有 12 条。其中 $DI_{11} \sim DI_4$ 输入到高 8 位寄存器,$DI_3 \sim DI_0$ 输入到低 4 位寄存器。

(2) 输出线 I_{OUT1} 与 I_{OUT2}:共 2 条。电流输出。

(3) 电源线 V_{CC}:$+5 \sim +15\text{V}$。以 $+15\text{V}$ 为好。

(4) 参考电压 V_{REF}:$-10 \sim +10\text{V}$。

(5) 地:AGND,模拟地;DGND,数字地。

(6) 控制线。

R_{FB}:反馈电阻。可由内部提供,也可由外部接入。

$\overline{\text{CS}}$:片选信号。低电平有效。

$\overline{\text{WR}_1}$:写信号 1。低电平有效。第一级缓冲器写入。

BYTE1/$\overline{\text{BYTE2}}$:高/低字节选择。高电平时高 8 位与低 4 位输入允许,低电平时仅输入低 4 位。

$\overline{\text{WR}_2}$:写信号 2。低电平有效。第二级缓冲器写入。

$\overline{\text{XFER}}$:传送控制信号。低电平有效。允许 12 位数据传送到第二级缓冲器,进行 D/A 转换。

4.5.6 89C51/80C51 单片机与 DAC1208 的接口

89C51/80C51 单片机与 DAC1208 的连接电路如图 4-52 所示。当 P2.5=0,P2.6=1,$\overline{\text{WR}}$ 有效时,DAC1208 输入高 8 位数据。当 P2.5=0,P2.6=0,$\overline{\text{WR}}$ 有效时,输入低 4 位数

据，且 12 位数据送入 DAC 寄存器。

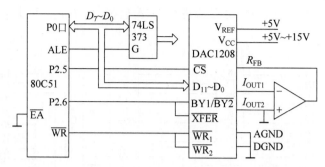

图 4-52　89C51/80C51 单片机与 DAC1208 的连接电路

设有一个 12 位数据，高 8 位在寄存器 R1 中，低 4 位在 R0 中，该数据输出并进行 D/A
转换，汇编程序如下：

```
MOV   DPTR, #0DFFFH
MOV   A, R1
MOVX  @DPTR, A
MOV   DPTR, #9FFFH
MOV   A, R0
MOVX  @DPTR, A
```

C51 程序如下：

```
#include <absacc.h>
#include <reg51.h>
#define DAC1208_H XBYTE[0xdfff]
#define DAC1208_L XBYTE[0x9fff]
data unsigned char R0 _at_ 0x00;
data unsigned char R1 _at_ 0x01;
DAC1208_H = R0;
DAC1208_L = R1;
```

4.6　键盘输入接口电路

在一般的计算机操作中，命令、数据都是由键盘输入的。即使一台微机控制装置，也少
不了一个由几个按键组成的小键盘，以便输入必要的数据和命令。因此，键盘是计算机的主
要输入设备。

4.6.1　键盘的工作原理

键盘是由若干按键开关组成，键的多少根据单片机应用系统的用途而定。键盘由许多
键组成，每一个键相当于一个机械开关触点。当键按下时，触点闭合；当键松开时，触点断
开。单片机接收到按键的触点信号后做相应的功能处理。

键盘的结构有两类，一类是独立式，另一类为矩阵式。

1. 独立式键盘

独立式键盘的每个键都有一根信号线与单片机电路相连,所有按键有一个公共地或公共正端,每个键相互独立互不影响。如图 4-53 所示。当按下键 1 时,无论其他键是否按下,键 1 的信号线就由 1 变 0；当松开键 1 时,无论其他键是否按下,键 1 的信号线都由 0 变 1。

2. 矩阵式键盘

矩阵式键盘的按键触点接于由行、列母线构成的矩阵电路的交叉处,一个 4×4 矩阵式键盘结构如图 4-54 所示。图中键盘的行线 $X_0 \sim X_3$ 通过电阻接 $+5V$。当键盘上没有键闭合时,所有的行线和列线都断开,行线都呈高电平。当键盘上某一个键闭合时,该键所对应的行线和列线被短路。例如 6 号键被按下闭合时,行线 X_1 和列线 Y_2 被短路,此时 X_1 的电平由 Y_2 的电位决定。如果把行线接到单片机的输入口,列线接到单片机的输出口,则在单片机的控制下,先使列线 Y_0 为低电平 0,其余三根列线 Y_1、Y_2、Y_3 都为高电平 1,读行线状态。如果 $X_0 \sim X_3$ 都为高电平,则 Y_0 这一列上没有键闭合。如果读出的行线不全为高电平,则为低电平的行线和 Y_0 相交的键处于闭合状态。如果 Y_0 这一列上没有键闭合,接着使列线 Y_1 为低电平,其余列线为高电平,用同样方法检查 Y_1 这一列上是否有键闭合。这种逐行逐列地检查键盘状态的过程称为对键盘的一次扫描。

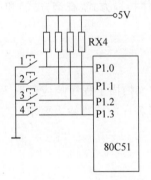

图 4-53　独立式键盘原理

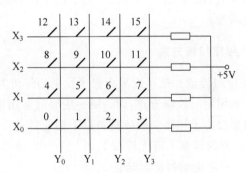

图 4-54　矩阵式键盘原理

3. 去抖动

目前,无论是独立式还是矩阵式键盘,都是利用机械触点的合、断原理制作的。由于弹性的影响,机械触点在闭合及断开瞬间均有抖动过程,从而使电压信号波动,如图 4-55 所示。波动时间长短与开关的机械特性有关,一般为 5～10ms。按键的稳定闭合时间,由操作人员的按键动作确定,一般为几百毫秒至几秒。为了保证 CPU 对键的一次闭合仅作一次键输入处理,必须消除抖动影响。消除抖动影响的措施有硬、软件两种。

通常在键数较少时可用硬件方法消除键抖动。常用的硬件去抖电路如图 4-56 所示。

图 4-56 所示电路实际上是由 R-S 触发器构成的单脉冲电路。当按钮开关按下时 Q 端输出低电平 0,当开关松开时 Q 端恢复高电平 1,即输出一个负脉冲。此时即使由于按键的机械性能,按键因弹性抖动而产生瞬时断开(抖动跳开 B),只要按键不返回原始状态 A,双稳态电路的状态不改变,输出保持为 0,不会产生抖动的波形。也就是说,即使 B 点的电压

波形是抖动的，但经双稳态电路之后，其输出仍为正规的矩形波。

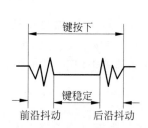

图 4-55　键闭合及断开时的电压波动

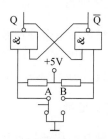

图 4-56　R-S 触发器去抖电路

如果按键较多，常用软件方法去抖动，即在检测到有键按下时，执行一个 10ms 左右的延时程序后，再确认该键电平是否保持闭合状态电平。若仍保持闭合状态电平，则确认该键处于闭合状态，从而消除了抖动影响。

4.6.2　键盘的工作方式

在单片机应用系统中，扫描键盘只是 CPU 的工作任务之一。在实际应用中要想做到既能及时响应键操作，又不过多占用 CPU 的工作时间，就要根据应用系统中 CPU 的忙闲情况选择适当的键盘工作方式。键盘的工作方式一般有程序扫描方式（查询方式）和中断扫描方式两种。

1. 程序扫描方式

CPU 对键盘扫描可以采用程序控制的随机方式调用键盘扫描子程序响应键输入要求；也可以采用定时控制方式，即每隔一定时间调用键盘扫描子程序响应键输入要求。

键盘扫描子程序一般应具备以下功能：

（1）判断键盘上有无键按下；

（2）去除键的抖动影响；

（3）扫描键盘，得到按下键的键号；

（4）判断闭合的键是否按下。

2. 中断扫描方式

在程序扫描方式中需由 CPU 始终执行扫描程序，这对 CPU 来说是一种时间上的浪费。为此，可采用中断扫描方式，如图 4-57 所示。在图中，所有行线经"与"门连接到 89C51 单片机的中断输入端。当有按键按下时产生负脉冲，向 CPU 中断请求。CPU 响应后执行扫描程序，确定闭合键的键码。

4.6.3　89C51 单片机的键盘接口电路

89C51/80C51 单片机的键盘接口电路如图 4-58 所示，用并行 I/O 接口 8155A 作为中间接口电路，32 个按键排列成 4×8 阵列。行线与 PC0～PC3 连接，列线与 PA 口连接，键码识别可由程序扫描方式来实现。

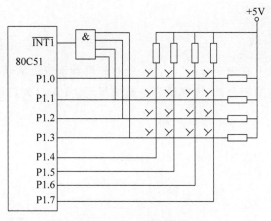

图 4-57 中断扫描方式

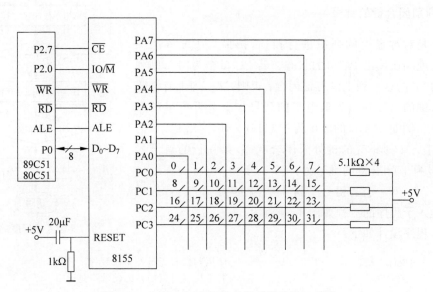

图 4-58 89C51/80C51 单片机的键盘接口电路

由图 4-58 可知,8155A 的端口地址分配如下:

7F00H	命令/状态口
7F01H	A 口(键盘列扫描输出口)
7F02H	B 口
7F03H	C 口(键盘行输入口)
7F04H	定时器低 8 位口
7F05H	定时器高 8 位口
7E00H~7EFFH	8155A RAM 地址区

键扫描子程序的设计要考虑以下 4 方面。

1. 判别键盘上有无键闭合

方法是使 PA 口输出全 0,读 PC 口的状态。若 PC 口全为 1,则键盘上没有键闭合;若

PC口不全为1,则有键闭合。

2. 去除键的机械抖动

方法是判断到键盘上有键闭合后,延迟一段时间再判别键盘的状态。若仍有键闭合,则认为有一个键处于稳定的闭合期,否则认为是键的抖动。PA口列扫描输出码如下:

```
PA7  PA6  PA5  PA4  PA3  PA2  PA1  PA0
 1    1    1    1    1    1    1    0
 1    1    1    1    1    1    0    1
 1    1    1    1    1    0    1    1
                 ⋮
 1    0    1    1    1    1    1    1
 0    1    1    1    1    1    1    1
```

3. 判别闭合键的键号

方法是对键盘上的列线进行扫描,扫描口 PA 依次输出。相应地顺次读出 PC 口的状态。若 PC 口全为"1",则列线输出为"0"的这一列上没有键闭合;否则,这一列上有键闭合。闭合键的键号等于为低电平的列号加上为低电平的行的首键号。例如,PA 口的输出为 11111101 时,读出 PC 口为1101,则 1 行 1 列相交的键处于闭合状态,第一行的首键号为 8,列号为 1,闭合键的键号为:

$$N = 行首键号 + 列号 = 8 + 1 = 9$$

键输入子程序的流程如图 4-59 所示。

汇编程序设计如下:

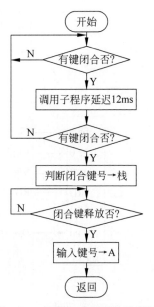

图 4-59　键输入子程序的流程图

```
KEY1:   ACALL  KS1          ;调用判断有无键按下子程序
        JNZ  LK1            ;有键按下时,(A)≠0,转消抖延时
        AJMP  KEY1          ;无键按下返回
LK1:    ACALL  T12MS        ;调延时 12ms 子程序
        ACALL  KS1          ;查有无键按下,若有则为键确实按下
        JNZ  LK2            ;键按下,(A)≠0,转逐列扫描
        AJMP  KEY1          ;无键按下返回
LK2:    MOV  R2, #0FEH      ;首列扫描字入 R2
        MOV  R4, #00H       ;首列号入 R1
LK4:    MOV  DPTR, #7F01H   ;列扫描字送至 8155PA 口
        MOV  A , R2         ;第一次列扫描
        MOVX  @DPTR, A      ;使第 0 列线为 0
        INC  DPTR          ;指向 8155PC 口
        INC  DPTR
        MOVX  A, @DPTR      ;8155PC 口读入行状态
        JB  ACC.0, LONE    ;第 0 行无键按下,转查第 1 行,ACC.0 = 0 时为有键按下
        MOV  A, #00H        ;第 0 行有键按下,该行首键号 #00H→A
        AJMP  LKP           ;转求键号
LONE:   JB  ACC.1,LTWO     ;第 1 行无键按下,转查第 2 行
        MOV  A, #08H        ;第 1 行有键按下,该行首键号 #08H→A
```

```
        AJMP  LKP
LTWO:   JB    ACC.2, LTHR          ;第2行无键按下,转查第3行
        MOV   A, #10H              ;第2行有键按下,该行首键号#10H→A
        AJMP  LKP
LTHR:   JB    ACC.3, NEXT          ;第3行无键按下,改查下一列
        MOV   A, #18H              ;第3行有键按下,该行首键号#18H→A
LKP:    ADD   A, R4                ;键号 = 行首键号 + 列号
        PUSH  ACC                  ;键号进栈保护
LK3:    ACALL KS1                  ;等待键释放
        JNZ   LK3                  ;未释放,等待
        POP   ACC                  ;键释放,键号→A
        RET                        ;键扫描结束,出口状态;(A) = 键号
NEXT:   INC   R4                   ;指向下一列,列号加1
        MOV   A, R2                ;判断8列扫描完没有
        JNB   ACC.7, KND           ;8列扫描完,返回
        RL    A                    ;扫描字左移一位,转变为下一列扫描字
        MOV   R2, A                ;扫描字入 R2
        AJMP  LK4                  ;转下列扫描
KND:    AJMP  KEY1
KS1:    MOV   DPTR, #7F01H         ;指向 PA 口
        MOV   A, #00H              ;全扫描字#00H = 00000000B
        MOV   @DPTR, A             ;全扫描字入 PA 口
        INC   DPTR                 ;指向 PC 口
        INC   DPTR
        MOVX  A, @DPTR             ;读入 PC 口行状态
        CPL   A                    ;变正逻辑,以高电平表示有键按下
        ANL   A, #0FH              ;屏蔽高4位
        RET                        ;出口状态:(A)≠0 时有键按下
T12MS:  MOV   R7, #18H             ;延迟 12ms 子程序
TM:     MOV   R6, #0FFH
TM6:    DJNZ  R6, TM6
        DJNZ  R7, TM
        RET
```

C51 程序如下：

```c
# include < absacc. h >
# include < reg51. h >
# define PA_8155 XBYTE[0x7f01]
# define PB_8155 XBYTE[0x7f02]
# define PC_8155 XBYTE[0x7f03]
# define uchar unsigned char
    uchar key;
void delay()
{ unsigned int t1, t2;
    for(t1 = 50; t1 > 0; t1 -- );
    for(t2 = 200; t2 > 0; t2 -- );
}

unsigned char code_h, code_l, i1;
void main()
```

```
    {
        while(1)
        {
        PA_8155 = 0x00;
        code_h = PC_8155;
        code_h = ~code_h;
        code_h = code_h&0x0f;
            if(code_h!= 0)
            {
                delay();
                code_h = PC_8155;
                code_h = ~code_h;
                if(code_h!= 0)
                {
                    PA_8155 = 0xfe;
                    for(i1 = 0; i1 < 8; i1++)
                    {
                            PC_8155 = code_h;
                            code_l = PA_8155;
                            if(code_h == 0xf0)
                            {
                                code_l = (code_l << 1)|0x01;
                            }
                            else break;
                    }
                    PA_8155 = 0xff;
                    while(PA_8155!= 0xff);
                    code_h = code_h&0x0f;
                    key = code_h * 4 + code_l;
                }
            }
        }
    }
```

4.7 显示器接口电路

显示器是计算机的主要输出设备，它把运算结果、程序清单以字符的形式显示出来，供用户阅读。目前常用的显示器有数码管显示器（LED）、液晶显示器（LCD）以及 CRT 显示器等。

4.7.1 LED 显示器

1. LED 显示器的组成与工作原理

LED 显示器的外形结构如图 4-60(a)所示，由 8 个发光二极管构成，可用来显示 0~9、A、B、C、D、E、F 及小数点"."等字符。其中，把各二极管的阳极连接在一起，称为共阳极数码管；把各二极管的阴极连接在一起，称为共阴极数码管，如图 4-60(b)所示。

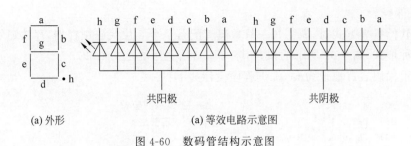

(a) 外形　　　　　　　　(a) 等效电路示意图

图 4-60　数码管结构示意图

当某个二极管导通时,相应的字段发亮。这样,若干二极管导通,就构成一个字符。显然每个字符对应有若干发光二极管。在共阴极数码管中,导通的二极管用 1 表示,其余用 0 表示。这些 1、0 数符按一定的顺序排列,就组成所要显示字符的显示代码。例如,对共阴极数码管来说,阳极排列顺序为 hgfedcba。这样,字符 1 的显示代码为 00000110,字符 F 的显示代码为 01110001,用十六进制表示分别为 06H 和 71H。若要显示某一字符,就在二极管的阳极按显示代码加以高电平,阴极加低电平即可。显示代码如表 4-14 所示,按照显示字符顺序排列。

表 4-14　常用字形段码表

显 示 字 符	共阴极段选码	共阳极段选码	转换代码表地址
0	3FH	C0H	m+0H
1	06H	F9H	m+1H
2	5BH	A4H	m+2H
3	4FH	B0H	m+3H
4	66H	99H	m+4H
5	6DH	92H	m+5H
6	7DH	82H	m+6H
7	07H	F8H	m+7H
8	7FH	80H	m+8H
9	6FH	90H	m+9H
A	77H	88H	m+AH
B	7CH	83H	m+BH
C	39H	C6H	m+CH
D	5EH	A1H	m+DH
E	79H	86H	m+EH
F	71H	8EH	m+FH
"灭"黑	00H	FFH	m+10H
P	73H	8CH	m+11H
.	80H	7EH	m+12H

注:m 代表段码表所在内存的首地址

显然,显示代码与要显示的字符并不一致,因此若要显示某一字符,必须找到相应的显示代码送到数码管的阳极端(共阴极)。目前这一工作可由软件查表的方式来实现,也可由硬件电路译码产生。

1）软件查表方式

采用软件查表方式时，需为每一只数码管配备一个 8 位代码锁存器，存放显示代码。锁存器有多种形式，图 4-61 所示的仅是其中的一种，选用的是 74LS273。

设显示代码表首地址为 m，汇编程序设计如下：

```
DISP:   MOV   A, ♯data           ;A← 要显示的数符
        MOV   DPTR, ♯m           ;DPTR← 表首地址
        MOVC  A, @A + DPTR       ;查表
        MOV   DPTR, ♯ADDR        ;DPTR← 数码管口地址
        MOVX  @DPTR, A
        M   DB 3FH, 06H, 5BH, 4FH, …
```

2）硬件译码方式

硬件译码方式是用译码器把要显示的字符转换成显示代码。目前已有专用芯片，可把 4 位二进制数转换成对应的显示代码。例如 Motorola 公司生产的 MC14495 就是一种 CMOS BCD-七段十六进制锁存译码驱动器，其组成逻辑如图 4-62 所示，真值表如表 4-15 所示。

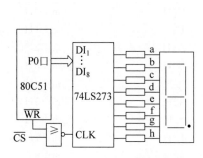

图 4-61　显示代码锁存器

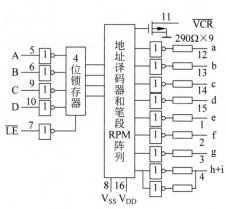

图 4-62　MC14495 内部结构与引脚

表 4-15　MC14495 真值表

D	C	B	A	h+i	g	f	e	d	c	b	a	显　　示
0	0	0	0	0	0	1	1	1	1	1	1	0
0	0	0	1	0	0	0	0	0	1	1	0	1
0	0	1	0	0	1	0	1	1	0	1	1	2
0	0	1	1	0	1	0	0	1	1	1	1	3
0	1	0	0	0	1	1	0	0	1	1	0	4
0	1	0	1	0	1	1	0	1	1	0	1	5
0	1	1	0	0	1	1	1	1	1	0	1	6
0	1	1	1	0	0	0	0	0	1	1	1	7
1	0	0	0	0	1	1	1	1	1	1	1	8
1	0	0	1	0	1	1	0	1	1	1	1	9
1	0	1	0	1	1	1	1	0	1	1	1	A
1	0	1	1	1	1	1	1	1	1	0	0	B

续表

D	C	B	A	h+i	g	f	e	d	c	b	a	显 示
1	1	0	0	1	0	1	1	1	0	0	1	C
1	1	0	1	1	1	0	1	1	1	1	0	D
1	1	1	0	1	1	1	1	1	0	0	1	E
1	1	1	1	1	1	1	1	0	0	0	1	F

MC14495 除能译码显示 BCD 码之外,还能译码显示 A、B、C、D、E、F,其引脚功能如下。

A、B、C、D：4 位二进制数输入端。

$\overline{LE}$：锁存器输入选通信号。当 $\overline{LE}$ 为低电平时,二进制数输入锁存；当 $\overline{LE}$ 为高电平时,译码输出。

a、b、c、d、e、f、g：译码信号输出端,输出显示代码。

h+i：显示数据≥10 标志。当输入数据≥10 时,h+i 为高电平；否则,为低电平。

$\overline{VCR}$：显示数据为 15 标志。当输入数据为 15 时,VCR 为低电平；否则,为高电平。

另外,在 MC14495 内部设有 290Ω 的限流电阻,故与 LED 显示器可直接连接,如图 4-63 所示。其中 P1.3～P1.0 输出 4 位二进制数,P1.6 和 P1.7 控制二进制数的锁存与显示。

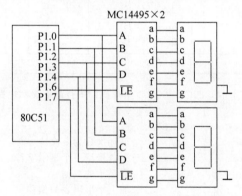

图 4-63　MC14495 与 LED 显示器的连接

除了 MC14495 之外,用于显示译码的集成电路还有 MC14493、MC14499、74LS47/48/49 等,用户使用时请参阅有关器件手册。

2. 静态显示和动态显示

显示器有静态显示和动态显示两种方式。所谓静态显示就是需要显示的字符的各字段连续通电,所显示的字段连续发光。所谓动态显示就是所需显示字段断续通以电流,在需要多个字符同时显示时,可以轮流给每一个字符通以电流,逐次把所需显示的字符显示出来。

4.7.2　89C51/80C51 单片机与 LED 显示器的接口电路

下面来分析 89C51/80C51 单片机与 LED 显示器的两种接口电路方式：静态显示和动态显示。

1. 静态显示电路

89C51/80C51 单片机可用本身的静态端口（P1 口）或扩展的 I/O 端口直接与 LED 电路连接，也可利用本身的串行端口 TXD 和 RXD 与 LED 电路连接。由于 TXD、RXD 可运行在工作方式 0，这样可方便地连接移位寄存器，如图 4-64 所示。

图 4-64 中 74LS164 为移位寄存器。单片机的 P3.3 用于显示器的输入控制，显示程序先将其置 1，然后再进行显示数据的输入。设要显示的数据存放在 68H～6FH 中。

静态显示汇编程序设计如下：

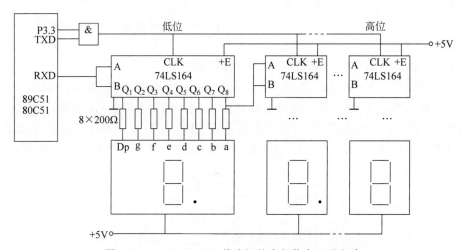

图 4-64　89C51/80C51 单片机的串行静态显示电路

```
DIR:    SETB   P3.3
        MOV    R7, #08H          ;循环次数为 8 次
        MOV    R0, #6FH          ;先送最后一个显示字符
DI0:    MOV    A, @R0            ;取显示的数据
        ADD    A, #e             ;加上字形码表的偏移量
        MOVC   A, @A+PC          ;取字形码
        MOV    SBUF, A           ;送出显示
DI1:    JNB    TI, DI1           ;查询输出完否
        CLR    TI
        DEC    R0
        DJNZ   R7, DI0
        CLR    P3.3
        RET
TBT  DB  0C0H, 0F9H, 0A4H
TBL1 DB  0B0H, 99H, 92H
TBL2 DB  82H, 0F8H, 80H
TBL3 DB  90H, 00H, 00H
```

静态显示 C51 程序设计如下：

```c
#include<reg51.h>
unsigned char dis_buf[8];
unsigned char code table[10] = {0xc0, 0xf9, 0xa4, 0xb0, 0x99, 0x92, 0x82, 0xf8, 0x80, 0x90}
    void disp()
```

```
{   unsigned char i;
    for(i = 0; i < 8; i++)
    {
        SBUF = table[dis_buf[i]];
        while(TI == 0);
        TI = 0;
    }
}
```

这里,单片机只需将数据送串行口并输出即可,点亮过程由硬件线路来完成。

2. 动态显示电路

动态显示控制的基本原理是,89C51单片机依次发出段选控制字和对应哪一位LED显示器的位选控制信号,显示器逐个循环点亮。适当选择扫描速度,利用人眼"留光"效应,使得看上去好像这几位显示器同时在显示一样。而在动态扫描显示控制中,同一时刻,实际上只有一位LED显示器被点亮,如图4-65所示。

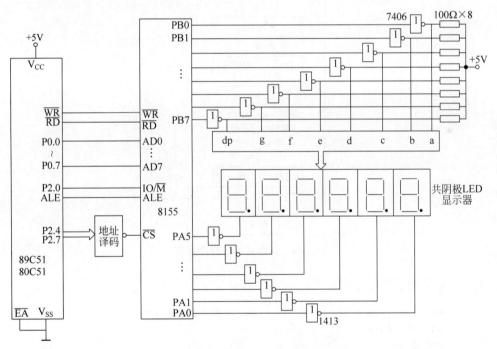

图 4-65 89C51单片机的动态显示电路

图4-65为8155A扩展I/O控制的6位共阴极LED动态显示接口电路。图中,PB口输出段选码,PA口输出位选码,位选码占用输出口的线数决定于显示器位数,比如6位就要占6条。逐位轮流点亮各个LED,每一位保持1ms,在10~20ms之内再一次点亮,重复不止。这样,利用人的视觉暂留,好像6位LED同时点亮了。

在主程序中,对8155A的PA口和PB口设置为基本输出方式,设PA口地址为7F01H,PB口地址为7F02H。

动态显示子程序流程如图4-66所示。

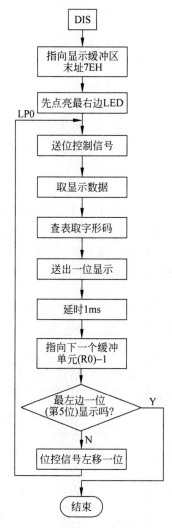

图 4-66　动态显示子程序流程

动态显示汇编子程序设计如下：

```
DIS:    MOV  R0, ＃7EH              ;显示缓冲区末地址→R0
        MOV  R2, ＃01H
        MOV  A, R2
LP0:    MOV  DPTR, ＃7F01H          ;8155 的 PA 口地址→DPTR
        MOVX @DPTR, A
        INC  DPTR                  ;数据指针指向 8155 的 PB 口
        MOV  A, @R0                ;取显示数据
        ADD  A, ＃0DH              ;加上偏移量
        MOVC A,@A + PC             ;取出字形码
        MOVX @DPTR, A              ;送出显示
        ACALL DIMS                 ;调延时子程序
        DEC  R0                    ;数据缓冲区地址减 1
        MOV  A, R2
        JB ACC.5, LP1              ;扫描到最左面的显示器了吗?
```

```
        RL   A                        ;没有到,左移一位
        MOV  R2, A
        AJMP LP0
LP1:    RET
CODE    DB 3FH, 06H, 5BH, 4FH, 66H, 6DH
        DB 7DH, 07H, 7FH, 6FH, 77H, 7CH
        DB 39H, 5EH, 79H, 71H


DIMS:   MOV  R7, #02H                  ;延时 1ms 子程序
DL:     MOV  R6, #0FFH
DL1:    DJNZ R6, DL1
        DJNZ R7, DL
        RET
```

动态显示 C51 子程序设计如下:

```
#include <absacc.h>
#include <reg51.h>
#define PA_8155 XBYTE[0x7f01]
#define PB_8155 XBYTE[0x7f02]
#define PC_8155 XBYTE[0x7f03]
#define unchar unsigned char
unsigned char dis_buf[6];
unsigned char code
table[18] = {0x3f, 0x06, 0x5b, 0x4f, 0x66, 0x6d, 0x7d, 0x07, 0x7f, 0x6f, 0x77, 0x7c, 0x39,
0x5e, 0x79, 0x71}
void dl_1ms()
{   data unsigned int i;
for(i = 0; i < 200; i++);
}
void disp()
{
data unchar segcode, bitcode, i;
bitcode = 0x01;
for(i = 0; i < 6; i++)
    {
        PA_8155 = bitcode;
        segcode = dis_buf[i];
        PB_8155 = table[segcode];
        dl_1ms();
        PA_8155 = 0xff;
        bitcode = bitcode << 1;
    }
}
```

4.7.3 LCD 显示器

LCD 显示器是一种功耗极低的被动式显示器件,广泛使用在便携式仪表或低功耗显示设备中。LCD 有以下明显的优点:工作电流比 LED 小几个数量级,所以其功耗很低;尺寸小,厚度约为 LED 的 1/3;字迹清晰、美观;寿命长(国内可达 50000h),使用方便。因此,人

们会在袖珍仪表中越来越多地用 LCD 取代 LED。

1．LCD 显示器的组成与工作原理

LCD 显示器是一种被动式显示器件，本身不发光，需借助于自然光或外光源才能显示字符或图像。依靠自然采光方式结构简单，价格低廉，但是在自然光暗淡时效果欠佳。依靠外光源方式是在显示器的背面设置一个平板式面光源，以提高显示器的亮度。

LCD 显示器的结构如图 4-67 所示，主要由液晶材料、上下电极、上下电极基板、上下偏振片以及反射板构成。由于液晶具有一定的光学特性，比如各向异性、双折射等，在电场的控制下晶体排列发生变化，因此折射率随之改变。当上下电极之间加一定的电压时，晶体的排列方向改变，入射光无法到达反射板而形成反射光，呈现黑色；或者发生散射而呈现不同的颜色。根据这一特性，可制成不同类型的显示器。

图 4-67　LCD 显示器基本结构

LCD 显示器可在低电压(3～6V)低功耗(0.3～100mW)的条件下工作，可与 CMOS 电路直接匹配，常见的有笔段显示器、点阵字符显示器和点阵图形显示器。市售各种液晶显示板显示的数字有 3 位(如 3555)、4 位(如 YXY4501)、5 位(如 YXY5001)、8 位(如 YXY8001)等。显示字形的笔画同 LED 显示器，也有 a～g 共 7 个，小数点和其他一些符号也作为一个电极出现。

2．LCD 显示器的驱动方式

7 段液晶显示器的电极分配如图 4-68(a)所示，驱动电路如图 4-68(b)所示。LCD 仅表示一个显示笔段，当上下电极的电压相位相同时，两极间相对电压为 0，笔段不显示；当上下电极的电压相位相反时，两极间相对电压为驱动(方波)电压的 2 倍，笔段呈现黑色。显示器工作时，A 端接公共电极(一般为背极)，输入 30～150Hz 恒定方波信号；B 端接前极，输入控制信号。当 B=0 时，异或门的输出端 C 与 A 信号同相，极间电压为 0，故不显示；当 B=1 时，C 与 A 异相，极间电压为方波幅度的 2 倍，笔段显示。

在构成显示器时，7 段 LCD 显示器需要配备笔段译码器，将 4 位 BCD 码翻译成显示代码，如图 4-69 所示。其中，CD40568B 是专供液晶显示器的 7 段 CMOS 译码驱动器，ST 是输入锁存信号输入端，DFIN 是方波输入端。在构成多位显示器时，译码驱动器每位一个。

目前，LCD 显示器的驱动方式主要有两种，即静态驱动方式和动态驱动方式。其中，静态驱动方式是指每一个像素都有单独的引出电极，需要给引出电极施加驱动电压，也就是每一个笔段有一个驱动电路。这样，显示位数增多时，电路复杂，因此仅适用于显示位数较少的笔段式 LCD。动态驱动方式也称为多路切换驱动方式。当像素排列成阵列时，以时分扫描方式循环地向每一行像素的电极施加选择脉冲，向该行所有列的电极施加驱动脉冲，逐行顺序进行，当循环周期足够小时，依靠人眼视觉的暂留现象保持稳定的显示效果。

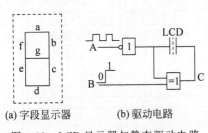

图 4-68 LCD 显示器与静态驱动电路

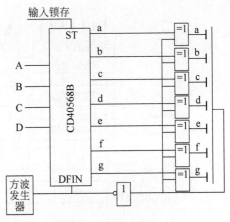

图 4-69 7 段 LCD 显示器

4.7.4 89C51 单片机与 LCD 显示器的接口电路

要完成 LCD 接口并显示，首先要选好译码驱动电路，并对输入有锁存功能。目前使用较多的是 4056 芯片，但它一次只能驱动 LCD 显示一位数，且片内无基准信号，需外加振荡器及外围元件。若显示 4 位数，为了轮流选通各位，还要增加一个译码电路。这样使电路复杂，使用不便。美国 TELEDYNE SEMICONDUCTOR 公司生产的 TSC7211AM 芯片，可用一片驱动 LCD 显示 4 位数。若通过简单级联，可扩展显示 8 位数，使用简单、方便、价格不贵，适于推广。由于 TSC7211AM 内有基准信号发生器和位选电路，因此不用外接振荡器与译码器，而且与微机总线兼容，输入线可直接与微机相连。此外，TSC7211AM 的内部电路还能确保段与背极信号间的直流偏置为 0，延长了 LCD 的寿命。

1. 7211 芯片介绍

LCD 的显示方式与 LED 不大相同，它没有加低（或高）电平的共阴（或共阳）极公共端，但它的公共电极（背极）需加 25～100Hz 的方波信号。

TSC7211AM 是 40 个引脚双列直插塑料封装集成电路芯片，原理框图如图 4-70 所示。

TSC7211AM 芯片具有上面所要求的接口条件，有锁存数据功能，并可将 4 位输入数据译成 7 段码，经驱动加到 LCD 显示器的各笔画电极上。

TSC7211AM 电路由基准信号发生电路、数据输入至显示通道、位选部分和片选部分组成。下面分别介绍。

1）基准信号发生电路

TSC7211AM 片内有一多谐振荡器生成 LCD 背极信号。36 引脚的不同连接可构成三种不同的工作方式。当 36 引脚开路时，电源接通即可产生 16kHz 方波，经分频后可输出稳定的 125Hz 信号（即 LCD 的背极信号）；若 36 引脚与电源间接一电容，当电容为 22pF 时，5 引脚输出频率为 20 多 Hz；若 36 引脚直接接地，5 引脚无背极信号输出，这一功能可在扩展显示中得到应用。

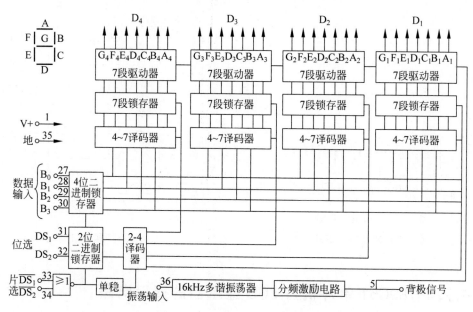

图 4-70 TSC7211AM 原理框图

2）数据输入至显示通道

这部分由 4 位（二进制）锁存器、4～7 译码器、7 段锁存器及 7 段驱动器组成。

由于 TSC7211AM 与微机总线兼容，其 4 根数据输入线可直接与 CPU 相连。TSC7211AM 将这 4 位二进制数解码形成代码 B 输出。其关系如表 4-16 所示。

代码 B 中的低十位为十进制数字 0～9，对应 BCD 码为 0000～1001。代码 B 的最高位为"暗"，作为清除显示数字用；其他 5 位码可用于报警和其他功能。

TSC7211AM 位输出线由它所在的位与段来定义。位由高到低（D4、D3、D2、D1）共 4位，每位又由 7 段（A、B、C、D、E、F、G）组成。

表 4-16 二进制输入解码值关系表

二进制输入				代　码
B_3	B_2	B_1	B_0	B
0	0	0	0	0
0	0	0	1	1
0	0	1	0	2
0	0	1	1	3
0	1	0	0	4
0	1	0	1	5
0	1	1	0	6
0	1	1	1	7
1	0	0	0	8
1	0	0	1	9
1	0	1	0	-
1	0	1	1	E
1	1	0	0	H

续表

二 进 制 输 入				代 码
B_3	B_2	B_1	B_0	B
1	1	0	1	L
1	1	1	0	P
1	1	1	1	暗

3）位选部分

这部分由 2 位（二进制）锁存器与 2-4 译码器组成。位选输入信号可以直接与微机相连。位选信号与位输出的关系如表 4-17 所示。

表 4-17　位选信号二与位输出的关系

位 选 信 号		选通显示位
DS_2	DS_1	
0	0	D_4（千位）
0	1	D_3（百位）
1	0	D_2（十位）
1	1	D_1（个位）

4）片选部分

由负逻辑"或非"门与单稳态组成。若片选信号（$\overline{CS1}$、$\overline{CS2}$）均为低电平，"或非"门输出高电平，使 4 位和 2 位锁存器打开。若片选信号有一个出现上升沿，就能使数据、位选输入进行数据锁存、译码，并给出驱动信号。

ICM7211 芯片与 TSC7211AM 略有不同。后者用位选端 DS1、DS2 和片选端 $\overline{CS1}$、$\overline{CS2}$ 共同选通 LCD 的 D4、D3、D2、D1（千、百、十、个位）的 4 位，而 ICM7211 直接用输入端 D4～D1（34～31 引脚，高电平有效）选通 LCD 的 D4～D1 位显示，其他相同，使用时注意。

2. 89C51 单片机与 ICM7211 接口及显示程序

图 4-71 为 89C51/80C51 单片机与 8155A、ICM7211、YXY4501 连接的键盘/LCD 显示实用电路图。

用 7211 直接连接液晶显示板 YXY4501 实现 4 位显示的程序流程图如图 4-72 所示。4 位（千、百、十、个位）欲显示的 BCD 码放入 32H～35H 单元，半位（万位 0 或 1）放入 30H 单元，小数点的控制位放入 31H 单元。

显示子程序汇编程序设计如下：

```
LCDDIR: MOV  DPTR, #4100H        ;8155A 初始化
        MOV  A, #0FH             ;PA、PB、PC 为输出口
        MOVX @DPTR, A
        MOV  R0, #32H
        MOV  R1, #04H            ;4 位显示
        MOV  R3, #10H            ;首位位选字#10H送R3
DIR1:   MOV  DPTR, #4101H        ;指向 PA 口
        MOV  A, R3
        MOVX @DPTR, A
```

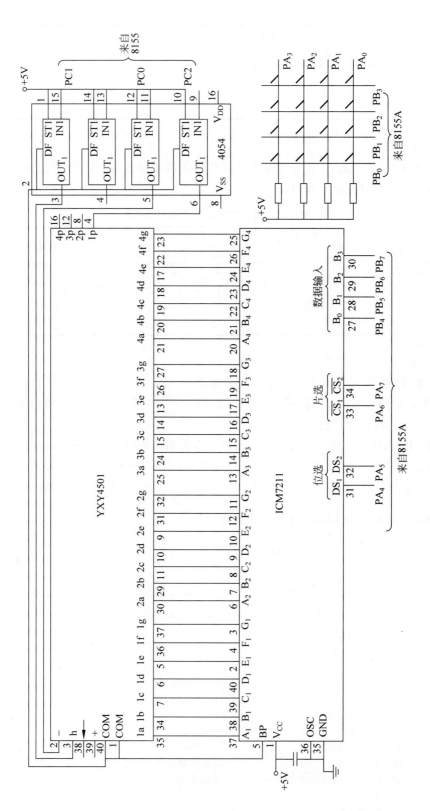

图 4-71　89C51/80C51 单片机与 8155A,ICM7211,YXY4501 连接的键盘/LCD 显示实用电路图

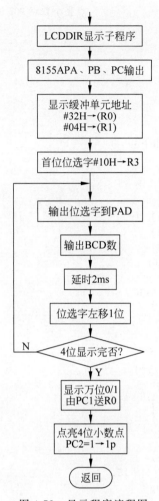

图 4-72　显示程序流程图

```
INC   DPTR                      ;指向 PB 口
MOV   A, @R0                    ;BCD 码送 A(低 4 位)
SWAP  A                        ;BCD 码交换到高 4 位
MOVX  @DPTR, A                  ;输出 BCD 码
ACALL TIME                     ;延时 2ms
MOV   A, R3
RL    A                        ;位选字左移 1 位
MOV   R3, A
INC   R0
DJNZ  R1, DIR1                  ;4 位未显示完转 DIR1
MOV   R0, #30H                 ;万位送 R0
CJNE  @R0, #01H, DIR2
INC   DPTR                      ;指向 PC 口
MOV   A, #02H
MOVX  @DPTR, A                  ;显示万位
ACALL TIME
MOV   R0, #31H                 ;小数点控制位送 R0
CJNE  @R0, #01H, DIR2
MOV   A, #04H
```

```
              MOVX  @DPTR, A                    ;点亮小数点 PC2 送 1p
              ACALL  TIME
DIR2:   RET
TIME:   MOV  R7, ♯04H
TM2:    MOV  R6, ♯0FFH
TM1:    DJNZ  R6, TM1
        DJNZ  R7, TM2
        RET
```

显示子程序 C51 程序设计如下：

```
♯include < absacc. h >
♯include < reg51. h >
♯define COM_8155 XBYTE[0x4100]
♯define PA_8155 XBYTE[0x4101]
♯define PB_8155 XBYTE[0x4102]
♯define PC_8155 XBYTE[0x4103]
data unsigned char R0 _at_ 0x00;
♯define unchar unsigned char
unsigned char dis_buf[6] _at_ 0x30;
void dl_2ms()
{   data unsigned int i;
for(i = 0; i < 400; i++);
}
void disp()
{
data unchar segcode, bitcode, i;
bitcode = 0x10;
for(i = 2; i < 6; i++)
        {
            PA_8155 = bitcode;
            segcode = dis_buf[i] * 16;
            PB_8155 = segcode;
            dl_2ms();
            bitcode = bitcode << 1;
        }
if(dis_buf[0] == 0x01)
PB_8155 = 0x02; dl_2ms();
if(dis_buf[1] == 0x01)
PB_8155 = 0x04; dl_2ms();
}
```

思考题与习题

1. 以 80C51 为主机的系统，采用 2 片 2764 EPROM 芯片扩展 16KB 程序存储器，请设计出硬件结构图。

2. 在一个 80C51 应用系统中扩展一片 2764、一片 8155A 和一片 6264，试画出系统框图，并指出所扩展的各个芯片的地址范围。

3. 图 4-73 是 74LS138 4 片 8K×8 位存储器芯片的连接图。请确定每片存储器芯片地址的范围。

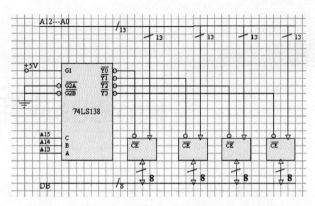

图 4-73　74LS138 扩展 4 片存储器芯片连接图

4. 设单片机采用 80C51,未扩展片外 ROM,片外 RAM 采用一片 6116。编程将片内 RAM 从 100H 单元开始 10 字节的内容依次外移到片外 RAM 从 100H 单元开始的 10 字节中去。

5. 试编程对 8155A 进行初始化。设 A 口为选通输出,B 口为基本输入,C 口作为控制联络口,并启动定时器/计数器按方式 1 工作,定时时间为 10ms,定时器计数脉冲频率为单片机的时钟频率 24 分频,$f_{osc} = 12MHz$。

6. 试设计符合下列要求的 80C51 微机系统:外接 8KB 程序存储器(用一片 2764),有两个 8 位扩展输出口(用两片 74LS377)要选通、点亮 6 个数码管。

7. 在一个 80C51 应用系统中,80C51 以中断方式通过并行接口 74LS244 读取 A/D 器件 MC14433 的转换结果。试画出有关逻辑电路,并读取 A/D 结果的中断服务程序。

8. 在一个 f_{osc} 为 12MHz 的 80C51 系统中接有一片 D/A 器件 DAC0832,它的地址为 7FFFH,输出电压为 0~5V。请画出有关逻辑框图,并编写一个程序,使其运行后能在示波器上显示出锯齿波(设示波器 X 方向扫描频率为 50us/格,Y 方向扫描频率为 1V/格)。

9. 在一个 f_{osc} 为 12MHz 的 80C51 系统中接有一片 A/D 器件 ADC0809,它的地址为 7FF8H~7FFFFH。试画出逻辑框图,并编写 ADC0809 初始化程序和定时采样通道 2 的程序。(假设采样频率为 1ms 一次,每次采样 4 个数据,存于 80C51 内部 RAM 的 70H~73H 中)

10. 用 80C51 的 P1 口作 8 个按键的独立式键盘接口。试画出其中断方式的接口电路及相应的键盘处理程序。

11. 试说明非编码键盘的工作原理。如何去键抖动? 如何判断键是否释放?

12. 试设计一个用 8155A 与有 32 个按键的键盘连接的接口电路。编写程序实现以下功能:用 8155A 定时器定时,每隔 2s 读一次键盘,并将其读入的键值存入 8155A 片内 RAM40H 开始的单元中。

13. 在一个 80C51 单片机与一片 DAC0832 组成的应用系统中,DAC0832 的地址为 7FFFH,输入电压为 0~5V。试画出有关电路原理图,并编写产生矩形波,其波形占空比为 1:4,高电平时电压为 2.5V,低电平时为 1.25V 的转换程序。

14. 在一个由 80C51 单片机与一片 ADC0809 组成的数据采集系统中,ADC0809 的地址为 7FF8H~7FFFH。试画出有关电路原理图,并编写出每隔 1min 轮流采集一次 8 个通道数据的程序。共采样 100 次,其采样值存入片外 RAM,地址从 3000H 开始。

第5章

Proteus应用指南

Proteus 是英国 Labcenter 公司于 1989 开发的嵌入式系统仿真软件,组合了高级原理图设计工具 ISIS,混合模式 SPICE 仿真、PCB 设计以及自动布线而形成了一个完整的电子设计系统。它运行于 Windows 操作系统上,可以仿真、分析各种模拟和数字电路,并且对 PC 的硬件配置要求不高。Proteus 现已经在全球 50 多个国家得到应用。该软件具有以下主要特点。

(1) 实现了单片机仿真和 SPICE(simulation program with integrated circuit emphasis)电路仿真相结合,具有模拟电路仿真、数字电路仿真、单片机及其外围电路仿真、RS232 动态仿真、I^2C 调试器、SPI 调试器、键盘和 LCD 系统仿真的功能。

(2) 支持主流单片机系统的仿真。包括 8051 系列、AVR 系列、PIC 系列、Z80 系列、68000 系列、HC11 系列以及各种外围芯片。

(3) 可以提供大量的元器件,涉及各种门电路和各种终端、各种放大器、各种激励源、各种微控制器、电阻、电容、二极管、三极管、MOS 管、变压器、继电器等;同时,也提供了许多虚拟测试仪器,如电流表、电压表、示波器、逻辑分析仪、信号发生器、定时/计时器等。

(4) 具有软硬件调试功能。支持第三方软件编译和调试环境,如 Keil C51 软件。

(5) 具有强大的原理图编辑及原理图后处理功能。

(6) Proteus VSM 虚拟系统模型组合了混合模式的 SPICE 电路仿真、动态器件和微控制器模型,实现了完整的基于微控制器设计的协同仿真,真正使在物理原型出来之前对这类设计的开发和测试成为可能。

Proteus 主要由 ISIS 和 ARES 两部分组成: ISIS——原理图设计、仿真系统,它用于电路原理图的设计并可以进行电路仿真(SPICE 仿真);ARES——印制电路板设计系统,它主要用于印制电路板的设计,产生最终的 PCB 文件。本书主要针对 Proteus 的电路原理图设计和利用 Proteus 实现数字电路、模拟电路以及单片机实验的仿真,故只对 ISIS 部分进行详细介绍。

5.1 Proteus ISIS 工作界面

在 Windows 7 系统下正确安装 Proteus 软件后,启动 Proteus ISIS 的方法非常简单,只要运行 Proteus ISIS 的执行程序即可。如图 5-1 所示,在 Windows 桌面选择"开始"→"所有程序"→Proteus 7 Professional→ISIS 7 Professional 选项,即可启动 Proteus ISIS 了。

Proteus ISIS 的工作界面是一种标准的 Windows 界面,如图 5-2 所示,主要包括标题

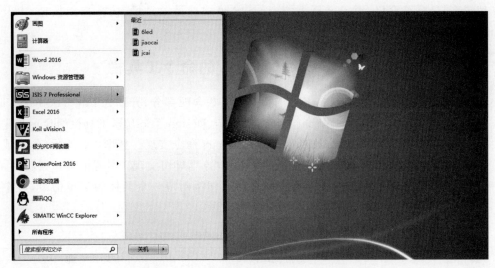

图 5-1 启动 Proteus ISIS 7 Professional

栏、菜单栏、工具栏（包括命令工具栏和模式选择工具栏）、状态栏、原理图编辑窗口、预览窗口、对象选择器窗口、仿真控制按钮、模拟旋转工具栏和旋转、镜像控制按钮。

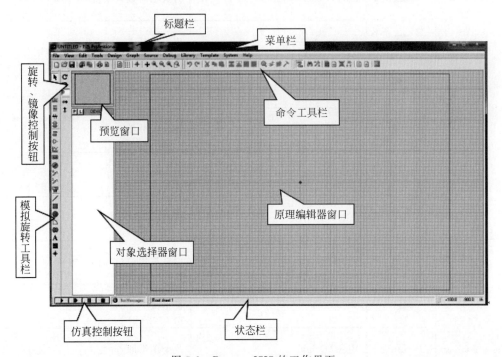

图 5-2 Proteus ISIS 的工作界面

其中，标题栏用于指示当前设计的文件名；状态栏用于指示当前鼠标指针的坐标值；原理图编辑窗口用于放置元器件，进行连线，绘制原理图；预览窗口用于预览选中对象，或用来快速实现以原理图中某点为中心显示整个原理图。

ISIS 中的大部分操作与 Windows 的操作类似。本章主要介绍 ISIS 的命令工具栏、原理图编辑窗口、预览窗口、对象选择器窗口、ISIS 模式选择工具栏、仿真控制按钮，以及旋转、镜像控制按钮。

图 5-3　工具栏菜单

5.1.1　ISIS 的命令工具栏

ISIS 的标准工具栏含四部分，分别为 File Toolbar、View Toolbar、Edit Toolbar、Design Toolbar，工具栏的显示与隐藏可通过 View→Toolbars 命令实现。如图 5-3 所示，勾选或去掉相应工具栏前面的"√"，即可实现工具栏的显示或隐藏。

工具栏中每个按钮都对应一个具体的菜单命令，各个按钮的功能如表 5-1 所列。

表 5-1　工具栏按钮功能

工 具 栏	按 钮	对应菜单项	功 能
File Toolbar		File/New Design	新建一个设计文件
		File/Load Design	打开已有设计文件
		File/Save Design	保存设计文件
		File/Import Section	导入部分文件
		File/Export Section	导出部分文件
		File/Print	打印文件
		File/Set Area	选择打印区域
View Toolbar		View/Redraw	刷新编辑窗口和预览窗口
		View/Grid	栅格开关
		View/Origin	改变图纸原点(左上角点/中心)
		View/Pan	选择图纸显示中心
		View/Zoom In	放大图纸

续表

工 具 栏	按 钮	对应菜单项	功 能
View Toolbar		View/Zoom Out	缩小图纸
		View/Zoom All	显示整张图纸
		View/Zoom to Area	整个视窗显示选中区域
Edit Toolbar		Edit/Undo	撤销
		Edit/Redo	恢复
		Edit/Cut to clipboard	剪切
		Edit/Copy to clipboard	复制(与粘贴按钮一起使用)
		Edit/Paste from clipboard	粘贴(与复制按钮一起使用)
		Edit/Copy Tagged Objects	复制粘贴选中对象(黏滞按钮)
		Edit/Move Tagged Objects	移动选中对象
		Rotate/Reflect Tagged Objects	旋转、镜像选中对象
		Delete All Tagged Objects	删除所有选中对象
		Library/Pick Devices/Symbol	从元器件库挑选元器件、设置符号等
		Library	显示可视的封装工具
		Library/Packaging Tool	将选中器件封装成元件并放入元件库
		Library/Decompose	分解元器件
Design Toolbar		Tools/Wire Auto Router	自动布线开关
		Tools/Search and Tag	查找

续表

工　具　栏	按　　钮	对应菜单项	功　　能
Design Toolbar	耂	Tools/Property Assignment Tool	属性分配工具
	🗎	Design/New Sheet	新建图层
	🗷	Design/Remove Sheet	删除图层
	🗏	Design/Exit to Parent	转到当前父图层
	 🗒	Tools/Bills of Materials/HTML Output	生成元件列表（按 HTML 格式输出）
	🗒	Tools/Electrical Rule Check	生成电气规则检查报告
	ARES	Tools/Netlist to ARES	借助网络表转换为 ARES 文件

5.1.2　ISIS 原理图编辑窗口

ISIS 原理图编辑窗口是用来绘制和编辑原理图的。虚线方框内是可编辑区,元器件需要放在该区域内。特别注意:对此窗口的操作与其他 Windows 应用软件不同的是,此窗口没有滚动条,可通过预览窗口来改变原理图的可视范围。为了方便作图,在原理图编辑窗口内设置有点状栅格,点与点之间的间距由当前捕捉的设置决定。捕捉的尺度可以由 View菜单的 Snap 命令设置,或者直接使用快捷键 F4、F3、F2 和 F1,如图 5-4 所示。

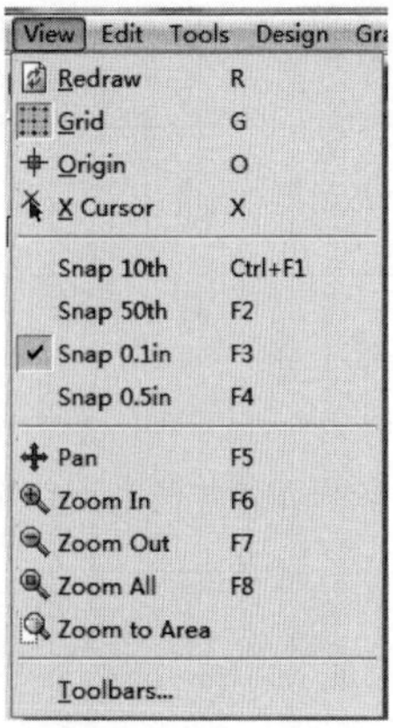

图 5-4　View 菜单项

若按 F3 键或者选择 View→Snap 0.1in 命令($1in=1\times10^3$th=25.4mm),当鼠标指针在编辑窗口内移动时,可以注意到在状态栏中的坐标值是以固定的步长值 100th 变化的,这称为栅格间距捕捉。通过不同间距的设置以满足不同作图过程的需要。如果想要确切地看到捕捉位置,可以选择 View→X Cursor 命令。一次选择,将在捕捉点显示一个小的交叉十字;再次选择,捕捉点显示一个大的交叉十字;再次选中,则恢复到不显示交叉点状态。编辑窗口内有无点状栅格,可以通过选择 View→Grid 命令进行切换。

在绘制原理图过程中,经常要用的操作是调整原理图编辑窗口所显示的区域,可以通过对视图的移动和缩放来实现,常用操作方式有三种。

(1) 选择 View→Pan 命令,然后将光标移到指定位置单击,或者将光标移到指定位置后按 F5 键,此操作可实现以光标所在位置为中心点,对原视图进行移动。

（2）单击预览窗口中想要显示的位置，使编辑窗口显示以单击处为中心的内容。

（3）将鼠标指针指向编辑窗口并按缩放键或者操作鼠标的滚动键，则会以鼠标指针位置为中心，对视图进行缩放，并重新显示。

5.1.3 ISIS 预览窗口

ISIS 预览窗口可以显示两个内容。一个是从对象选择器窗口中选中的对象（一般是元件的预览图），另一个是原理图编辑窗口中的全部原理图。当从对象选择器窗口中选中对象时，预览窗口显示的是选中的对象。此时，如果在原理图编辑窗口内单击，预览窗口内的对象将被放置到原理图编辑窗口，这就是 Proteus ISIS 的放置预览特性。当预览窗口显示全部原理图时，在预览窗口中有两个框，蓝框表示当前页的边界，绿框表示当前原理图编辑窗口显示的区域，此时鼠标在绿框单击，可改变原理图的可视范围。

Proteus ISIS 的放置预览特性可以在下列情况下被激活：

（1）当为一个可以设定朝向的对象选择器类型图标时；

（2）当使用镜像或旋转按钮时；

（3）当一个对象在对象选择器窗口中被选中时；

（4）当放置对象或者执行其他非以上操作时，放置预览会自动消除。

5.1.4 ISIS 对象选择器窗口

在程序设计中的对象，是一种将行为（操作）和状态（数据）合成到一起的软件构造，用来描述真实世界的一个物理或概念性的实体。在 Proteus ISIS 中，元器件、图形符号、终端、图表、引脚、标注、虚拟仪器和发生器等都被赋予了物理属性和操作方法，它们就是一个软件对象。

在工具箱中，系统集成了大量的与绘制电路图有关的对象。选择相应的工具箱图标按钮，系统将提供不同的操作功能。

在对象选择器中，系统根据选择不同的工具箱图标按钮决定当前状态显示的内容。通过对象选择器按钮 P，可以从 Proteus 提供的元器件库中提取需要的元器件，并将其置入对象选择器窗口中，供绘图时使用。为寻找和使用元器件方便，将元器件目录及常用元器件名称中英文对照列在表 5-2 中。

表 5-2 元器件目录及常用元器件名称中英文对照

元器件目录名称		常用元器件名称	
英　文	中　文	英　文	中　文
Analog Ics	模拟集成芯片	Ammeter	电流计
Capacitors	电容	Voltmeter	电压计
CMOS 4000 series	CMOS 4000 系列	Battery	电池/电池组
Connectors	连接器（座）	Capacitor	电容器
Data Converters	数据转换器	Clock	时钟
Debugging Tools	调试工具	Crystal	晶振
Diodes	二极管	D-FilpFlop	D 触发器

元器件目录名称		常用元器件名称	
英　文	中　文	英　文	中　文
ECL 10000 Series	ECL 10000 系列	Fuse	保险丝
Electromechanical	电机类	Ground	地
Inductors	电感器(变压器)	Lamp	灯
Laplace Primitives	常用拉普拉斯变换	LED	发光二极管
Memory ICS	存储芯片	LCD	液晶显示屏
Microprocessor ICs	微处理器	Motor	电机
Miscellaneous	杂类	Stepper Motor	步进电机
Modelling Primitives	模块原型	Power	电源
Operational Amplifiers	运算放大器	Resistor	电阻器
Optoelectronics	光电类	Inductor	电感
PLDs&FPGAs	PLDs 和 FPGAs 类	Switch	手动按钮开关
Resistors	电阻类	Virtual Terminal	虚拟终端
Simulator Primitives	仿真器原型类	Probe	探针
Speakers&Sounders	声音类	Sensor	传感器
Switches&Relays	机械开关(继电器类)	Decoder	解(译)码器
Switching Devices	电子开关器件	Encoder	编码器
Thermionic Valves	热离子管	Filter	滤波器
Transistors	晶体管	Optocoupler	光耦
TTL 74ALS series	TTL 74ALS 系列	Serial port	串行口
TTL 74 series	TTL 74 系列	Parallel port	并行口

5.1.5　ISIS 模式选择工具栏

ISIS 模式选择工具栏包括主模式图标、部件图标和 2D 图形工具图标，用来确定原理图编辑窗口的编辑模式，即选择不同的模式图标，在原理图编辑窗口单击鼠标将执行不同的操作。例如，选择 Junction dot 图标(选中图标呈凹陷状态)，然后在原理图编辑窗口单击，所执行的即为放置连接点操作。需要注意的是，和命令工具栏不同，模式选择工具栏没有对应的命令菜单项，并且该工具栏总呈现在窗口中，无法隐藏。各个模式图标所具有的功能如表 5-3 所示。

表 5-3　各模式图标功能

类　别	图　标	功　能
主模式图标		即时编辑任意选中的元器件
		选择元器件
		在原理图中放置连接点

续表

类　　别	图　　标	功　　能
主模式图标		在原理图中放置或编辑连线标签
		在原理图中输入新的文本或者编辑已有文本
		在原理图中绘制总线
		在原理图中放置子电路框图或者放置子电路元器件
部件图标		使对象选择器列出可供选择的各种终端(输入、输出、电源等)
		使对象选择器列出6种常用的元件引脚,用户也可从引脚库中选择其他引脚
		使对象选择器列出可供选择的各种仿真分析所需的图表(模拟图表、数字图表、A/C图表等)
		对原理图电路进行分割仿真时采用此模式,用来记录前一步仿真的输出,并作为下一步仿真的输入
		使对象选择器列出各种可供选择的模拟和数字激励源(直流电源、正弦激励源、稳定状态逻辑电平、数字时钟信号源和任意逻辑电平序列等)
		在原理图中添加电压探针,用来记录原理图中该探针处的电压值,可记录模拟电压值或者数字电压的逻辑值和时长
		在原理图中添加电流探针,用来记录原理图中该探针处的电流值,只能用于记录模拟电路的电流值
		使对象选择器列出各种可供选择的虚拟仪器(示波器、逻辑分析仪、定时、计数器等)
2D图形工具图标		使对象选择器列出可供选择的连线的各种样式,用于在创建元器件时画线或直接在原理图中画线
		使对象选择器列出可供选择的方框的各种样式,用于在创建元器件时画方框或直接在原理图中画方框
		使对象选择器列出可供选择的圆的各种样式,用于在创建元器件时画圆或直接在原理图中画圆
		使对象选择器列出可供选择的弧线的各种样式,用于在创建元器件时画弧线或直接在原理图中画弧线
		使对象选择器列出可供选择的任意多边形的各种样式,用于在创建元器件时画任意多边形或直接在原理图中画多边形
	A	使对象选择器列出可供选择的文字的各种样式,用于在原理图中插入文字说明

续表

类　别	图　标	功　能
2D图形工具图标	⑤	用于从符号库中选择符号元器件
	✛	使对象选择器列出可供选择的各种标记类型，用于在创建或编辑元器件、符号、各种终端和引脚时，产生各种标记图标

5.1.6　ISIS仿真控制按钮

交互式电路仿真是 ISIS 的一个重要部分，用户可以通过仿真过程实时观测到电路的状态和各个输出。仿真控制按钮主要用于交互式仿真过程的实时控制，其按钮功能如表 5-4 所示。

表 5-4　仿真控制按钮功能

类　别	按　钮	功　能
仿真控制按钮	▶	开始仿真
	▐▶	单步仿真。单击该按钮，则电路按预先设定的时间步长进行单步仿真。如果选中该按钮不放，电路仿真一直持续到松开该按钮
	▐▐	可以暂停或继续仿真过程，也可以暂停仿真之后以单步仿真形式继续仿真。程序设置断点之后，仿真过程也会暂停，可以单击该按钮继续仿真
	▮	停止当前的仿真过程，使所有可动状态停止，模拟器不占用内存

5.1.7　ISIS 旋转、镜像控制按钮

对于具有方向性的对象，ISIS 提供了旋转、镜像控制按钮，来改变对象的方向。需要注意的是，在 ISIS 原理图编辑窗口中，只能以 90°间隔（正交方式）来改变对象的方向。各按钮的功能如表 5-5 所示。

表 5-5　旋转、镜像按钮功能表

类　别	按　钮	功　能
旋转按钮	↻	对原理图编辑窗口中选中的方向性对象以 90°间隔顺时针旋转（或在对象放入原理图之前）
	↺	对原理图编辑窗口中选中的方向性对象以 90°间隔逆时针旋转（或在对象放入原理图之前）
编辑框	0	该编辑框可直接输入 90、180、270，逆时针旋转相应角度改变对象在放入原理图之前的方向，或者显示旋转按钮对选中对象改变的角度值
镜像按钮	↔	对原理图编辑窗口中选中的对象以 Y 轴为对称轴进行水平镜像操作（或者在对象放入原理图之前）
	↕	对原理图编辑窗口中选中的对象以 X 轴为对称轴进行垂直镜像操作（或者在对象放入原理图之前）

5.2 Proteus ISIS 原理图设计

原理图设计的好坏会直接影响到整个系统的工作。电路原理图的设计是 Proteus VSM 和印制电路板设计中非常重要的第一步。首先,原理图的正确性是最基本的要求,因为在一个错误的基础上进行的工作是没有意义的;其次,原理图布局应该是合理的,以便于读图、查找和纠正错误;最后,原理图要力求美观。

5.2.1 ISIS 原理图设计的方法和步骤

原理图设计的方法和步骤如下。

(1) 创建设计文件并设置图纸参数和相关信息。

(2) 放置元器件。

(3) 对原理图进行布线。

(4) 调整、检查和修改。利用 ISIS 提供的电气规则检查命令对前面所绘制的原理图进行检查,并根据系统提供的错误报告修改原理图,调整原理图布局,以同时保证原理图的正确和美观。最后视实际需要,决定是否生成网络表文件。

(5) 存盘和输出。

5.2.2 ISIS 鼠标使用规则

在 ISIS 中,鼠标操作与传统的方式不同,右键选取,左键编辑或移动。

右击:选中对象,此时对象呈红色;再次右击已选中的对象,即可删除该对象。

右键拖曳:框选一个块的对象。

单击:放置对象或对选中的对象编辑对象属性。

左键拖曳:移动对象。

5.2.3 ISIS 原理图设计过程

下面以 AT89C51 驱动 LED 显示原理图(见图 5-5)为例介绍原理图设计过程。图 5-5 中,LED 显示器是 8 位共阳 7 段 LED 显示器(7SEG−MPX8−CA−BLUE),单片机类型是 AT89C51,电阻值均为 500Ω,使用了一条总线。

1. 创建新设计文件

进入 Proteus ISIS 编辑环境,选择 File→New Design 命令或者单击工具栏中的 ☐ 按钮,弹出如图 5-6 所示的创建新设计文件对话框,在弹出的模板对话框中选择 DEFAULT 模板,并将新建的设计文件设置好保存路径和文件名。Proteus ISIS 设计文件的扩展名为".dsn"。

2. 设置图纸类型

选择 System→Set Sheet Sizes 命令,弹出如图 5-7 所示的图纸尺寸设置对话框。根据

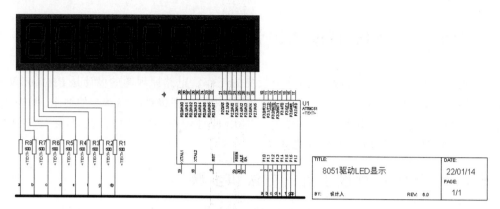

图 5-5　AT89C51 驱动 LED 显示原理图

原理图中的元器件的多少，合理选择图纸的类型。本例选用 A4 类型的图纸。

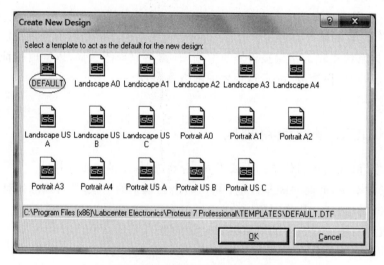

图 5-6　创建新设计文件对话框

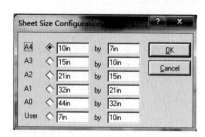

图 5-7　图纸尺寸设置对话框

3. 将所需元器件加入到对象选择器窗口

单击对象选择器按钮 P，在弹出的 Pick Devices 页面中，使用搜索引擎，在 Keywords 文本框中输入 AT89C51，单击 OK 按钮，在搜索结果 Results 栏中找到该对象，如图 5-8 所示，并将其添加到对象选择器对话框。也可以通过选择 Library→Pick Device→Symbol 命令进行。

从图 5-8 可以看出,元器件列表区域列出名称中含有关键字 AT89C51 的元器件,系统将元器件 AT89C51 划分在 Microprocessor ICs 类别中。当选择不同的元器件类别或者子类别时,元器件列表区域将列出与之相对应的元器件。如果将光标指向列表区域内的 AT89C51 元器件并稍作停留,那么可以从弹出的显示框中看到关于这个元器件的基本信息,同时,在元器件预览区域,可以看到该器件的实形;而在元器件 PCB 封装预览区域,可以看到其 PCB 预览图。

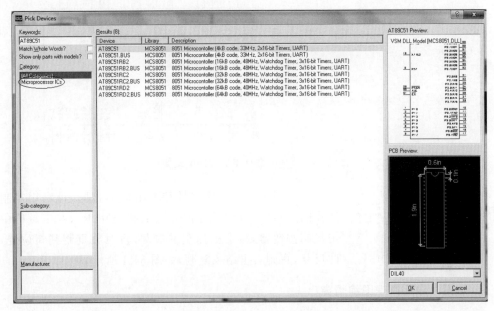

图 5-8   将所需元器件加入到对象选择器对话框

在查找元器件的过程中,若选中 Match Whole Words 单选框,则元器件列表区域只列出与关键字完全匹配的元器件。

在列表区域内选中 AT89C51 元器件,单击 OK 按钮,则可将该元器件添加至对象选择器。也可以通过双击该元器件,将其加入对象选择器。同样的操作,可将元器件 7SEG-MPX8-CA-BLUE(8 位共阳 7 段 LED 显示器)、RES(通用电阻)添加到对象选择器中。

经过以上操作,在对象选择器中,已列出了 7SEG-MPX8-CA-BLUE、AT89C51、RES 共 3 个元器件对象。当选中某个对象时,在预览窗口中就会显示该对象的预览图,如图 5-9 所示。

图 5-9   使用对象选择器
选中元器件

4. 放置元器件至原理图编辑窗口

选中对象选择器中 7SEG-MPX8-CA-BLUE,在原理图编辑窗口将鼠标指针置于该对象的欲放位置处单击,则完成 7SEG-MPX8-CA-BLUE 的放置。用同样的方法将 AT89C51 和 RES 放置到原理图编辑窗口中,为了便于展示原理图,在放置 AT89C51 和 RES 两个元件前,使用旋转按钮对器件进行旋转处理,如图 5-10 所示。

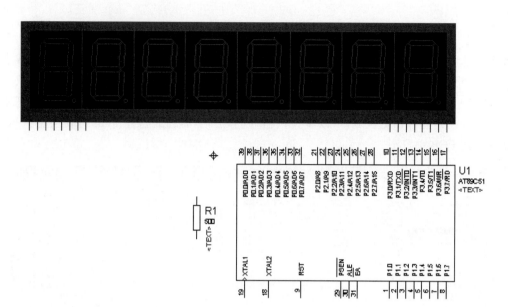

图 5-10　放置元器件至原理图编辑窗口

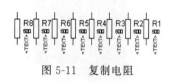

图 5-11　复制电阻

因电阻 R1～R8 的型号和电阻值均相同,可利用复制功能作图。将鼠标指针移到 R1 处右击选中 R1,在工具栏中单击复制按钮 ,按下鼠标左键拖动,将对象复制到新位置,如此反复,直到右击结束复制,如图 5-11 所示。

5. 放置总线至原理图编辑窗口

单击绘图工具箱中的总线按钮 ,使之处于选中状态。将鼠标置于原理图编辑窗口,在总线的起始位置单击,然后移动鼠标指针,屏幕出现粉红色细直线,并且随着鼠标指针的移动而变化。将鼠标指针移到总线的终止位置,先单击再右击,以确认结束绘制总线操作。此后,粉红色细直线被蓝色的粗直线所替代,总线绘制完成,如图 5-12 所示。在绘制多段连续总线时,只需要在拐点处单击,步骤与绘制一段总线相同。

6. 导线连接与导线标注

在原理图编辑窗口中完成各对象之间的连线时,ISIS 具有智能化特点,在想要绘制导线的时候能够进行自动检测。当鼠标指针指向元器件引脚末端或者导线时,在鼠标指针的头上会出现一个"×"符号,这种功能称为实时捕捉。利用此功能可以方便地实现导线和引脚之间的连接。也可以通过快捷键 Ctrl+S 或者 Tools 菜单的 Real Time Snap 菜单项切换该功能。

这里将电阻 R1 的右端连接到 LED 显示器的 A 端。当鼠标指针靠近 R1 右端的连接点时,鼠标指针的头上出现"×"号,表明找到了 R1 的连接点,单击再移动(不用拖动鼠标);当鼠标指针靠近 LED 的 A 端的连接点时,鼠标指针就会出现一个"×"号,表明找到了 LED 的连接点,同时屏幕上出现了粉红色的连接线,单击则粉红色的连接线变成了深绿色,标志着导线连接的完成,同时,线形由直线自动变成了 90°的折线,这是因为使用了线路自动路

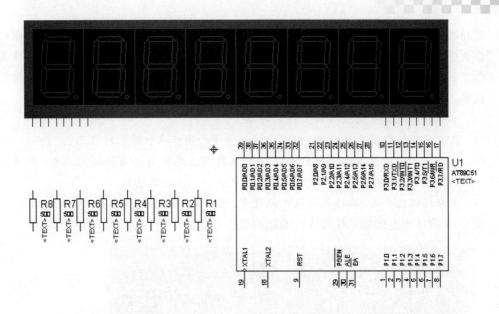

图 5-12　放置总线至原理图编辑窗口

径功能。

　　ISIS 具有线路自动路径功能(wire auto router,WAR),当选中两个连接点后,WAR 将选择一个合适的路径自动完成连线。WAR 可通过使用工具栏里的 WAR 命令按钮 ☑ 来关闭或打开,也可以通过选择 Tools→WireAuto Router 命令来切换其关闭或打开。

　　导线与总线连接时,我们习惯用斜线来表示分支线,此时线路中出现拐点。在绘制有拐点的导线时,只需要在设置拐点处单击即可。

　　特别注意:当线路出现交叉点时,若出现实心小黑圆点,表明导线接通,否则表明导线无接通关系。可以通过绘图工具栏中的连接点按钮 ✛ ,使两交叉点接通。

　　导线标签按钮 █ 用于对一组线或一组引脚编辑网络名称,以及对特定的网络指定网络属性。

　　单击工具箱中的导线标签按钮 █ ,使之处于选中状态。将鼠标指针置于原理图编辑窗口的欲标标签的导线上,则鼠标指针的头上会出现"×"符号,如图 5-13 所示,表明找到了可以标注的导线。单击,则弹出导线标签编辑界面,如图 5-14 所示。

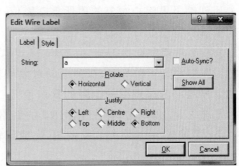

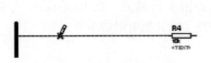

图 5-13　选中要标注的导线　　　　　　　　图 5-14　导线标签编辑对话框

在导线标签编辑界面内，在 String 文本框中输入标签名称(如 a)，标签名放置的相对方位可以通过其下拉单选按钮进行选择。本例采用默认方式，单击 OK 按钮，结束对该导线的标签标定。

注意：

(1) 不可将导线标签放置在线以外的对象上。

(2) 在标定导线标签的过程中，相互接通的导线必须标注相同的标签名。

(3) 一条线可以放置多个导线标签。如果想要线上的标签具有同样的名称，并且当其中任一名称改变时，其他名称自动更新，则须选中 Auto-Sync 单选框。

(4) 当导线被选中时，其标签也随之被选中，可以分别对导线和标签进行拖动操作。

图 5-15 是导线连接与导线标注后的原理图。

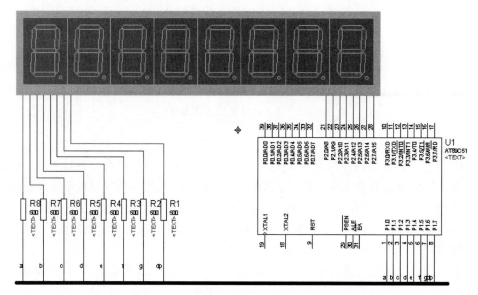

图 5-15　导线连接与导线标注后的原理图

7. 编辑对象的属性

对于任意一个对象，系统都赋予它许多属性。例如，电阻有电阻名和电阻值等属性，单片机有类型和时钟频率等属性。对于这些属性，系统通常赋予一个默认属性值，用户可以通过对象属性编辑界面给对象的属性重新赋值。

对象属性编辑的步骤如下。

(1) 在工具箱中选择 Instant Edit Mode 图标 ，进入属性对象编辑模式。

(2) 选中对象然后单击，在弹出的对象编辑界面内，完成对属性值的重新设定。

前面所绘制的原理图的电阻的默认值是 $10k\Omega$，现通过编辑将其值改为 500Ω。具体步骤为：先选中 R1 再单击，弹出电阻 R1 的编辑界面，如图 5-16 所示。在 Resistance 文本框中，将 10k 替换成 500，单击 OK 按钮，完成编辑。同理完成其他电阻的编辑。

8. 制作标题栏

利用工具箱中的 2D 图形模式操作按钮■、／ 和 **A**，能将标题栏绘制出来。这里介绍

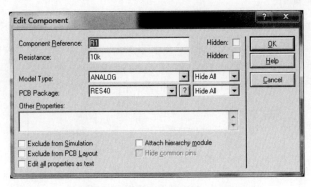

图 5-16 电阻 R1 的编辑对话框

用 ISIS 中符号库中的图形来完成标题栏的制作。

选中工具箱中的 2D 图形符号模式按钮，单击对象选择器按钮，则弹出符号对象选择窗口，如图 5-17 所示。

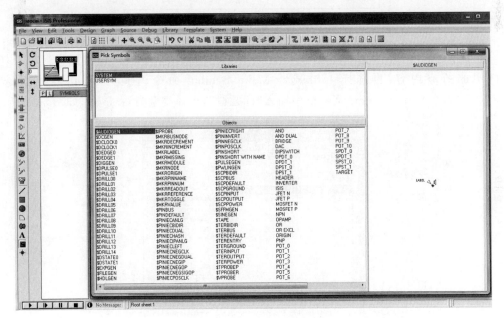

图 5-17 符号对象选择窗口

在 Libraries 列表框中选择 SYSTEM 库，在 SYSTEM 库中存放了大量的图形符号。在 Objects 列表框中选择 HEADER，则在预览窗口中显示出该对象的图形。双击 HEADER，便可将其加入至对象选择器中。选择 Design→Edit Design Properties 命令，在弹出的设计属性对话框中，对 Title（设计标题）、Doc. No（文档编号）、Revision（版本）和 Author（作者）进行设置，如图 5-18 所示。

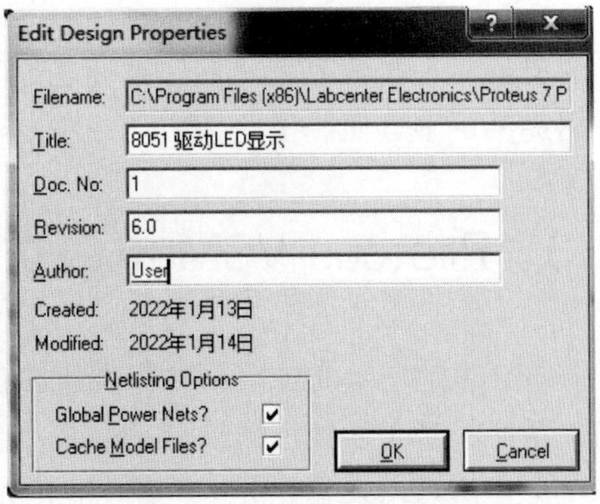

将 HEADER 放置到编辑区域，如图 5-19 所

图 5-18 设计属性对话框

示。需要对其进行编辑时，选中 HEADER 图块单击，在状态栏中会出现黄色作为背景色，并显示 This graphic object can not be edited 的警告，表明图块不能被编辑。欲编辑此图块，可先选中该图块，单击工具栏上的分解图块按钮或者选择 Library→Decompose 命令。执行此命令后，可任意编辑该图块中的任意元素，如图 5-20 所示。

图 5-19　HEADER 放置到编辑区域

图 5-20　编辑后的标题栏

为了今后调用方便，可以将新制作出来的标题栏生成图块。其操作过程为：先选中标题栏中的所有内容，再选择 Library→Make Symbol 命令，在符号制作界面内选中 USERSYM，在 Symbol name 文本框中输入"标题栏"，选择类型为 Graphic，如图 5-21 所示。

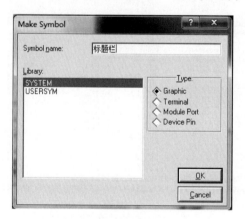

图 5-21　生成"标题栏"图块对话框

单击 OK 按钮后，一个名为"标题栏"的图块便在 USERSYM 库中生成了，可以为今后使用提供更多方便。至此，图 5-5 的内容绘制完成。

5.3　Proteus VSM 电路仿真分析

Proteus VSM（虚拟系统模型）能够仿真数字电路、模拟电路、数模混合电路，包括所有相关器件的基于微处理器设计的协同仿真。Proteus 有两种仿真方式：交互仿真和高级仿真。交互仿真用来定性分析电路，高级仿真用来定量分析电路，同时也可以结合这两种方式进行仿真。

Proteus VSM 电路仿真分析是在 ISIS 原理图设计基础上进行的,在仿真过程中所需要的虚拟仪器、电路激励源、曲线图及直接设置在线路上的探针一起出现在电路中,任何时候都可以通过仿真控制按钮完成实时仿真。

INSTRUMENTS
OSCILLOSCOPE
LOGIC ANALYSER
COUNTER TIMER
VIRTUAL TERMINAL
SPI DEBUGGER
I2C DEBUGGER
SIGNAL GENERATOR
PATTERN GENERATOR
DC VOLTMETER
DC AMMETER
AC VOLTMETER
AC AMMETER

图 5-22　Proteus VSM 中的
各种虚拟仪器

5.3.1　虚拟仪器

虚拟仪器(virtual instruments,VI)是基于计算机的数字化测量测试仪器,通常具有数据采集、数据测试和分析、显示输出结果等功能。选择模式工具栏中的 Virtual Instrument 图标,对象选择器中列出如图 5-22 所示的虚拟仪器。

Proteus VSM 中的各种虚拟仪器分别如下:

OSCILLOSCOPE	虚拟示波器
LOGIC ANALYSER	逻辑分析仪
COUNTER TIMER	定时器/计数器
VIRTUAL TERMINAL	虚拟终端
SPI DEBUGGER	串行设备接口调试器
I^2C DEBUGGER	I^2C 调试器
SIGNAL GENERATOR	信号发生器
PATTERN GENERATOR	模式发生器
DC VOLTMETER	直流电压表
DC AMMETER	直流电流表
AC VOLTMETER	交流电压表
AC AMMETER	交流电流表

1. 使用示波器显示模拟波形

这里仅以 OSCILLOSCOPE 虚拟示波器为例显示模拟波形。

(1)在对象选择器中列出的如图 5-22 所示的各种虚拟仪器中,选择 OSCILLOSCOPE。

(2)在编辑区单击放置虚拟示波器,并把被测信号连到虚拟示波器的输入端,图 5-23 所示为通过示虚拟波器观察正弦信号发生器产生的波形。

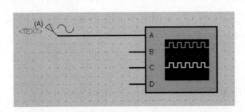

图 5-23　观测正弦信号发生器的波形

(3)单击仿真工具栏中的"开始"按钮开始交互仿真,将出现虚拟示波器窗口。如果虚拟示波器窗口没有出现,可以从 Debug 菜单中选择 VSM Oscilloscope 选项,窗口即可出现,如图 5-24 所示。

(4)如果需要显示两个信号,选择双通道 Dual 模式。

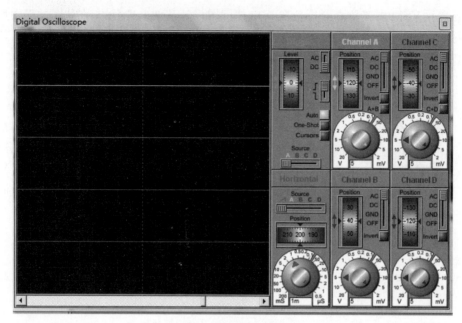

图 5-24　虚拟示波器窗口

（5）设置时基值 Timebase 以符合电路要求。时基值的设置依据就是显示波形的频率，对频率求倒数所得的时间即是循环时间。

（6）如果要显示的是带有 DC 补偿的信号，则需要把输入端设置为 AC 模式。

（7）调整 Y-Pos 和 Y-Gain 面板，使显示波形大小适中并处于适当的位置。如果显示的数值较大的 DC 电压中包含很小的 AC 分量，则需要在被测点和示波器之间放置一个电容，因为 Y-Pos 控制面板只能补偿一定量的 DC 值。

（8）选择适当的显示通道，并保证 Ch-1 或 Ch-2 旁的 LED 灯点亮。

（9）旋转 Trigger 面板上的指针，使示波器锁定输入波形的相应部分。如果面板指针位于面板的高端，则示波器将被锁定为信号的上升沿触发；反之，如果面板指针位于面板的低端，则示波器将被锁定为信号的下降沿触发。

旋转面板指针时，只需在面板合适位置单击，指针即指向该位置。如果需要精细旋转，则在面板内单击，并按住左键向外拖曳鼠标，并绕面板中心移动鼠标指针，指针将进行精细旋转。鼠标离面板中心越远，旋转精度越高。到合适位置后，释放左键即可。该方法适用于所有面板的操作。

2．虚拟示波器的工作模式

虚拟示波器工作模式有三种。

（1）单踪模式：此模式下 Dual 和 X-Y 灯都不亮，Ch-1 或 Ch-2 显示灯亮，表明虚拟示波器显示相应通道的信号。

（2）双踪模式：此模式下 Dual 显示灯亮，Ch-1 和 Ch-2 显示灯亮，表明相应通道的信号被用做触发信号。

（3）X-Y 模式：此模式下 X-Y 显示灯亮，Ch-1 和 Ch-2 通道数据分别作为 X 轴和 Y 轴数据显示波形。

选择 Dual 和 X-Y 模式按钮,可以循环设置这三种工作模式。

3．示波器的触发

VSM Oscilloscope 具有自动触发功能,这一功能使得输入波形与时基同步。Ch-1 和 Ch-2 显示灯表明相应通道的信号被用做触发信号。

旋转 Trigger 面板的指针,设置触发发生的电平和触发方式。指针指向面板的上方时,虚拟示波器锁定为上升沿触发;指针指向面板的下方时,虚拟示波器锁定为下降沿触发。

如果多于一个时基周期都没有触发发生,则时基将自由运行。

4．虚拟示波器的输入耦合

每一个输入通道都可以直接直流耦合(DC 耦合)或者通过仿真电容交流耦合(AC 耦合)。其中,交流耦合方式适用于显示载有较小交流信号的直流偏压信号。需要注意的是,在测量前,将输入端临时接地,可以将输入信号和基线对准。

5.3.2　Proteus 信号发生器

信号发生器用来产生各种激励信号并允许使用者对其参量进行设置,这类元器件属于有源器件。Proteus 工具栏中找到 ,它包含了数字和模拟两类激励源。对象选择器中列出如图 5-25 所示 Proteus VSM 中的各种信号发生器。

Proteus VSM 中的各种信号发生器如下。

DC:直流信号发生器,即直流电压源。

SINE:幅值、频率、相位可调的正弦信号发生器。

PULSE:幅值、周期和上升/下降沿时间可控的模拟脉冲发生器。

EXP:指数脉冲发生器。产生与 RC 充电/放电电路相同的脉冲波。

SFFM:单频率调频信号发生器,即单频率调频波激励源。产生正弦调频波。

PWLIN:分段线性信号发生器,即分段线性激励源。产生任意形状的脉冲或波形。

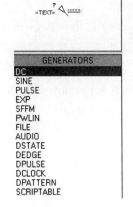

图 5-25　Proteus VSM 中的
各种信号发生器

FILE:FILE 信号发生器。按照 ASCII 码文件产生任意形状的脉冲或波形。

AUDIO:音频信号发生器。使用 Windows. WAV 文件作为输入文件。借助 Audio graphs,结合音频分析图表,可以直接听到被测电路对音频信号处理后的音频效果。

DSTATE:数字单稳态逻辑电平发生器。

DEDGE:数字单边沿信号发生器。

DPULSE:单周期数字脉冲发生器。

DCLOCK:数字时钟信号发生器。

DPATTERN:数字模式信号发生器。

1．放置信号发生器

单击 Generator 图标，在对象选择器中会显示如图 5-25 所列的信号发生器。选择相应的信号发生器，在编辑窗口单击，即可放置选定的信号发生器。可以直接把信号发生器和已有的元器件相连，也可以放在空白区域，然后再进行连线操作。

如果该信号发生器没有连到任何已有元器件，系统会自动以"?"为其命名，表示还没有标明该信号发生器。如果该信号发生器和已有网络相连，则系统会自动以该网络的网络名称对其命名，或者是以该网络的元器件参考值或第一个引脚的引脚名作为其名称。如果信号发生器从一个网络移到另一个网络，其名称会自动更新。但在编辑对象对话框内，用户为信号发生器指定的名称是永久性的，不具有自动更新功能。

2．编辑信号发生器

右击选中待编辑的信号发生器，并单击，即可打开该信号发生器的编辑对话框，可在该对话框内进一步设置信号发生器。编辑对话框的各项参数如下所述。

（1）Generator Name：可以直接在该框内输入信号发生器的名称，指定的名称不会随所连接网络的不同而变换，不具有自动更新功能。如果希望信号发生器具有自动更新名称的功能，只需要把该框的内容清空即可。

（2）DigitalTypes：选择信号发生器的类型。

（3）Current Source：除了数字信号发生器，其他几种信号发生器都可以作为电压源或电流源。

（4）Isolate Before：该选项控制信号发生器是否在连接点处把电路和原来的网络断开，但是通过一根连线和网络相连的信号发生器不具有该功能。

（5）Manual Edits：选中该选项，用户可以在 Properties 文本框内手动编辑信号发生器的各种属性，如图 5-26 所示。

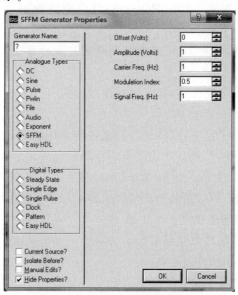

图 5-26　信号发生器属性编辑框

5.3.3 探针

探针在电路仿真时用来记录连接网络的状态,即:端口的电压值或者电路中的电流值。通常被用于仿真图表分析中,也可用于交互仿真以显示操作点的数据并可以分割电路。ISIS系统提供了两种探针,即电压探针(voltage probes)和电流探针(current probes)。

(1)电压探针:既可在模拟仿真中使用,也可在数字仿真中使用。在模拟电路中电压探针用来记录电路两端的真实电压值,而在数字电路中电压探针记录逻辑电平及其强度。

(2)电流探针:仅在模拟电路中使用,可显示电流方向。电流探针必须放置在电路中的连线上,也就是连线必须经过电流探针,测量方向由电流探针中的箭头方向来标明,且箭头不可垂直于连线。

可对探针进行旋转、移动和编辑等操作。

1. 放置探针

(1)单击模式工具栏中的 Voltage Probe 按钮或者 Current Probe 按钮,此时在对象预览窗口可以看到探针。电压探针和电流探针分别如图 5-27 和图 5-28 所示。

图 5-27 电压探针　　　图 5-28 电流探针

(2)根据需要,对探针进行旋转或镜像操作。

注意:必须保证电流探针上带有圆圈的箭头所指的方向和电路中的电流方向一致。

(3)在编辑窗口的合适区域单击,放置探针,如果按住左键不放便可以拖动探针。可以直接把探针放在已有的连线上,或者先把几个探针放好,再进行连线操作。

如果探针没有放置在连线上,ISIS自动分配给它的名称为"?",表示此时探针还没有被标注。当探针被放置到网络上时(直接放置在连线上时),ISIS将分配该网络名称作为探针的名称。如果探针放置的网络还没有被标注,ISIS则分配第一个连接到该网络的元器件的参考值或者引脚的名称作为探针名称。如果移动探针到别的网络,探针的名称将随所连接网络自动更新。

同样,用户也可以自己编辑探针名称。右击选中探针,在选中探针上单击,弹出相应的 Edit Voltage Probe 或 Edit Current Probe 对话框,分别如图 5-29 和图 5-30 所示,在 Name 文本框中输入探针的名称,单击 OK 按钮即可。

注意:该方法分配的探针名称,不再具有自动更新的功能,其名称具有永久性。

2. 编辑探针

(1)编辑电压探针,Edit Voltage Probe 对话框还可以进行如下设置。

① Load(To Ground):负载电阻。电压探针可被设置为含有负载电阻,当探针的连接点没有到地的直流通路时,需要采用这种方式。即选中 Load To Ground 项后,可以设置电压探针的负载电阻。

② Record To File：记录测量数据。电流或电压探针都可以把测量数据记录成文件，用于供 Tape Record 回放。该特性使用户可以用一个电路创建测试波形，在另外一个电路中回放该波形。

（2）编辑电流探针，Edit Current Probe 对话框也可以进行 Record To File 设置，同样用来记录测量数据，供 Tape Record 回放。

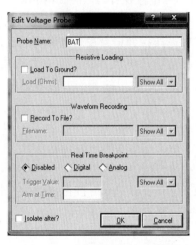

图 5-29　编辑电压探针对话框

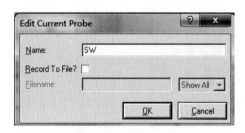

图 5-30　编辑电流探针对话框

5.3.4　仿真图表分析

图表分析可以记录仿真过程，以图形化方式显示仿真分析的结果；仿真图表还可自由缩放，方便设计人员进行一些细节上的分析。另外，对于交流小信号分析、噪声分析和参数扫描等在实时仿真中难以完成的分析任务，也可借助图表分析来完成。

在原理图中放置不同类型的仿真图表，可以观测到电流、电压信号各方面的特性。对单片机初学者而言，图表分析主要用于观察各种信号的波形和信号间协同工作的时序关系。

Proteus 提供了以下图表分析。

ANALOGUE	模拟信号分析
DIGITAL	数字信号分析
MIXED	模拟、数字信号混合分析
FREQUENCY	频率分析
TRANSFER	转移特性分析
NOISE	噪声分析
DISTORTION	失真分析
FOURIER	傅里叶分析
AUDIO	音频析
INTERACTIVE	交互式分析
CONFORMANCE	一致性分析
DC SWEEP	DC 直流扫描分析
AC SWEEP	AC 交流扫描分析

1.放置图表

(1)单击主模式工具栏中的 Simulation Graph 图标,对象选择器中列出如上所述 13 种仿真图表,如图 5-31 所示。

(2)选择对象选择器中电路需要的图表。

(3)在编辑区单击,并按住左键拖放出大小合适的矩形,即得到需要的图表。

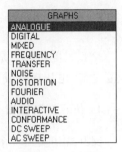

图 5-31 各种图

2.编辑图表

各种图表都可以被移动、缩放或者通过编辑属性对话框更改它的属性值。右击选中编辑区的图表,并单击即可打开相应的编辑对话框。以 ANALOGUE 图表为例,其编辑对话框如图 5-32 所示,可以设置仿真开始时间、停止时间、左轴标签、右轴标签,以及左右两轴的 Y 值的最大值和最小值。

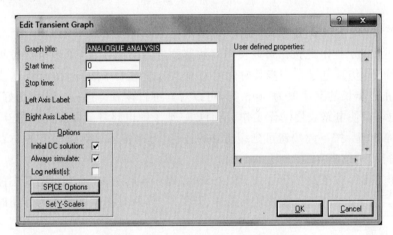

图 5-32 ANALOGUE 图表编辑对话框

5.3.5 电源与地

所有的仿真均需定义接地网络(参考电压点)。用电压探头去测量没有参考点的电路的电压是毫无意义的。事实上,电路中的所有器件都必须有对地的直流通道,对悬浮电路上的某点进行电压测量是没有意义的。

理论上,可以利用两个探头来测量电压差(像现实中的万用表),但仿真软件在分析无参考地的电路时会遇到严重的数学困难。所有的电路网络均要有对地的直流通道,Proteus 的 Prospice 包含了这项错误检查功能,并且以警告的形式告诉用户不满足这一标准的电路网络。出现这样的警告时,在大多数情况下仿真都会失败。

可用显式或隐式方式为电路定义接地网络。

在仿真电路中放置不加标注的接地端子 ⏚,或在异线上标注 GND 标签,可为电路定义显示接地网络。仿真图中使用电源端子、单端连接的信号发生器、内部已有接地点的仿真器件等方法,可为电路定义隐式接地网络。

在 Proteus 中,给电源端子 ⏚ 标注 V_{CC}、V_{DD}、V_{EE}、+5V、−5V 或是+10V、−10V 等标签,可得到所需的电源。V_{SS} 默认和 GND 相连,V_{CC}/V_{DD} 默认为+5V,V_{EE} 默认为−5V。标准模块库中的 TTL 和 CMOS 逻辑器件、微处理器无须连接电源就可进行仿真。

5.3.6　交互式电路仿真

交互式电路仿真是电路分析的一个最重要部分。输入原理图后,通过在期望的观测点放置电流/电压探针或虚拟仪器,再单击"运行"按钮,即可观测到电路的实时输出。

1. 仿真控制按钮

交互式仿真由一个貌似播放机操作按钮的控制面板控制,如图 5-33 所示。

图 5-33　仿真控制按钮

(1) 运行按钮:按下此按钮,开始仿真。

(2) 步进按钮:按下此按钮可以使仿真按照预设的时间步长(单步执行时间增量)进行仿真。单击一下,仿真进行一个步长时间后停止。若按键后不放开,仿真将连续进行,直到按停止键为止。步长的默认值为 50ms,但可以对其进行设置。这一功能可更好地细化监控电路,同时也可以使电路放慢动作工作,从而更好地了解电路各元器件间的相互关系。

(3) 暂停按钮:按下此按钮可延缓仿真的进行,再次按下可继续暂停的仿真,也可在暂停后接着进行步进仿真。

(4) 停止按钮:按下此按钮可使 PROSPICE 停止实时仿真,所有可动状态停止,模拟器不占用内存。按下此按钮后,除激励元器件、开关等外,所有指示器重置为停止时状态。

2. 仿真设置

1) 元器件引脚逻辑状态

在仿真过程中,连接在数字信号网络或混合信号网络的元器件引脚会显示一个有色小正方形,默认蓝色表示逻辑 0,红色表示逻辑 1,灰色表示不固定。以上 3 种颜色可通过选择 Template→Set Design Defaults 命令改变,如图 5-34 所示。

2) 用不同颜色电路连线显示相应电压

在仿真过程中,可以用不同颜色电路连线显示相应电压。默认的蓝色表示−6V,绿色表示 0V,红色表示+6V。连线颜色按照从蓝到红的颜色深浅随电压由小到大的规律渐变。上述颜色可通过图 5-34 所示的对话框进行设置。若需改变电压的上下限,可以选择 System→Set Animation Options 命令进行设置,如图 5-35 所示。

3) 用箭头显示电流方向

此功能可使电路连线显示出电流的具体流向。应当注意,当线路电流小于设置的起始电流(默认值为 $1\mu A$)时,箭头不显示。起始电流也可在图 5-35 所示的对话框中修改。

4) 设置仿真帧频及每帧仿真时间

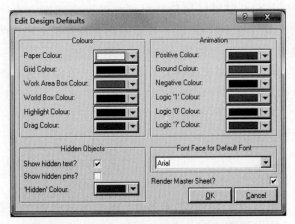

图 3-34　设置元器件引脚逻辑状态界面

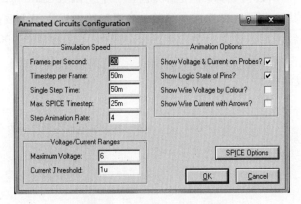

图 3-35　设置电压的上下限

帧频即每秒屏幕更新次数,一般取默认值即可,但有时在调试过程中可适当减小。每帧仿真时间变化可使电路运行更慢或更快,必要时可根据具体需要更改数值,通过图 5-35 所示的对话框进行设置。

在交互式电路仿真过程中,需注意以下几点。

(1) 运行时间方面:在增加每帧仿真时间时应保证 CPU 能够实现。另外,模拟分析要比数字分析慢得多。

(2) 电压范围:如果想用连线颜色来显示节点电压,则须预先估计电路中可能出现的电压范围,因为默认范围仅为$-6\sim+6$V,所以必要时可重新设置。

(3) 高阻抗点:电路中若有未连接处,系统仿真时自动加入高阻抗电阻代替,而不会提示连线错误,所以将产生错误结果而不容易被发现,连线时应特别注意。

5.4　Proteus 软件与 Keil C 联合仿真

Keil 是美国 Keil Software 公司开发的,是目前世界上最好的 51 单片机的汇编语言和 C 语言的开发工具。它支持汇编语言、C 语言以及混合编程,同时具备功能强大的软件仿真,在软件模拟仿真方式下不需要任何单片机硬件即可完成用户程序仿真调试。Proteus ISIS与其他单片机仿真软件不同的是,它不仅能够仿真单片机CPU的工作情况,也能仿真单片机外围电路或没有单片机参与的其他电路的工作情况。

在实际的开发过程中,程序调试的绝大多数工作可不依赖硬仿真器,也不必等到目标板完成制作后才开始软件测试。与目标板外围电路无关的部分,可利用Keil C的8051软仿真器来完成程序调试;与目标板外围电路相关的部分,可利用Proteus软件与Keil C联合仿真的方法来进行软件测试。

5.4.1　C51 程序

C51是专门为51系列单片设计的,根据51单片机自身的特点进行了若干扩展,与ANSI C在语法和库函数方面存在稍许差别,但绝大部分是兼容的。与标准C语言相同,C51程序由一个或多个函数构成,其中至少应包含一个主函数main()。程序执行时一定是从主函数开始,调用其他函数后又返回主函数;被调函数如果位于主调函数前面,可以直接调用,否则要先声明后调用。这里函数与汇编语言中的子程序类似,函数之间也可以互相调用。

C51程序的一般结构如下:

```
预处理命令                        /*用于包含头文件等*/
全局变量定义                      /*全局变量可以被本程序的所有函数引用*/
函数1声明
  ⋮
函数n声明
/*主函数*/
main(){
    局部变量定义;                 /*局部变量只能在所定义的函数内部引用*/
    执行语句;
    函数调用(形式参数表);
    }
    /*其他函数定义*/
函数1(形式参数){
    局部变量定义;                 /*局部变量只能在所定义的函数内部引用*/
    执行语句;
    函数调用(形式参数表);
}
  ⋮
函数n(形式参数){
    局部变量定义;                 /*局部变量只能在所定义的函数内部引用*/
    执行语句;
    函数调用(形式参数表);
}
```

由此可见,C51程序是由函数组成的,函数之间可以相互调用,但main()函数只能调用其他功能函数,而不能被其他函数调用。其他功能函数可以是C51编译器提供的库函数,也可以由用户按实际需要自行编写。不管main()函数处于程序中的什么位置,程序总是从main()函数开始执行。

编写 C51 程序时要注意如下几点。

（1）函数以花括号"{"开始，以花括号"}"结束，包含在"{}"以内的部分称为函数体。花括号必须成对出现。如果一个函数内有多对花括号，则最外层花括号为函数体的范围。为使程序增加可读性并便于理解，可以采用缩进方式书写。

（2）C51 程序没有行号，书写格式自由，一行内可以书写多条语句，一条语句也可以分写在多行上。

（3）每条语句最后必须以一个分号";"结尾。分号是 C51 程序的必要组成部分。每个变量必须先定义后引用。在函数内部定义的变量为局部变量，只在定义它的那个函数之内才能够使用。在函数外部定义的变量为全局变量，在应用程序文件中的所有函数都可以使用它。

（4）对程序语句的注释必须放在双斜杠"//"之后，或者放在"/*……*/"之内。

（5）C51 程序在结构及语法方面与标准 C 基本相同，但为方便 51 应用系统的软件编写，Keil 公司对 C51 作了扩展，使其在许多地方有其独有的特点，可参考其他相关参考书。

5.4.2　Keil C 上机的基本方法

Keil C 8.0 版之前对应的集成开发环境（IDE）为 μVision 2，Keil C 8.0 版本之后对应的 IDE 为 μVision3。对学习 51 单片机而言，μVision3 与 μVision2 的操作界面和功能十分相近。采用 Keil C 开发 80C51 单片机应用程序一般步骤如下。

（1）在 μVision3 集成开发环境中创建一个新项目（Project），并为该项目选定合适的单片机型号。

（2）利用 μVision3 的文件编辑器编写 C 语言（或汇编语言）源程序文件，并将文件添加到项目中去。一个项目可以包含多个文件，除源程序文件外还可以有库文件或文本说明文件。

（3）通过 μVision3 的各种选项，配置 Cx51 编译器、Ax51 宏汇编器、BL51/Lx51 连接定位器以及 Debug 调试器的功能。

（4）利用 μVision3 的构造（Build）功能对项目中的源程序文件进行编译链接，生成绝对目标代码和可选的 HEX 格式的可执行文件。如果出现编译连接错误则返回第 2 步，修改源程序中的错误后重新构造整个项目。

（5）将没有错误的绝对目标代码装入 μVision3 调试器进行仿真调试，调试成功后用编程器将可执行文件写入到单片机应用系统的程序存储器或单片机内部的 Flash ROM 中。

下面，以实例介绍在 μVision3 集成开发环境中，如何创建一个应用程序。

【例 5-1】　从键盘输入两个整数，在屏幕上输出较大者。其源程序写在 max.c 文件中。max.c 源程序如下：

```
# include "reg51.h"
# include "stdio.h"
/* serial_initial 对串行口实现初始化，以便调用 scanf()和 printf()函数 */
/* 能在串行窗口 #0 中正确接收或显示数据 */
void serial_initial(void)
{
    SCON = 0x52;
```

```
            TMOD = 0X20;
            TH1 = 0XF3;
            TR1 = 1;
        }
        /*定义函数 max,实现两个整数的比较,返回较大值给函数*/
        int max(int x, int y)
        {
            int z;
            if(x > y) z = x;
            else   z = y;
            return (z);
        }
    main()
    {   int a,b, c;
        serial initial();
        printf("Please Input a,b:\n")\;
        scanf(" % d, % d",&a,&b);
        c = max(a,b);
        printf("max = % d\n",c);
        while(1);                           /*死循环,防止 CPU 取到非法指令*/
    }
```

在上例的结尾有一条死循环语句 while(1),为什么要加这条死循环语句?

因为在程序执行时,CPU 会根据当前指令的长度自动修改指令指针寄存器(PC)的值,以使 PC 指向下一条指令。如果应用程序只占用程序存储区的一部分,则程序存储器中除应用程序的其他部分是无意义的内容。若上例的最后没有 while(1)这条死循环语句,则程序执行完 printf("max＝%d\n",c)函数调用后,PC 就会指向没有用户程序的存储区,从而取到非法指令而导致错误。为防止这种错误,C51 应用程序的 main()函数常用如下结构:

```
void main()
{ …                                //初始化部分
 while(1)
 { …                               //其他代码
 }
}
```

在 PC 上编写的 C 程序由于有 Windows 等操作系统的支持,不必采用这种程序结构。上机的具体步骤如下。

1) 启动 Keil μVision3

双击桌面上的 Keil μVision3 图标或者单击屏幕左下方的"开始"按钮,选择"程序"→Keil μVision3 选项,则出现如图 5-36 所示的界面,表明进入 μVision3 集成开发环境。

2) 建立项目文件

如图 5-37 所示,选择 Project→New→μVision→Project 命令,则弹出如图 5-38 所示的对话框。单击图 5-38 所示对话框中的"保存在"下拉列表右侧的倒三角按钮 ▾,选择"E 盘",再单击"创建新文件夹"按钮 🗀,给文件夹取名为"MyProject",然后双击 MyProject 文件夹进入。在"文件名"文本框中输入程序项目名称,这里输入 myexample,保存后的文件扩展名为 uv2,以后可以直接双击此文件以打开该项目。

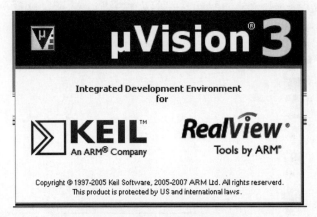

图 5-36　启动 Keil 时的界面

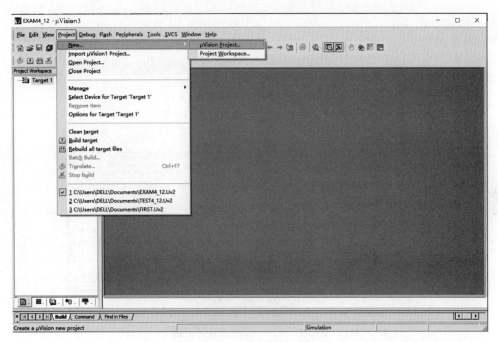

图 5-37　Project 下拉菜单

在 μVision3 中，一个项目是由包括项目文件（.uv2 文件）、源程序等在内的很多个文件组成的，为了便于管理，通常为每个项目建一个单独的文件夹。本例建立了项目文件夹"E:\MyProject"。

3）选择 CPU 器件

项目文件保存完毕后将弹出如图 5-39 所示的对话框，用于为新建项目选择一种 CPU 器件。本例选 Atmel 公司的 AT89C51，选定后 μVision3 将按所选器件自动设置默认的工具选项，从而简化了项目的配置过程。窗口的 Description 列表框对所选 CPU 的 I/O 线、内部 RAM、FLASH ROM 容量等主要性能作了简要描述。

图 5-38　保存文件对话框

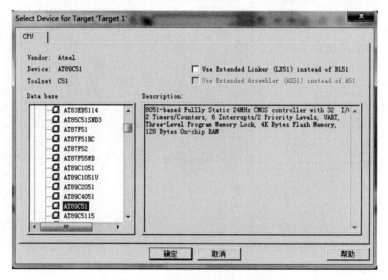

图 5-39　CPU 器件选择对话框

4）加入 Keil C 提供的启动文件 STARTUP. A51

完成 CPU 器件选择后，则弹出如图 5-40 所示的增加启动文件到本项目对话框，此处可以选择"是"。STARTUP. A51 是用汇编语言编写的源文件，一般用户无须修改；高级用户可修改其中的内容，以进行堆栈管理、动态存储分配等相关设置。

图 5-40　增加启动文件到本项目对话框

创建一个新项目后,在项目管理窗口(Project Workspace)中自动生成一个默认的目标(Target1)和文件组(Source Group1),如图 5-41 中的 Project Workspace 列表框所示。在项目管理窗口的底部,有 5 个选项卡:"文件"(Files)选项卡,用于在项目中快速定位、添加、移除文件;"寄存器"(Regs)选项卡,用于程序仿真运行时显示寄存器的值;"书籍"(Books)选项卡,用于打开帮助文件;"函数"(Functions)选项卡,用于在项目中快速定位已定义的函数;"模板"(Templates)选项卡,对 C 语言不太熟悉的初学者来说,可利用该选项卡提供的功能快速输入 C 语言的各种语句,减少源程序的语法错误。

图 5-41 在编辑窗口内编辑源程序文件

5) 编辑源程序文件

选择 File→New 命令,从打开的编辑界面中输入前面列出的 max. c 源程序,如图 5-41 所示,以文件名 max. c 保存在"E:\MyProject"中。

6) 将源程序加入到项目中

源程序文件可以是已有的,也可以是新建的。μVision3 具有十分完善的右键功能,选择项目管理窗口中的 Files 菜单项,在弹出的选项卡中右击 Source Group1 文件组,则弹出一个快捷菜单,如图 5-42 所示。选择快捷菜单中的 Add Files to Group 'Source Group1'选项,弹出如图 5-43 所示的源文件选择对话框,选择刚才保存的源程序文件 max. c,单击 Add 按钮,将其添加到新创建的项目中去,然后单击 Close 按钮关闭如图 5-43 所示的对话框。

7) 设置项目配置选项

根据需要配置 CX51 编译器、AX51 宏汇编器、BL51/LX51 连接定位器以及 Debug 调试器的各选项。右击图 5-42 所示窗口中的 Target1 节点,在弹出的快捷菜单中选择 Options for Target 'Target1'选项,则弹出如图 5-44 所示项目配置对话框。这是一个十分重要的窗口,包括 Device、Target、Output、Listing、C51、A51、BL51 Locate、BL51 Misc、Debug 和 Utilities 选项卡,每个选项卡均可根据项目需要作必要的调整。本例全部使用默认值,不作任何修改。

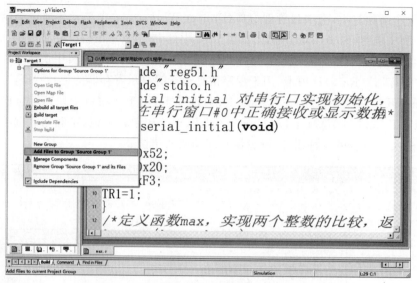

图 5-42   快捷菜单

图 5-43   源文件选择对话框

图 5-44   项目选项配置对话框

8）生成可执行文件

完成项目配置选项的基本设定之后，就可以对当前新建项目进行整体创建。单击项目管理窗口上方工具栏中的 Build 图标 █，如图 5-45 所示。μVision3 将按所设定的项目选项，自动完成当前项目中所有源程序模块文件的编译链接，并在 μVision3 下面的输出窗口中显示编译链接提示信息。如果有编译错误，则双击输出窗口内的提示信息，光标将自动跳到源程序文件的错误位置，以便修改；如果没有编译链接错误，则生成绝对目标代码文件（可执行文件）。

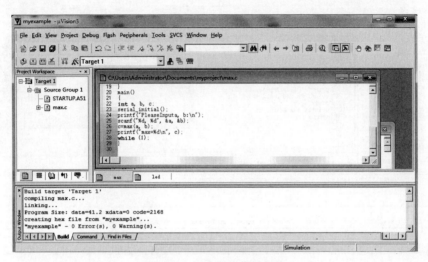

图 5-45　生成目标代码文件

9）仿真运行程序

编译链接完成后，选择 Debug→Start→Stop Debug Session 命令或者单击工具栏上 █ 图标，弹出如图 5-46 所示的窗口。在此状态下，项目管理窗口自动转到 Regs 选项卡，显示调试过程中单片机内部的工作寄存器 r0～r7、累加器 A、堆栈指针 SP、数据指针 DPTR、程序计数器 PC 以及程序状态字 PSW 等特殊功能寄存器的值。

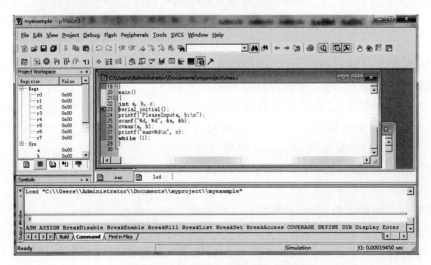

图 5-46　程序执行时各寄存器的值

在仿真调试状态下，选择 Debug→Go 命令，启动用户程序全速运行，再选择 View→ Serial Window→UART♯0 命令或者单击工具栏上 Serial Window 图标 📓，打开调试状态下 μVision3 的串行窗口 0。用户程序中采用 scanf() 和 printf() 所进行的输入和输出操作，都是通过串行窗口 0 实现的。单击串行窗口 0，将输入法切换到英文输入状态，如图 5-47 所示，输入数字"5,10"后按 Enter 键，立即得到输出结果 max＝10。

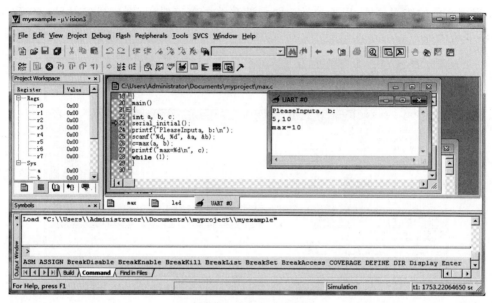

图 5-47　程序执行结果

至此，已完成建立一个 μVision3 项目的全过程。通过以上的具体步骤，希望读者能对 μVision3 软件在宏观上有一个感性认识，并对所讲的操作方法举一反三。

5.4.3　Keil C 的 μVision3 编写程序注意事项

初学者在 Keil C 的 μVision3 集成开发环境下编写程序的注意事项如下。

（1）C51 源程序含汉字注释内容时，删除、插入汉字会出现乱码。笔者所用的系统为中文 Windows 7＋Keil C 8.08，经试验多次，可按下面方法解决：选择 Edit→Configuration 命令，弹出如图 5-48 所示对话框，将 C 源程序文本字体选择为 Courier New，此字体可避免出现汉字乱码现象。其他字体，读者可自行测试。

（2）为方便程序调试，Keil C 也提供了 scanf 和 printf 这两个函数。这两个库函数使用 8051 的串行通信口来收发数据。printf 函数通过 8051 串口将数据送到"串行窗口"（一个 Windows 标准窗口）并显示出来，scanf 函数从 8051 串口读入自"串行窗口"，中输入的数据。为使这两个函数正确执行，应如例 5-1 中的 serial_initial 函数一样，设置好 8051 串行口的接收允许。

在串行窗口中输入数据时，最好将输入法设置为英文状态。如输入法在中文状态，则可能出现不能正确输入数据的现象。

（3）每进行一次 Build，μVision3 都会根据项目选项重新编译生成可执行文件。Build Target 命令（按钮 📓）只编译修改过的或新加进来的文件，然后生成执行文件。Rebuild all

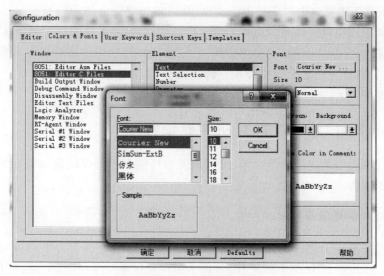

图 5-48　编辑器设置对话框

Target Files 命令(按钮 <img>)重新编译项目中的所有文件,而不论是否被修改过,然后再生成执行文件。Translate Current File 命令(按钮 <img>)只编译当前源程序编辑窗口中的源程序文件,但并不链接生成可执行文件。

(4) Keil C 生成的默认可执行文件无扩展名,以项目名作为可执行文件名称——本例为 myexample。多数编程器都支持 Intel 的 HEX 目标文件格式,如图 5-49 所示,在项目选项对话窗口的 Output 选项卡中,选择 Create HEX File 选项,则在 Build 项目时同时生成默认的可执行文件和 HEX 格式的可执行文件。在 Name of Executable 文本框中可设定编译时所生成的可执行文件的名称。如果单击 Select Folder for Objects 按钮,则弹出文件夹选择对话框,可指定一个文件夹来保存编译时所生成的各种文件。

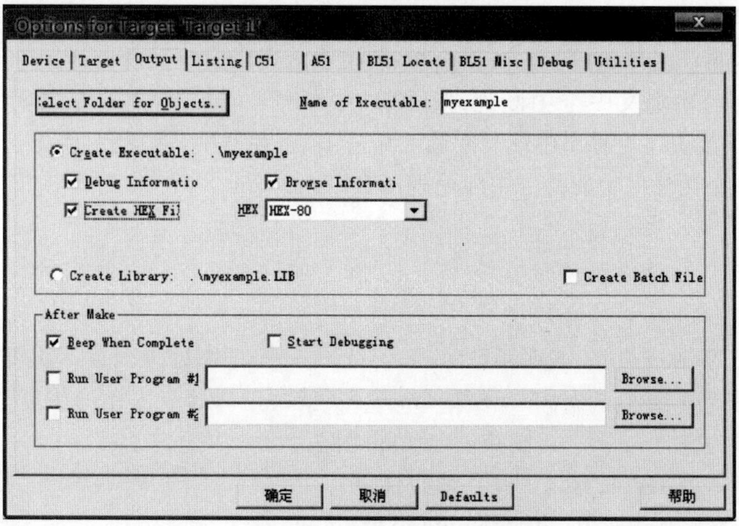

图 5-49　项目选项/输出选项设置

（5）在项目管理窗口中右击某个源文件，从弹出的快捷菜单中选择 Remove File 选项，可从项目中移除该文件。此时项目将不再引用该文件，但并不从磁盘上删除该文件。

（6）原版的 Keil C 编译器会忽略编码为 0xFD 的字符，当编写中文显示程序时会出现问题，应安装针对这一问题的专用补丁。许多 Keil C 安装包中都含有该补丁程序，安装时可根据帮助文件安装该补丁。

5.4.4　Keil C 的 51 单片机中断编程

多数单片机应用系统都涉及中断处理，掌握单片机中断处理函数的编写方法是单片机工作者必备的能力。

1. 80C51 中断处理函数编写方法

标准 80C51 有 5 个中断源，各中断源对应的中断处理程序保存在程序存储器 0003H～002AH 范围内，共 40B，每个中断源有 8B 用于保存其中断处理程序，如表 5-6 所列。

表 5-6　80C51 中断号与中断源的对应关系

80C51 中断号	80C51 中断源	中断处理程序起始地址（中断向量地址）
0	外部中断 0	0003H
1	定时器 0 溢出	000BH
2	外部中断 1	0013H
3	定时器 1 溢出	001BH
4	串行口中断	0023H

习惯上也将 0003H～002AH 这 40B 称为中断向量表，每个中断向量占 8B。对于多数中断处理任务而言，8B 是不足以保存其中断处理程序的，应用程序通常在各中断源对应的中断向量里放入一个跳转指令（相当于 C 语言的 goto 语句），通过执行该跳转指令转到实际的中断处理函数，C51 也是按这一思路来处理的。

C51 对标准 C 的函数定义语法作了扩展，可在普通函数定义的后面跟上 interrupt 属性和中断号（0～4）来定义一个中断处理函数。中断号与 80C51 中断源之间的对应关系如表 5-6 所列，从该表还可看出中断号实际对应着 IE 寄存器中各中断源使能位。下面的代码片断定义了一个无任何功能的空中断处理函数 timer0_int。

```
void timer0_int(void)interrupt1
{
}
```

函数名后的 interrupt1 表明函数 timer0_int 是一个中断处理函数。从表 5-6 可知，1 号中断对应的是定时器 0 溢出中断，函数 timer_int 就是定时器 0 溢出的中断处理函数，只不过由于函数体为空，timer0_int 没有任何实际功能。

定义中断处理函数时有以下几点值得注意。

（1）函数不能有返回值，只能是 void 类型。

（2）不能带有参数。

（3）应用程序的其他部分不能直接调用中断处理函数，当中断事件发生时由 CPU 自动调用中断处理函数。

(4) 为防止中断处理重入,通常在中断处理函数开始处关闭中断,中断处理函数返回前再开中断。如:

```
void timer0_int(void)interruptl
    {ET0 = 0;
     ⋮
     ETl = l;
    }
```

2. C51 编写定时器中断处理函数实例

【例 5-2】 80C51 晶振频率 f_{osc} 为 12MHz,用定时器 0 的溢出中断实现每隔 50ms 在串行窗口 0 上显示一行字符串 Hello World。

分析:

只要使定时器每隔 50ms 溢出一次,并在其中断处理函数中调用 printf 函数显示字符串即可。定时器每隔个时钟周期自动加 1,当 80C51 的工作时钟频率 f_{osc}=12MHz 时,12 个时钟周期折合为: $12/f_{osc} = 12/(12 \times 1\,000\,000\,Hz) = 0.000\,001s = 0.001ms$。如需 50ms 产生一次定时器溢出中断,则定时器应自加 1,共 50/0.001=50 000 次后定时器溢出。

在定时器几种工作方式中,方式 1 为 16 位定时器,当初值为 0 时,其最大溢出次数为 65 536。设定时器初值为 m,则有 65 536－m=50 000,m=15 536。再将 15 536 除以 256,商的整数部分为 60=3CH,余数为 176=B0H,可知定时器高 8 位初值为 0x3C,低 8 位为 0xB0。完整的程序如下:

```
# include < reg51.h >
# include < stdio.h >
# define RELOADVALH 0x3C             /* 定时器初值高 8 位 */
# define RELOADVALL 0xB0             /* 定时器初值低 8 位 */
void main()
{
    IE = 0;                          /* 关所有中断 */
    TR0 = 0;                         /* 停止定时器 */
    SCON = 0x12;
    TMOD = 0x01;                     /* 定时器 0 工作在方式 1,16 位定时器 */
    TH0 = RELOADVALH;                /* 装定时器初值,50ms 后溢出 */
    TL0 = RELOADVALL;
    IE = 0x82;                       /* 只开定时器 0 的中断,其余中断禁止 */
    TR0 = 1;                         /* 启动定时器 0 */
    while(1);
}
/* 定时器 0 溢出中断处理函数 */
void timer0(void)interrupt 1
{   ET0 = 0;
    TR0 = 0;                         /* 停止定时器 0 */
    TH0 = RELOADVALH;                /* 重装定时器初值 */
    TL0 = RELOADVALL;
    TR0 = 1;                         /* 启动 T0 */
```

```
        printf("Hello World\n");
        ET0 = 1;
    }
```

运行,打开串行窗口0,可观察到每隔50ms就会在串行窗口0(UART♯0)显示"Hello World"。

定时器0溢出中断响应过程如下。

(1) 80C51响应中断。根据触发中断的中断源,程序自动转到定时器0的中断处理程序入口000BH处执行,main函数暂停执行。

(2) 000BH处实际存放的是一条跳转指令,其作用相当于C语言中的goto语句,程序转入定义的中断处理一数timer0执行。

(3) 中断处理函数timer0执行完毕返回,main函数重新恢复执行。

(4) 每次定时器溢出时,重复(1)~(2)。

3. C51编写外部中断处理函数实例

【例 5-3】 89C51晶振频率f_{osc}为12MHz,如图5-50所示,编程统计每秒$\overline{INT0}$引脚上的中断脉冲个数并将其显示在串行窗口0中。

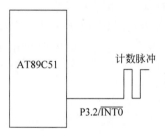

图 5-50 外部脉冲计数示意图

分析：

定时器1用于定时,用方式2(自动重装),初值为56,则定时器溢出5000次为1s。外部中断0处理函数用于脉冲计数,每个测量周期(1s)结束后重新计数。函数main()中完成显示任务。

定义一个全局变量T1_OC,初值为5000。T1每溢出一次则让T1_OC减1;当T1_OC变为0时,则刚好为1s。

定义一个全局变量COUNT,初值为0,每个脉冲到来时,触发一次外部中断0,此时可将COUNT加1。当一个测量周期结束时(T1_OC变为0)时,COUNT的值即为1s内到达的脉冲数。另定义一个全局变PRECOUNT,用于保存上个测量周期测得的脉冲数,每个测量周期结束时在main()函数中显示PRECOUNT的值。

源程序如下：

```
# include "reg51. h"
# include "stdio. h"
unsigned int   COUNT = 0;               /* 每个测量周期脉冲信号计数值 */
unsigned int PRECOUNT = 0;              /* 上个测量周期的 COUNT 值,用于显示 */
unsigned int T1_OC = 5000;
void main()
{/* 定时器1,方式2,自动重装 */
SCON = 0x52;
TMOD = 0x20;
ET1 = 1, EX0 = 1;                       /* 开定时器 1 和外部中断 0 */
IT0 = 1;                                /* 外部中断 0 为边沿触发 */
TH1 = 56; TL1 = 56;                     /* 200×12/12e6 = 0.2ms 溢出 1 次,溢出 5000 次为 1s */
TR1 = 1, EA = 1;
```

```
while(1)
    {
    printf("Pulses = % u\n", PRECOUNT);
    }
}
void int EX0()interrupt 0
{
COUNT++;
}
void int T1()interrupt 3
{
 T1_OC--;
if(T1_OC==0)
    {EA = 0;
    PRECOUNT = COUNT;
    COUNT = 0,
    T1_OC = 5000;
    EA = 1;
    }
}
```

要在 Keil C 中运行此程序是比较麻烦的,需要用到 Keil C 的程序函数来模拟外部中断程信号的产生。由于外部中断 0 的产生是施加于 80C51 的 P3.2 引脚上的周期性脉冲信号,可用周期性地改变 P3.2 上的电平信号的方法来模拟产生中断信号。

5.4.5　Proteus 与 Keil C 联合仿真

实现 Proteus 与 Keil C 联合仿真涉及的 Proteus 与 Keil C 的安装、配置和调试过程,下面分别介绍。

1. Proteus 与 Keil C 的安装

(1) 在 Proteus 官方网站 http://www.labcenter.co.uk/下载安装文件 vdmagdi.exe。

(2) 必须先安装完 Keil C(Keil μVision2 或者 μVision3)后再安装 vdmagdi.exe,如图 5-51 和图 5-52 所示。

图 5-51　vdmagdi 安装文件

(3) 选择安装 Keil C μVision2 或 μVision3 的驱动,μVision2 只针对 8051,μVision3 针对 8051 和 ARM,如图 5-53 所示。

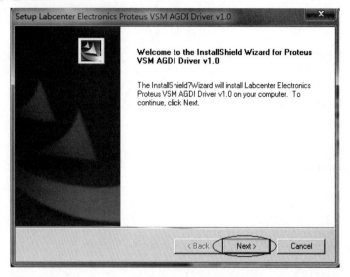

图 5-52　安装界面

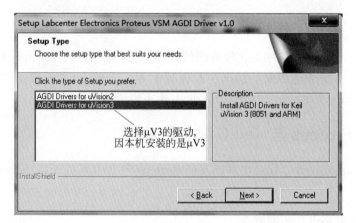

图 5-53　选择安装 μVision3 的驱动

（4）选择安装文件夹，如图 5-54 所示。

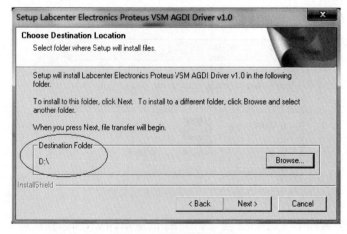

图 5-54　选择安装文件夹

（5）确认要安装的驱动和文件夹，如图 5-55 所示。

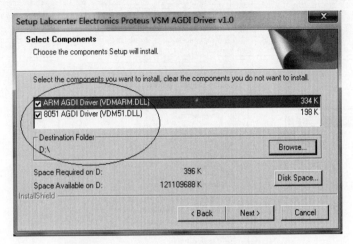

图 5-55 确认要安装的驱动程序和文件夹

（6）最后完成安装，如图 5-56 所示。

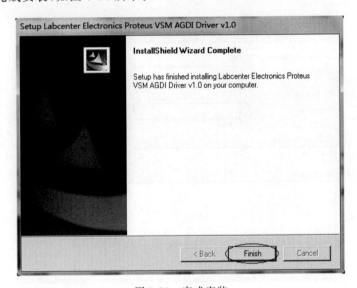

图 5-56 完成安装

2. Proteus 与 Keil C 的配置

完成了 Proteus 与 Keil C 的安装后，要让系统运行起来，还需要对 Proteus 与 Keil C 做一些配置工作，具体步骤如下。

（1）首先启动，打开要仿真的工程文件，然后配置 Proteus 软件，选择 Debug→Use Remote Debug Monitor 命令，如图 5-57 所示。即使是用本地回环地址 127.0.0.1，当第一次选择时 Windows 也会提示是否解除其阻止。需要选中解除阻止，否则网络连接无法建立。

（2）调出编辑 AT89C51 属性的对话框，将其程序文件设置为空，如图 5-58 所示。

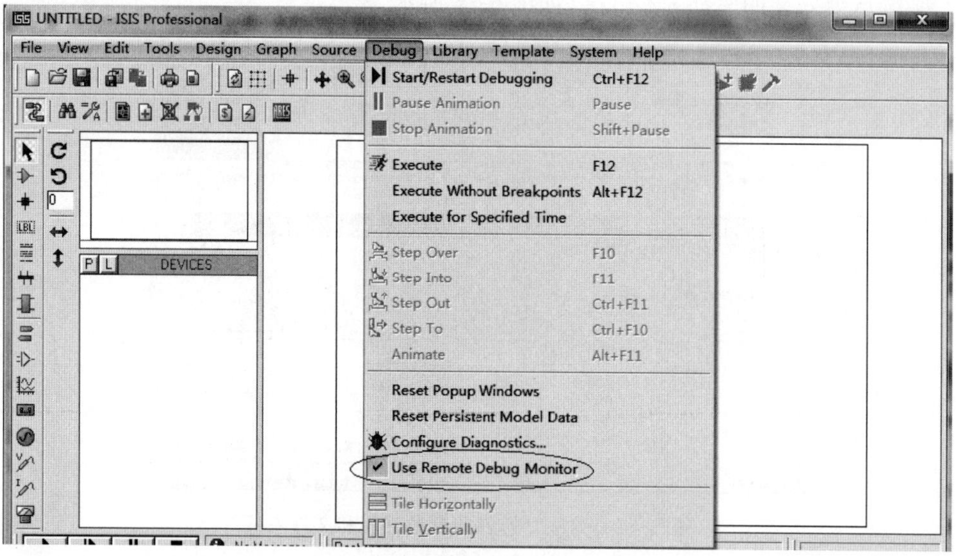

图 5-57　Proteus 的配置

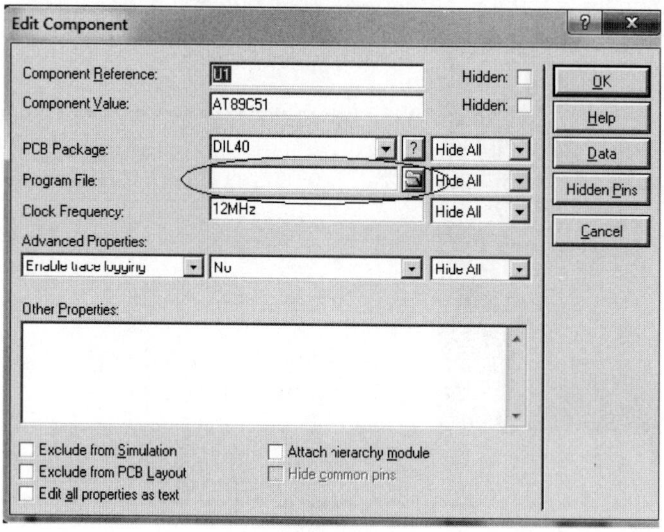

图 5-58　AT89C51 程序文件的设定

(3) 对于 Keil μVision2 的设定，首先启动 Proteus 仿真项目对应的 Keil 中的工程，如图 5-59 所示。

(4) 在工程工作区选中 Target1 并右击，弹出如图 5-60 所示的快捷菜单。

(5) 在图 5-60 所示的快捷菜单中选择 Options for Target 'Target 1'选项，弹出如图 5-61 所示的对话框。

(6) 在图 5-61 所示的对话框中选择 Device 选项卡，正确选择微控制器(MCU)类型。然后选择 Debug 选项卡，进行如图 5-62 所示的操作。其他选项卡采用默认值。建议读者选中 Run to main()复选框，这样每次调试都从主函数的第一条指令开始，便于跟踪程序。

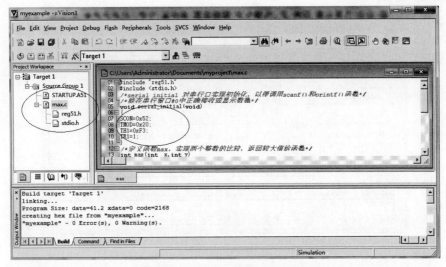

图 5-59 Keil 工作区分布

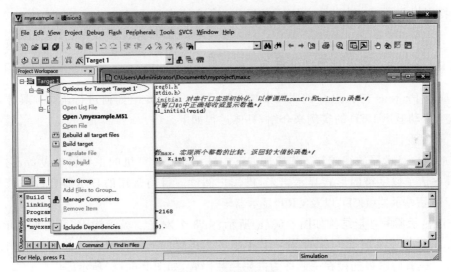

图 5-60 快捷菜单

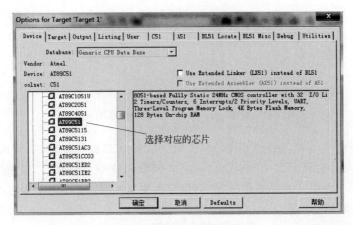

图 5-61 设定对应的微控制器

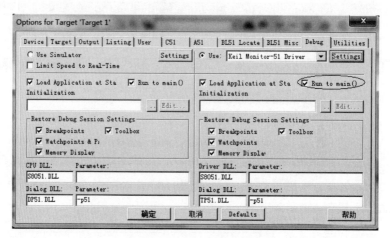

图 5-62　Debug 选项卡的设定

上面的操作是对 Proteus 和 Keil 的设定,是在使用前必须完成的工作,否则将不能正确使用。特别提醒的是,不管是本地还是远程,建议读者选中 Use Remote Debug Monitor选项。

3. Proteus 与 Keil C 的调试过程

完成了 Proteus 与 Keil C 的驱动安装和配置后,下面介绍如何进行调试。具体通过一个 89C51 驱动显示 LED 的实例来介绍,具体过程如下。

1) 硬件设计

(1) LED 显示器的组成与工作原理如下。显示器是计算机的主要输出设备,它把运算结果、程序清单以字符的形式显示出来,供用户阅读。目前常用的显示器有数码管显示器(LED)、液晶显示器(LCD)以及 CRT 显示器等。

LED 显示器的外形结构如图 5-63(a)所示,由 8 个发光二极管构成,可用来显示 0~9、A、B、C、D、E、F 及小数点"."等字符。其中把各二极管的阳极连接在一起称为共阳极数码管,把各二极管的阴极连接在一起称为共阴极数码管,如图 5-63(b)所示。

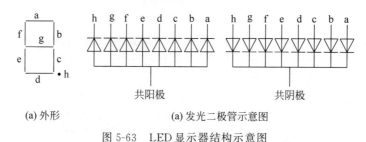

(a) 外形　　　　　　　(a) 发光二极管示意图

图 5-63　LED 显示器结构示意图

当某个二极管导通时,相应的字段发亮。这样,若干二极管导通,就构成一个字符。显然,每一个字符对应有若干发光二极管。在共阴极数码管中,导通的二极管用 1 表示,其余用 0 表示。这些 1、0 按一定的顺序排列,就组成所要显示字符的显示代码。例如,对共阴极数码管来说,阳极排列顺序为 hgfedcba。这样,字符 1 的显示代码为 00000110,字符 F 的显示代码为 01110001,用十六进制表示分别为 06H 和 71H。若要显示某一字符,就在二极管的阳极按显示代码加以高电平,阴极加低电平即可。显示代码如表 4-14 所示,按照显示字符顺序排列。

　　显然,显示代码与要显示的字符并不一致,因此若要显示某一字符,必须找到相应的显示代码送到数码管的阳极端(共阴极)。

　　(2) 89C51 驱动 LED 显示。图 5-64 为 89C51 驱动 LED 显示原理图,该原理图的核心是单片机 AT89C51。单片机 P1 口的 8 个引脚接在 LED 显示器的段选码引脚(a～g、dp)上,单片机 P2 口的 6 个引脚接在 LED 显示器的位选码的引脚(1～6)上,电阻起限流作用,电阻值均为 500Ω,总线连接使电路图变得简洁。

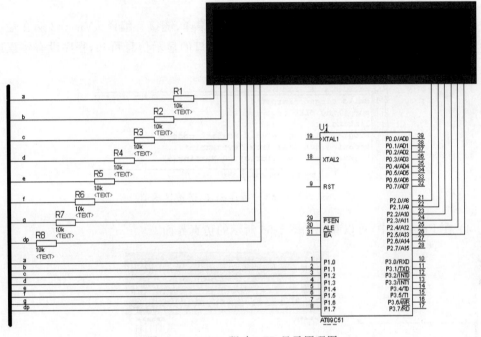

图 5-64　89C51 驱动 LED 显示原理图

2) 程序设计

　　用 Keil μVision2 编写程序,程序功能是:在不同时段分别选通 6 位 LED 显示器中的一位,并在相应位上显示数字。源程序如下:

```
#include "reg51.h"
/*LED 位选通信号*/
unsigned char code Select[] = {0x01,0x02,0x04,0x08,0x10,0x20};
/*7 段 LED 数字 0-5 的字符编码*/
unsigned char code LED_CODES[] = {0xc0,0xf9,0xa4,0xb0,0x99,0x92};
void main()
{
  char i = 0;
  long int j;
  while(1)
  {
    P2 = 0;
    P1 = LED_CODES[i];
```

```
        P2 = Select[i];
        for(j = 3000; j > 0; j-- );            /* 延时,便于观察 */
        i++ ;                                  /* 循环显示 */
        if(i > 5)i = 0;
        }
    }
```

3）仿真调试过程实现步骤

（1）将 Proteus 与 Keil C 安装配置好。

（2）在 Proteus 中选择 Debug→Use Remote Debug Monitor 命令,完成硬件电路的输入。

（3）在 Keil C 中编写应用程序,并对程序进行编译、链接。编译 μVision2 后在输出窗口显示编译和链接过程,如图 5-65 所示。从输出窗口的显示信息可知,程序没有错误或警告。随后便可进入调试状态,并且运行该程序。

```
Build target 'Target 1'
compiling 6LED.c...
linking...
Program Size: data=14.0 xdata=0 code=162
creating hex file from "myexample"...
"myexample" - 0 Error(s), 0 Warning(s).
Build  Command  Find in Files
```

图 5-65　μVision2 中程序编译、链接显示信息

（4）在 Proteus 中,可以看到如图 5-66 所示的仿真界面。

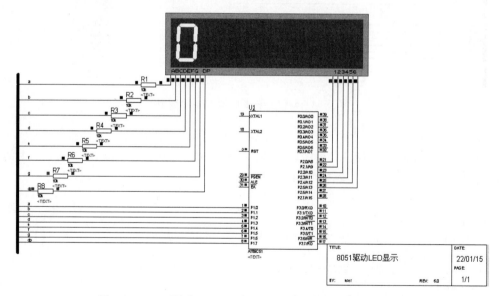

图 5-66　8051 驱动 LED 显示（Proteus 与 Keil C 的联合仿真）

通过对以上仿真图的观察与思考,可以获得以下结论。

（1）仿真进程控制按钮中的运行按钮 ▶ 已变为灰色,说明 Proteus 已进入仿真状态,同时也表明 Proteus 与 Keil C 成功完成对接。如果单击停止按钮 ■ ,Proteus 结束仿真状态,进入编辑状态,而 Keil C 中同时也结束调试状态。

（2）字符 0～5 在 6 位 LED 显示器上分别循环显示，这正是软件设计的预期目标。

（3）每个元器件引脚的电平变化是一目了然的，其中，红色代表高电平，蓝色代表低电平。

（4）在仿真过程中，仿真时间和 CPU 负荷都显示在状态栏中，利用这些信息可以帮助我们完成设计。

5.4.6 Proteus 51 汇编源码调试方法

51 单片机仿真支持的程序文件从图 5-67 可以看出，其所支持的文件类型有 Intel Hex Files、OMF51 Files、UBROF Files 三种类型，其中 Intel Hex Files 是汇编语言源程序文件，OMF51 是 Keil 所支持的文件格式，UBROF 是 IAR 编译器所支持的文件格式。本节将对 Intel Hex Files 和 OMF51 Files 进行重点介绍。

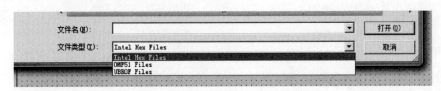

图 5-67 选择程序文件类型

1. 汇编语言方式源代码级调试（Intel Hex Files）

Proteus 支持调用汇编语言源程序。在 Proteus 中进行单片机系统的仿真时，需要进行源代码级的调试，包括汇编语言源程序文件的创建和使用。

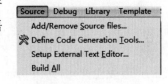

图 5-68 Source 菜单

1）完成汇编语言源程序文件的创建步骤

（1）通过 Source 菜单编辑源程序，如图 5-68 所示。

此菜单有添加/移出源文件、定义代码产生工具、设置外部文本编辑器、编译所有件等选项。

（2）选择 Source→Add/Remove Source files 命令，为本仿真系统添加汇编语言源程序，如图 5-69 所示。

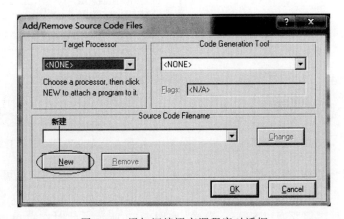

图 5-69 添加汇编语言源程序对话框

源文件下拉列表框为空，此时可通过单击 New 按钮添加源文件，并选择代码生成工具。

（3）单击 New 按钮增加源文件，如图 5-70 所示。

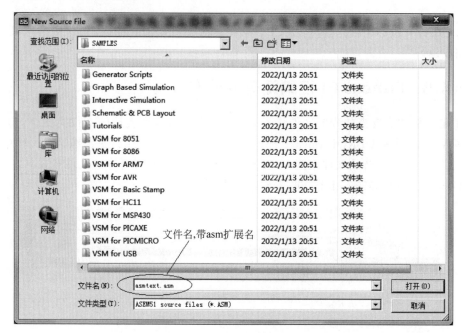

图 5-70　增加源文件

在"文件名"文本框中输入文件名，并带 .asm 扩展名，然后单击"打开"按钮。

（4）确认创建新文件，如图 5-71 所示。

（5）单击"是"按钮确认之后，返回到 Add/Remove Source Code Files 对话框，此时对话框的内容发生变化，如图 5-72 所示，在源文件名处增加了前面设定的源程序文件名。此时要设置代码产生工具，由于是 AT89C51 系统，故选择代码产生工具为 ASEM51。

图 5-71　创建新文件对话框

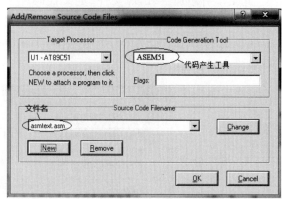

图 5-72　设置代码产生工具对话框

前面的项目设置好之后，单击 OK 按钮退出。对于源程序文件名，也可以通过该对话框的 Change 按钮来改变。

（6）编辑源程序需要通过 Source 菜单，如图 5-73 所示。此时在菜单下增加了一项，需要编辑源程序文件,则单击加亮的程序文件名。

至此完成了汇编语言源程序文件的创建,接下来的问题是如何使用该文件。

图 5-73 编辑源程序的启动方式

2) 汇编语言源程序文件的使用操作步骤

(1) 选择 Source→Build All 命令,如图 5-73 所示,编译文件。如果源程序文件无语法错误,则编译通过生成同名.hex 的文件;如果有语法错误,则需要返回去修改源程序文件。如图 5-74 所示,此时系统有错误。

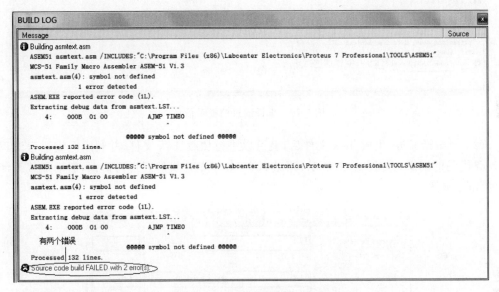

图 5-74 编译结果的提示信息

此处的错误为命令行错误。选择 Source Define Code Generation Tools 命令,按图 5-75 所示去修改。然后再编译,可看到如图 5-76 所示的结果,编译通过,就可以进入下一步,加载.hex 文件进行仿真。

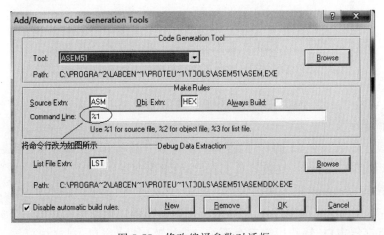

图 5-75 修改编译参数对话框

因为编译器需要工作在 DOS 环境下，在编译时会发现在任务栏有一个命令窗口在活动，当编译完之后命令窗口自动关闭，因此在对文件夹和文件进行命名时一定要符合系统下的命名规则。

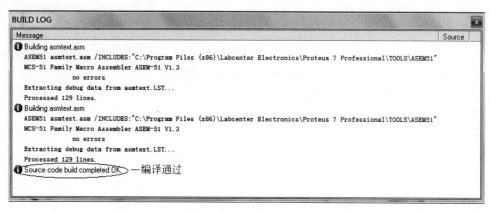

图 5-76　编译通过的提示信息

（2）当编译通过，生成.hex 文件后，就可以进行加载.hex 文件，并利用汇编语言源程序实现源代码的调试。如图 5-77 所示，调出 AT89C51 单片机的属性对话框，启动加载编译生成的.hex 文件。

图 5-77　添加可执行程序文件对话框

（3）在 AT89C51 单片机的属性对话框中调用加载.hex 文件的对话框，文件为与汇编语言源文件同名的文件。

（4）在设定好 AT89C51 的程序文件后，就可以开始仿真，仿真对应的所有功能菜单为 Debug 菜单，如图 5-78 所示，在该菜单上有启动/重启调试、暂停仿真、停止仿真功能。单击"启动调试"按钮，Proteus 进入调试状态。此时，再次选择 Debug 菜单，如图 5-78 所示，要观察哪个窗口，就在该项前选中打钩，则所对应的窗口出现。此处可调用的窗口有程序源代码窗口、CPU 寄存器窗口、特殊功能寄存器窗口、内部 RAM 窗口、观察窗口等。其中在调出的源代码窗口有各种调试命令，其对应于菜单下的项目有全速运行、进入函数、跳过函数、跳出函数等,并且在程序源代码窗口中有一项功能是设置/撤销断点,通过该功能可以设置和撤销断点,这在调试系统时是非常有用的。

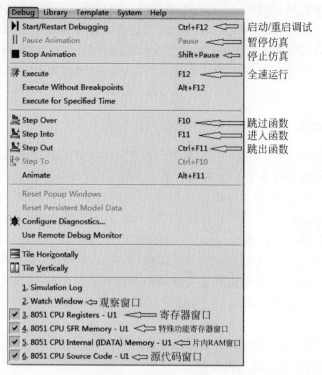

图 5-78　Debug 菜单

（5）在想要观察的窗口前打钩后,对应的窗口出现,如图 5-79 所示。可以通过全速运行观察硬件运行状态调试系统,也可以通过跳过函数,进入函数和跳出函数等单步调试方式。

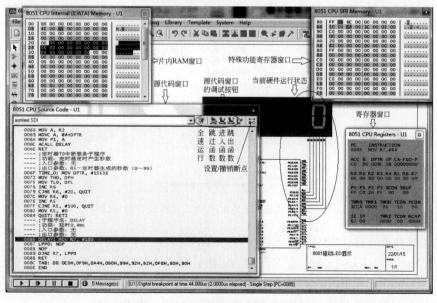

图 5-79　调用汇编源程序的仿真窗口

请注意，此时源代码窗口加载的是一个扩展名为.SDI的文件，如果没有出现源代码，则选择其下拉列表，将对应文件调出。

通过寄存器窗口可以观察 AT89C51 内部的各种功能寄存器，通过特殊功能寄存器窗口可观察其各种特殊功能寄存器的当前状态，通过内部存储器窗口可观察内部 RAM 的数据。此时的仿真调试和我们利用硬件仿真器及其集成开发环境调试系统一样方便。

以上说明的是通过加载 Intel Hex Files 文件的方式，实现调出汇编源程序的方法来调试系统。

2. C51 语言源代码级调试（OMF51 格式）

虽然在 Proteus 环境中通过调用汇编语言程序可以实现源码级的调试（Intel Hex Files 格式），但因其有不能进行基于 C51 源码的单步调试，不能观察源码、观看变量等缺陷而使其使用受到限制。以 51 系列单片机为例，大多数采用的是 C51。这里介绍语言源代码级调试方法（OMF51 格式）。

OMF51 格式（absolute object module format files，绝对目标文件）的文件，是 Keil 所支持的文件格式，文件包括所有的指令和调试信息，具有全速、单步、设置断点、观察变量等调试功能。用 Keil C 编译的汇编文件能实现源码仿真吗？只要在 Keil C 编译时生成 OMF 文件取代 HEX 文件，将其加载给 CPU，就可以实现 Proteus 下的源码仿真，而不需要同时打开 Keil。

1）在 Keil 中生成 OMF51 格式文件的方法

① 在 Keil 中打开相应的工程项目。

② 单击选中 Targetl 然后右击，在打开的快捷菜单中选择 Options for Group 'Source Group 1'选项，如图 5-80 所示。

图 5-80　Keil 中输出 OMF51 格式文件设置的快捷菜单

③ 在新打开的对话框中选择选项卡，并完成如图 5-81 所示的设置。

通常 Name of Executable 是工程名，没有后缀.omf，这里需要将后缀添加上；选中 Debug Information 和 Browse Information 复选框，取消 Create HEX Fi 复选框；最后确定退出，对整个工程进行编译就可以得到所需要的 OMF51 格式文件。

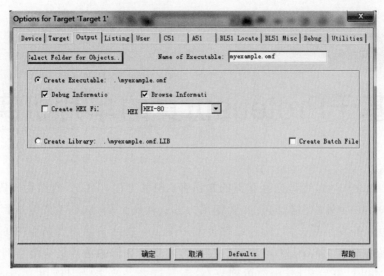

图 5-81 配置输出 OMF51 格式文件对话框

2) OMF 格式文件的应用

在 Proteus 软件中打开单片机仿真文件,将程序文件设置成 OMF 文件后,就可以在 Proteus 环境中调试系统。

当需要调出 C 源代码窗口时,先单击下面的"暂停"按钮,然后打开 Debug 菜单,选中 8051CPU Source Code-U1 选项,也可以打开其他观察窗口。此时的调试方式和 VC++等系统相似,提供了全速、跳过函数、进入函数、跳出函数、执行到光标处、设置/取消断点、单步等方式。

第6章
基于Proteus仿真的单片机实验

通过前 5 章的学习,读者已经掌握的知识有:硬件方面,80C51 内部集成资源的基本原理和使用方法、40 个外围引脚的含义和使用方法;软件方面,80C51 汇编语言和 C 语言程序的设计方法;开发工具方面,Keil C 软件和 Proteus 软件的使用及仿真 80C51 应用系统的方法等。根据作者多年的教学和科研的经验,本章以具体的单片机应用实例结合 Proteus 仿真工具和 Keil C 开发环境,由简单到复杂,引导读者一步步学习使用 Proteus、Keil C 软件进行单片机应用系统的软、硬件设计思路和方法,最终具备单片机应用系统软、硬件设计的基本能力。

本章应用举例包括:LED 流水灯控制、交通灯控制、步进电机控制、秒表的设计、基于串行通信的秒表设计、电子时钟的设计、电子琴的设计、温度检测仪。通过这些实例读者可以掌握单片机集成硬件资源:片内 RAM、I/O 接口、定时器/计数器、中断系统、异步串行通信接口的使用,还可以掌握常用的输入设备如按键、传感器的使用方法,以及常用的输出设备如 LED 发光二极管、数码管、步进电机等的控制方法。

6.1 LED 流水灯控制

发光二极管(light-emitting diode,LED)是一种能将电能转化为光能的半导体电子元件,是单片机等计算机控制系统最常用的输出设备。发光二极管有亮、灭两种状态,多用于信号或状态显示。发光二极管与单片机的 I/O 口有两种连接方式,如图 6-1 所示。LED 流水灯控制是单片机应用系统设计中最简单也是最经典的控制实例。

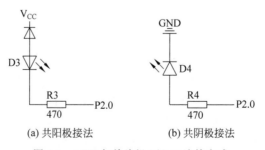

(a) 共阳极接法　　　　　　(b) 共阴极接法

图 6-1　LED 与单片机 I/O 口连接方式

6.1.1 实验内容和实验目的

1. 实验内容

单片机集成了 4 个 8 位并行 I/O 口,LED 流水灯控制需要选择其中的 1 个 I/O 口连接 8 个 LED 灯(LED1~LED8),通过程序控制将发光二极管 LED1~LED8 依次置 1(点亮)、清零(熄灭),单片机上电后 8 个 LED 灯会显示出一明一暗的"流水"状态,直到单片机断电。在此需要注意一点,因为人眼的视觉暂留效应以及单片机执行每条指令的时间很短,所以在控制二极管亮灭的时候应该延时一段时间,否则就看不到"流水"效果,这里每个二极管点亮的时间是 1s。具体控制要求如图 6-2 所示的时序图。

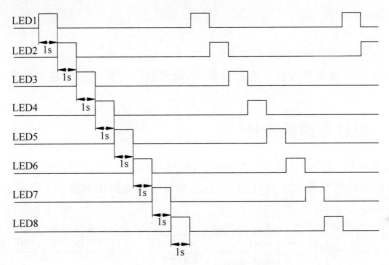

图 6-2 LED 流水灯控制时序图

2. 实验目的

LED 流水灯控制是一个典型的完整单片机控制系统,具备单片机控制系统的基本要素。它在单片机最小系统基础上,使用 LED 发光二极管作为系统的输出设备。通过 LED 流水灯控制系统的设计,实现以下实验目的。

(1) 熟悉单片机控制系统的设计流程。

(2) LED 发光二极管是单片机最基本的输出设备,用于系统状态显示。硬件上,根据 LED 二极管发光的基本原理和单片机所集成 I/O 接口的输出特性,掌握单片机 I/O 接口与 LED 发光二极管连接的方法。

(3) 能够根据单片机的时钟周期,利用循环程序掌握 1s 延时子程序的设计方法并能够正确调用。

(4) 根据硬件设计结果,学会使用汇编语言、C 语言实现 8 个 LED 灯逐个点亮、熄灭并循环的控制方法,解决系统调试中出现的问题。

6.1.2　实验步骤和实验环境

1. 实验步骤

（1）在 Proteus 中完成单片机最小系统设计，分析 LED 流水灯控制要求，选择单片机 1 个 I/O 口连接 8 个 LED 灯，在 Proteus 中绘制电路原理图。

（2）根据硬件设计结果，完成程序流程图的设计，使用 Keil C 开发环境分别用汇编语言和 C 语言进行程序设计，编译通过生成相应的.hex 文件。

（3）在 Proteus 中分别加载汇编程序和 C 程序对应的.hex 程序，观察仿真结果。

（4）把.hex 文件下载到单片机开发板中，根据硬件电路原理图连线，观察开发板上 8 个 LED 灯的状态。

2. 实验环境

在 Proteus 中完成虚拟实验。有条件的话，用相应的硬件模块组建实际系统，然后将两次实验结果进行对比。

6.1.3　硬件电路的设计

图 6-1 中有 LED 灯的(a)和(b)两种接法，这里选择(b)共阴极接法；选择 P2 口作为输出口，在单片机最小系统基础上设计的 LED 流水灯控制电路图如图 6-3 所示。

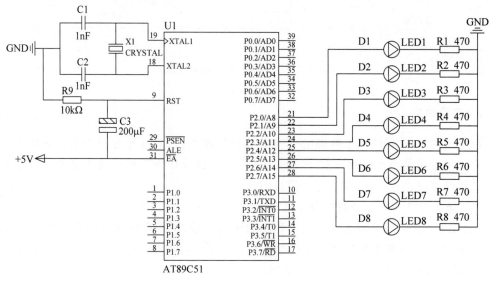

图 6-3　流水灯电路图

6.1.4　软件的设计

1. 程序流程图

分析图 6-2 的控制要求，单片机上电后首先 LED1 亮，根据流水灯控制的硬件电路，P2 口连接的 8 个 LED 灯是共阴极,高电平灯亮、低电平灯灭,所以初始值是 00000001B。如果使用汇编语言,考虑到 8 个 LED 灯的切换可以通过移位指令实现,所以要把初始值送到累加器 A 中,方便移位处理。各 LED 灯亮灭切换是通过调用延时子程序实现的。综上所述,实现流水灯控制的程序流程图如图 6-4 所示。

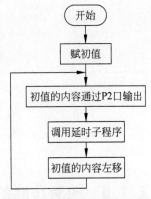

图 6-4　流水灯控制程序流程图

2. 程序代码

1) 汇编语言程序代码

单片机的晶振是 12MHz,机器周期是 $1\mu s$,1s 的延时子程序需要使用三重循环实现。为了使定时的时间误差尽可能小,内层循环的循环次数要尽可能大,外层循环的次数尽可能小。经过调试成功的完整汇编程序如下:

```
        MOV  A, #01H          ;累加器 A 赋初值
AGAIN:  MOV  P2, A            ;累加器 A 的内容通过 P2 口输出,LED1 亮,其他灭
        ACALL DELAY           ;调用 1s 延时子程序,使点亮的 LED 灯保持 1s 的时间
        RL   A ; 1s           ;时间到,累加器 A 的内容左移
        AJMP AGAIN            ;循环,每过 1s 点亮下一个 LED 灯,实现流水灯控制效果
;功能:1s 延时子程序
;子程序名:DELAY
;无参数调用
DELAY:  MOV  R7, #10          ;最外层循环次数
LP1:    MOV  R6, #200         ;中间层循环次数
LP:     MOV  R5, #250         ;内层循环次数
        DJNZ R5, $
        DJNZ R6, LP
        DJNZ R7, LP1
        RET                   ;子程序返回
        END
```

2) C 语言程序代码

```
#include <reg51.h>
#define uchar unsigned char
#define uint unsigned int
void delay(uint);
void main(void)
{
    uint i;
    uchar temp;
      while(1)
      {
          temp = 0x01;            ;点亮 LED1 的初值
          for(i = 0; i < 8; i++)
          {
              P2 = temp            ;P2 口输出初值,LED1 亮,其他灭
              delay(500)           ;调用延时子程序,使点亮的 LED 灯保持 1s
```

```
                temp << = 1              ;1s 后,初值的内容左移,通过循环点亮下 1 个 LED
            }
        }
    }
    void delay(uint t)                  ;延时子程序
    {
        register uint bt;
        for(; t; t-- )
        for(bt = 0; bt < 2000; bt++);
    }
```

6.1.5　控制功能的扩展

LED 流水灯控制看似是一个非常简单的系统,但是这个系统的可延展性非常强。

首先,关于延时子程序,可以通过子程序参数传递,实现定时时间参数可变的流水灯控制;也可以在完成本书第 3 章单片机定时器有关理论学习之后,使用定时器中断方式或查询方式实现流水灯控制。

其次,对 8 个 LED 流水灯,在不改变硬件的情况下,可以实现如下的控制要求。

(1) 按照表 6-1 的控制方案,从点亮 LED1 开始,依次点亮 LED2 等,直到 LED8,之后再反向依次点亮,直到 LED1,如此循环。

表 6-1　流水灯控制方案

周期	LED1	LED2	LED3	LED4	LED5	LED6	LED7	LED8
1	1	0	0	0	0	0	0	0
2	0	1	0	0	0	0	0	0
3	0	0	1	0	0	0	0	0
4	0	0	0	1	0	0	0	0
5	0	0	0	0	1	0	0	0
6	0	0	0	0	0	1	0	0
7	0	0	0	0	0	0	1	0
8	0	0	0	0	0	0	0	1
9	0	0	0	0	0	0	1	0
10	0	0	0	0	0	1	0	0
11	0	0	0	0	1	0	0	0
12	0	0	0	1	0	0	0	0
13	0	0	1	0	0	0	0	0
14	0	1	0	0	0	0	0	0
15	1	0	0	0	0	0	0	0

(2) 在完成本书第 3 章中断系统有关理论的学习之后,可以使用外中断改变流水灯控制模式,例如在单片机上电复位后,8 个 LED 灯可以按照图 6-2 的控制时序进行控制,一旦检测到有外中断信号,流水灯改变控制模式,或者改变时间参数等。

6.2 交通灯控制

交通灯控制是以东西方向红灯、绿灯、黄灯,南北方向红灯、绿灯、黄灯共 6 个 LED 灯的亮灭控制模拟十字路口交通灯的运行规律。

6.2.1 实验内容和实验目的

1. 实验内容

选择单片机的一个 I/O 口,连接东西、南北红、绿、黄共 6 个 LED 灯,通过程序控制 6 个 LED 灯模拟十字路口交通灯的运行规律。单片机上电后交通灯开始运行,直到单片机断电。交通灯控制是典型的以时间作为控制参数的控制过程,选择单片机的一个定时器,实现交通灯控制过程中的定时,定时器以中断方式工作。具体控制要求如图 6-5 所示时序图所示。

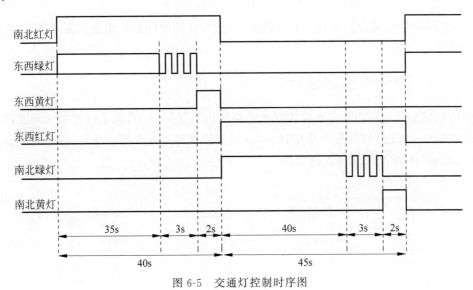

图 6-5 交通灯控制时序图

2. 实验目的

交通灯控制本质上也是一个特殊的流水灯控制,所不同的是流水灯各 LED 灯的状态切换时间通常是相等的,并且 8 个 I/O 口的状态在切换前后是有规律的,而交通灯各 LED 灯的状态切换时间是不相等的,其 6 个 I/O 口的状态在切换前后也没有明显的规律。通过交通灯控制实现以下实验目的。

(1) 熟悉单片机控制系统的设计流程。

(2) 熟练掌握定时器的使用,包括定时器的初始化、1 个定时器实现多个时间参数的定时,比较长的定时时间实现方法(注意:12MHz 的晶振,定时器方式 1 下单次最长的定时时间是 65.536ms)。

(3) 理解为什么定时器中断工作方式优于定时器查询方式。

（4）根据硬件设计结果，学会使用汇编语言、C语言实现交通灯控制的控制方法和系统的调试方法。

6.2.2　实验步骤和实验环境

1．实验步骤

（1）分析交通灯的控制要求，选择单片机的6条I/O口线作为输出口，连接东西方向、南北方向共6个LED灯，在Proteus中绘制电路原理图。

（2）根据硬件设计结果，完成程序流程图的设计，使用Keil C开发环境分别用汇编语言和C语言进行程序设计，并编译通过生成相应的.hex文件。

（3）在Proteus中加载程序，观察仿真结果。

（4）把.hex文件下载到单片机开发板中，根据硬件电路原理图连线，观察开发板上6个LED灯状态的切换。

2．实验环境

在Proteus中完成虚拟实验。有条件的话，用相应的硬件模块组建实际系统，然后将两次实验结果进行对比。

6.2.3　硬件电路的设计

交通灯控制的电路图与流水灯控制的电路图大致是一样的，流水灯控制8个LED灯，交通灯控制6个LED灯。为方便在Proteus或实际硬件中观察实验现象，LED灯的颜色分别是红、绿、黄各2个，如图6-6所示。

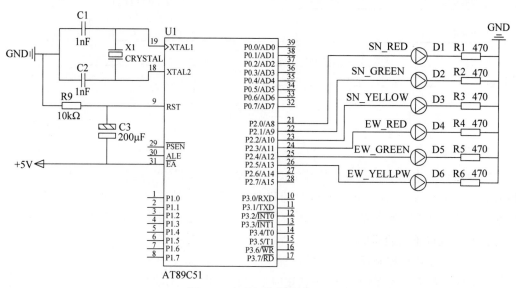

图6-6　交通灯控制电路图

6.2.4　软件的设计

1. 程序流程图

分析交通灯的控制时序,时间是交通灯状态切换的控制参数,一共 6 个参数,分别是 35s、3s、2s、40s、3s 和 2s,使用单片机定时器 T0 定时 50ms,定时器以中断方式工作,并使用寄存器 R3 作为"50ms 软计时器",每 20 个 50ms 计时 1s,再选择 R7 作为"1s 软计时器",以实现交通灯 6 个状态切换,定时器 T0 中断服务子程序流程图 6-7 所示。

主程序在完成基本的初始化工作后,依照交通灯的控制时序,通过比较"1s 软计时器"是否与状态切换的时间相等实现 6 个状态切换,主程序流程图如图 6-8 所示。

2. 程序代码

在不考虑绿灯闪烁的情况下,根据图 6-6 交通灯控制电路原理图,6 个状态如表 6-2 所示。

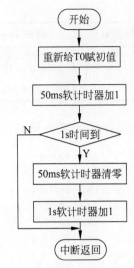

图 6-7　定时器 T0 中断服务子
程序流程图

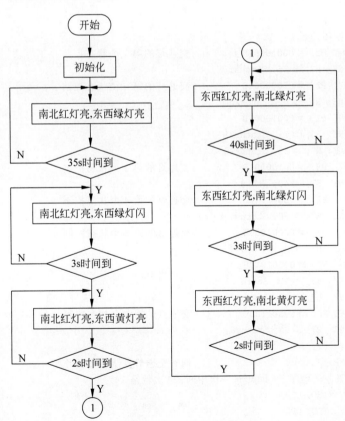

图 6-8　交通灯控制主程序流程图

表 6-2　交通灯控制的 6 个状态值

状态 1	状态 2	状态 3	状态 4	状态 5	状态 6
P2.7···P2.0	P2.7···P2.0	P2.7···P2.0	P2.7···P2.0	P2.7···P2.0	P2.7···P2.0
00010001	00000001 00010001	00100001	00001010	00001000 00001010	00001100

1）汇编语言程序代码

```
            ORG   0000H
            AJMP  MAIN
            ORG   000BH
            AJMP  TIM0
            ORG   0030H
MAIN:       MOV   R7, #0
            MOV   R3, #0
            MOV   TMOD, #00000001B      ;定时器 T0 设置方式控制字
            MOV   DPTR, #15536          ;定时 50ms 的初始值
            MOV   TH0, DPH
            MOV   TL0, DPL
            SETB  ET0                   ;以中断方式工作
            SETB  EA
            SETB  TR0
;交通灯控制循环开始
Status1:    MOV   P2, #00010001B        ;交通灯的第 1 个状态控制
            CJNE  R7, #35, Status1
Status20:   MOV   P2, #00000001B        ;交通灯的第 2 个状态控制
            CJNE  R3, #9, Status20
Status21:   MOV   P2, #00010001B
            CJNE  R3, #19, Status21
            CJNE  R7, #38, Status20
Status3:    MOV   P2, #00100001B        ;交通灯的第 3 个状态控制
            CJNE  R7, #40, Status3
Status4:    MOV   P2, #00001010B        ;交通灯的第 4 个状态控制
            CJNE  R7, #80, Status4
Status50:   MOV   P2, #00001000B        ;交通灯的第 5 个状态控制
            CJNE  R3, #9, Status50
Status51:   MOV   P2, #00001010B
            CJNE  R3, #19, Status51
            CJNE  R7, #83, Status50
Status6:    MOV   P2, #00001100B        ;交通灯的第 6 个状态控制
            CJNE  R7, #85, Status6
            MOV   R7, #0
            SJMP  Status1               ;回到交通灯控制循环的开始
;定时器中断服务子程序,每 50ms 进一次中断,20 次就是 1s
TIM0:       MOV   TH0, DPH
            MOV   TL0, DPL
            INC   R3
            CJNE  R3, #20, EXIT
            MOV   R3, #0
```

```
            INC    R7
EXIT:       RETI
            END
```

2)C语言程序代码

```c
# include < reg51.h >
# define uchar unsigned char
uchar second_50ms;
uchar second_1s;
uchar flag = 1;
//定时器中断服务子程序,每50ms进一次中断,20次就是1s
void timer0() interrupt 1
    {
        TH0 = (65536 - 15536)/256;
        TL0 = (65536 - 15536) % 256;
        second_50ms++;
        if(second_50ms == 20)
        {   second_50ms = 0;
            second_1s++;
        }
    }
//定时器的初始化:方式1,定时50ms,以中断方式工作
    void init()
        {
            TMOD = 0x01;
            TH0 = (65536 - 15536)/256;
            TL0 = (65536 - 15536) % 256;
            ET0 = 1;
            EA = 1;
            TR0 = 1;
        }
void main()                                     //主函数
{
    init();
    while(1)
    {
        while(second_1s < = 35)                 //交通灯的第1个状态控制
            P2 = 0x11;
        while(second_1s > 35&&second_1s < = 38) //交通灯的第2个状态控制
            {
            while(second_50ms < 9)
                P2 = 0x01;
            while(second_50ms > = 9&&second_50ms < 19)
                P2 = 0x11;
            }
        while(second_1s > 38&&second_1s < = 40) //交通灯的第3个状态控制
            P2 = 0x21;
        while(second_1s > 40&&second_1s < = 80) //交通灯的第4个状态控制
            P2 = 0x0a;
        while(second_1s > 80&&second_1s < = 83) //交通灯的第5个状态控制
```

```
    {
        while(second_50ms < 9)
            P2 = 0x08;
        while(second_50ms > = 9&&second_50ms < 19)
            P2 = 0x0a;
    }
    while(second_1s > 83&&second_1s < = 85)            //交通灯的第 6 个状态控制函数
    P2 = 0x0c;
    second_1s = 0;
    }
}
```

6.2.5   控制功能的扩展

关于交通灯的控制，如果考虑系统可靠性，可以选择 12 个 I/O 口线，东、西、南、北 4 个方向红、绿、黄各 3 盏灯，一旦某个方向的灯硬件故障，另一个方向还能运行，保障交通安全性，其软硬件在 6 个 I/O 口线的基础上该如何改进？

在交通灯现有的硬件基础之上，东西方向、南北方向各设置两位数码管，用于显示交通灯各状态切换的倒计时时间，同时可以改变交通灯状态切换的时间。

思路提示：

(1) 交通灯控制的时间参数以定时器 50ms 定时作为时间基本单位，使用 1s 软计时器通过比较指令"CJNE R0，♯data8，rel"与设定的时间参数比较，实现交通灯状态的切换；如果把比较指令改为"CJNE A，direct，rel"，则设定的时间参数就可以是变化的。

(2) 交通灯状态切换时间参数的动态变化可以通过检测车流量，根据算法计算交通灯状态切换时间，实现交通灯控制的智能化；也可以使用按键输入方式修改时间参数，例如每按下按键，在当前时间的基础上增加或减少 5s。

6.3   步进电机控制

步进电机是一种将电脉冲信号转换成相应角位移或线位移的电动机。每输入一个脉冲信号，转子就转动一个角度或前进一步，其输出的角位移或线位移与输入的脉冲数成正比，转速与脉冲频率成正比。因此，步进电机又称脉冲电机。步进电机是单片机控制系统实现位置控制常用的输出设备，可以在开环状态下实现精确的位置控制。

6.3.1   实验内容和实验目的

1. 实验内容

步进电机按相数可分为单相、两相、三相和多相等形式，步进电机控制技术涉及的问题很多。本实验选择四相步进电机实现按照设定速度启动、停止的控制和转向的控制。注意：实际应用中步进电机功率较大，单片机 I/O 口直接驱动能力是有限的，需要使用步进电机驱动控制器实现控制，本实验选择的步进电机驱动控制器是 ULN2003A，步机电机是四相六线制步进电机。

2. 实验目的

步进电机是单片机控制系统实现位置控制常用的输出设备,通过对步进电机按照设定速度启动、停止控制以及正反转控制实现以下实验目的。

(1) 学习并掌握步进电机控制的基本原理,掌握使用 ULN2003A 驱动步进电机的硬件接口原理与软件编程方法。

(2) 掌握用按键以中断方式实现步进电机转向控制的程序设计方法。

(3) 根据硬件设计结果,学会使用汇编语言、C 语言实现步进电机转向、转速控制的控制方法和系统调试方法。

6.3.2　实验步骤和实验环境

1. 实验步骤

(1) 分析步进电机的控制要求,选择 2 根 I/O 口线作为输入口,连接 2 个独立按键,控制步进电机的启动、停止和正转、反转;选择 4 根 I/O 口线作为输出口连接 ULN2003A,驱动步进电机,在 Proteus 中绘制电路原理图。

(2) 根据硬件设计结果,完成程序流程图的设计,使用 Keil C 开发环境分别用汇编语言和 C 语言进行程序设计,并编译通过生成相应的 .hex 文件。

(3) 在 Proteus 中加载程序,观察仿真结果。

(4) 把 .hex 文件下载到单片机开发板中,根据硬件电路原理图连线,按下启动/停止按键,观察开发板上步进电机的运行的状态。

2. 实验环境

在 Proteus 中完成虚拟实验。有条件的话,用相应的硬件模块组建实际系统,然后将两次实验结果进行对比。

6.3.3　硬件电路的设计

Proteus 中的步进电机有六线制(MOTOR-STEPPER)和四线制(MOTOR-BISTEPPER),六线制的左右中间两根线接电源,仍然剩下四根线,这四根线的顺序和四线制的不同,如图 6-9 所示。由于单片机输出信号的功率有限,实际应用中单片机不能直接连接步进电机,通常要使用步进电机驱动控制器,这里选择的步进电机驱动控制器是 ULN2003A。

通常 ULN2003A 的输出结构是集电极开路的,所以要在输出端接一个上拉电阻,在输入低电平的时候输出才是高电平。在驱动负载的时候,电流是由电源通过负载灌入 ULN2003A 的。单片机驱动 ULN2003A 时,上拉 2K 的电阻较为合适,同时,COM 引脚应该悬空或接电源。启动、停止控制也是使用按键通过外中断 0 连接的按键 ON/OFF 来控制,改变电机转向使用按键 TURN 通过外中断 1 控制。具体硬件电路原理图如图 6-10 所示。

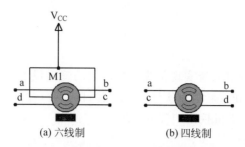

图 6-9　Proteus 中六线制与四线制步进电机相序

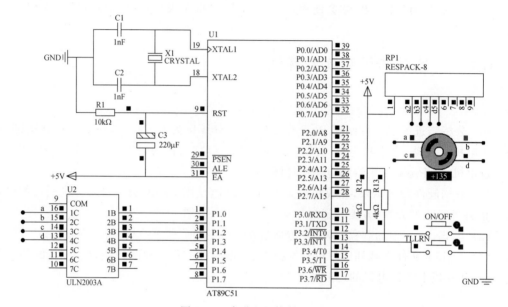

图 6-10　步进电机控制原理图

6.3.4　软件的设计

1. 程序流程图

四相步进电机能以四相四拍的方式运行，也能以四相八拍的方式运行。四相八拍的运行方式是通过与步进电机四相绕组连接的 4 个 I/O 口按照 A-AB-B-BC-C-CD-D-AD 的相序依次输出高电平，并循环，步进电机就可以转动，按下步进电机转向键后，步进电机可以改变转向，即相序是 AD-D-CD-C-BC-B-AB-A。具体的程序流程图如图 6-11 所示。

步进电机启动、停止的切换是使用外中断 0 实现的，在初始化时，把定时器的启动控制位清零，这样，单片机上电后，步进电机不转；当按下 ON/OFF 按键后，相当于触发一次外中断 0，定时器启动控制位取反，电机顺时针或逆时针转动；再次按下 ON/OFF 按键，电机停止转动。可以重复启动与停止的切换。

2. 程序代码

1）汇编语言程序代码

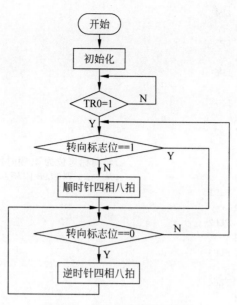

图 6-11　步进电机程序流程图

```
        ORG   0000H
        AJMP  MAIN
        ORG   0003H
        AJMP  ON_OFF
        ORG   000BH
        AJMP  TIM0
        ORG   0013H
        AJMP  TURN
        ORG   0030H
MAIN:   MOV   R7, ＃0              ;初始化：定时器 T0、外中断 0、外中断 1
        MOV   R3, ＃0
        MOV   TMOD, ＃01H
        MOV   DPTR, ＃15536        ;步进电机的脉冲周期 1s 或脉冲频率 1Hz
        MOV   TH0, DPH
        MOV   TL0, DPL
        SETB  ET0
        SETB  EA
        SETB  EX0
        SETB  IT0
        SETB  EX1
        SETB  IT1
        CLR   TR0
        CLR   F0
        JNB   TR0, $              ;等待 ON/OFF 按键按下启动步进电机
ZHENG:  JB    F0, FAN            ; 转向标志位 1,逆时针,否则顺时针
LP1:    MOV   P1, ＃01H           ;从 LP1 到 LP8 四相八拍
        CJNE  R7, ＃1, LP1
LP2:    MOV   P1, ＃03H
        CJNE  R7, ＃2, LP2
LP3:    MOV   P1, ＃02H
        CJNE  R7, ＃3, LP3
LP4:    MOV   P1, ＃06H
```

```
            CJNE  R7, #4, LP4
LP5:        MOV   P1, #04H
            CJNE  R7, #5, LP5
LP6:        MOV   P1, #0CH
            CJNE  R7, #6, LP6
LP7:        MOV   P1, #08H
            CJNE  R7, #7, LP7
LP8:        MOV   P1, #09H
            CJNE  R7, #8, LP8
            MOV   R7, #0
FAN:        JNB   F0, ZHENG              ;转向标志位为0,顺时针,否则逆时针
FLP1:       MOV   P1, #09H               ;从FLP1到FLP8 四相八拍
            CJNE  R7, #1, FLP1
FLP2:       MOV   P1, #08H
            CJNE  R7, #2, FLP2
FLP3:       MOV   P1, #0CH
            CJNE  R7, #3, FLP3
FLP4:       MOV   P1, #04H
            CJNE  R7, #4, FLP4
FLP5:       MOV   P1, #06H
            CJNE  R7, #5, FLP5
FLP6:       MOV   P1, #02H
            CJNE  R7, #6, FLP6
FLP7:       MOV   P1, #03H
            CJNE  R7, #7, FLP7
FLP8:       MOV   P1, #01H
            CJNE  R7, #8, FLP8
            MOV   R7, #0
            SJMP  FAN
TIM0:       MOV   TH0, DPH               ;定时器T0 中断服务子程序,控制脉冲频率
            MOV   TL0, DPL
            INC   R3
            CJNE  R3, #20, EXIT
            MOV   R3, #0
            INC   R7
EXIT:       RETI
ON_OFF:     CPL   TR0                    ;外中断0 中断服务子程序
            RETI
TURN:       SETB  F0                     ;外中断1 中断服务子程序
            RETI
            END
```

2）C语言程序代码

```c
#include <reg51.h>
#define uchar unsigned char
#define uint unsigned int
uchar second_50ms;
uchar second_1s;
uint i = 0;
//顺时针四相八拍
uchar code zheng[ ] = {0x01, 0x03, 0x02, 0x06, 0x04, 0x0c, 0x08, 0x09};
//逆时针四相八拍
uchar code fan[ ] = {0x09, 0x08, 0x0c, 0x04, 0x06, 0x02, 0x03, 0x01};
```

```
void timer0() interrupt              //定时器 T0 中断服务子程序,控制脉冲频率
    {
      TH0 = (65536 − 50000)/256;
      TL0 = (65536 − 50000) % 256;
      second_50ms++;
      if(second_50ms == 20)
      {   second_50ms = 0;
          second_1s++;
      }


    }
    void ext0() interrupt 0          //外中断 0 中断服务子程序
    {
        TR0 = ～TR0;
    }
    void ext1() interrupt 2          //外中断 0 中断服务子程序
    {
        F0 = 1;
    }
//定时器 T0、外中断 0、外中断 1 初始化子程序
    void init()
    {
        TMOD = 0x01;
    TH0 = (65536 − 50000)/256;
    TL0 = (65536 − 50000) % 256;
    ET0 = 1;
    EA = 1;
    TR0 = 0;
    EX0 = 1;
    EX1 = 1;
    IT0 = 1;
    IT1 = 1;
    }
void main()                          //主程序
{
    init();                          //调用初始化函数
    F0 = 0;                          //设置步进电机转向标志位
        while(1)
        {
        if(F0 == 1&&TR0 == 1)        //转向标志位为 1 且 TR0 为 1,逆时针
            {   do
                {   P1 = fan[i];
                if(second_1s == i + 1)
                    i++;
                }
                while(i < 8);
            i = 0;
            second_1s = 0;
            }
        //转向标志位为 0 且 TR0 为 1,顺时针
        else if(F0 == 0&&TR0 == 1)
```

```
        {   do
            {   P1 = zheng[i];
                if(second_1s == i + 1)
                    i++;
            }
            while(i < 8);
                i = 0;
                second_1s = 0;
        }
    }
}
```

6.3.5　控制功能的扩展

步进电机除了通过按键进行启动/停止切换、顺时针/逆时针切换外，还可以通过按键对步进电机的转速进行控制，即可以加速或减速控制。顺时针/逆时针的切换可以随意切换。

思路提示：

（1）为了实现步进电机转向的切换，采用的是标志位的方式，初始化时，转向标志位清零。按下转向键，相当于触发一次外中断1；进入外中断1后，取反标志位；电机转向完成当前相序输出后，改变转向。标志位为1，顺时针转动；标志位为0，逆时针转动。

（2）通过改变步进电机四相脉冲的频率可以改变步进电机的转速。使用按键以外中断的方式设置几挡不同的脉冲频率，即可以实现步进电机转速的控制。

6.4　秒表的设计

时间是单片机控制系统的重要控制参数，很多常用的家用电器，如全自动洗衣机、智能电饭煲、家用面包机等，都是采用时间参数实现的过程控制。秒表的设计是使用单片机集成定时器T0定时，以"秒"为单位在显示器上显示的设计实例。

6.4.1　实验内容和实验目的

1. 实验内容

使用单片机定时器定时，以数码管作为单片机的输出设备。单片机上电复位后，在数码管上从00开始，显示秒数；到99秒后，数码管重新从00开始显示。

2. 实验目的

数码管是单片机控制系统中常用的输出设备，能够显示字母和数字。秒表的设计是使用单片机定时器定时，以"秒"为单位在数码管上显示秒数。实验目的如下。

（1）学习并掌握数码管动态显示工作原理，以及数码管与单片机硬件接口设计的常用方法，能够从系统的角度根据单片机I/O口资源选择合适的接口设计方法。

（2）在程序模块化设计中，对各模块功能合理划分，确保子程序、中断服务子程序功能的独立性。

（3）根据硬件接口设计结果，学会使用汇编语言、C语言实现数码管显示程序的设计与调试。

6.4.2　实验步骤和实验环境

1．实验步骤

（1）分析秒表控制要求，选择单片机的 I/O 口作为输出口连接数码管，在 Proteus 中绘制电路图。

（2）根据硬件设计结果，完成程序流程图的设计。使用 Keil C 开发环境分别用汇编语言和 C 语言进行程序设计，并编译通过生成相应的 .hex 文件。

（3）在 Proteus 中加载程序，观察仿真结果。

把 .HEX 文件下载到单片机开发板中，根据硬件电路图连线，观察开发板上 8 个 LED灯的状态。

2．实验环境

在 Proteus 中完成虚拟实验。有条件的话，用相应的硬件模块组建实际系统，然后将两次实验结果进行对比。

6.4.3　硬件电路的设计

分析秒表的控制要求，要使用数码管显示 00～99，需要两位数码管，这里选择两片74HC573 锁存器分别锁存段选码和位选码，锁存器在锁存信号（LE）有效的时刻把 P 口输出的信号锁存起来，同时增加 P 口的驱动能力。秒表控制的电路图如图 6-12 所示。

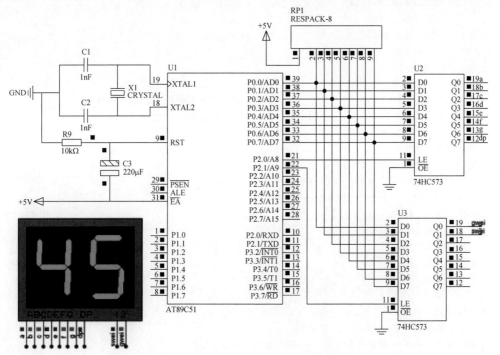

图 6-12　秒表（显示 00～99）硬件电路图

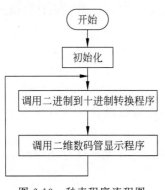

图 6-13　秒表程序流程图

6.4.4　软件的设计

1. 程序流程图

　　秒表的设计是单片机集成定时器以中断方式工作的典型应用，在硬件上需要增加数码管作为显示器，数码管与硬件的连接方式不同，其软件设计思路会有所改变。由于需要在显示器上显示数据，单片机内部的所有数据都是二进制的，需要显示的数据是十进制的，程序设计中需要增加二进制到十进制转换的程序。程序流程图如图 6-13 所示。

2. 程序代码

1）汇编语言程序代码

```
            ORG  0000H
            AJMP  START
            ORG  000BH
            AJMP  TIME_0
            ORG  0030H
START:  MOV  R6, ＃0                      ;初始化
            MOV  R5, ＃0
            MOV  R1, ＃0
            MOV  R2, ＃0
            MOV  TMOD, ＃01H
            MOV  DPTR, ＃15536
            MOV  TH0, DPH
            MOV  TL0, DPL
            SETB  EA
            SETB  ET0
            SETB  TR0
AGAIN:  ACALL  BTOD                       ;调用二进制转换十进制子程序
            ACALL  DISP                       ;调用两位数码管显示子程序
            AJMP  AGAIN
;子程序名：BTOD
;功能：定时器生成的秒数转换成十进制
;入口参数：R5——定时器生成的秒数(0～99)
;出口参数：R1——秒的个位；R2——秒的十位
BTOD:  MOV  A, R5
            MOV  B, ＃10
            DIV  AB
            MOV  R1, B
            MOV  R2, A
            RET
;子程序名：DISP
;功能：数码管上显示秒的个位和十位
;入口参数：R1——秒的个位；R2——秒的十位
;出口参数：无
```

```
DISP:   SETB  P2.1
        MOV   P0, #0FEH
        CLR   P2.1
        SETB  P2.0
        MOV   A, R1
        MOV   DPTR, #TAB
        MOVC  A, @A+DPTR
        MOV   P0, A
        CLR   P2.0
        ACALL DELAY
        SETB  P2.1
        MOV   P0, #0FDH
        CLR   P2.1
        SETB  P2.0
        MOV   A, R2
        MOVC  A, @A+DPTR
        MOV   P0, A
        CLR   P2.0
        ACALL DELAY
        RET
;定时器 T0 中断服务子程序
;功能：定时器定时产生秒数
;入口参数：无
;出口参数：R5——定时器生成的秒数(0~99)
TIME_0: MOV   DPTR, #15536
        MOV   TH0, DPH
        MOV   TL0, DPL
        INC   R6
        CJNE  R6, #20, QUIT
        MOV   R6, #0
        INC   R5
        CJNE  R5, #100, QUIT
        MOV   R5, #0
QUIT:   RETI
;子程序名：DELAY
;功能：延时 0.4ms
;入口参数：无
;出口参数：无
DELAY:  MOV   R7, #100
        LPP0: NOP
        NOP
        DJNZ  R7, LPP0
        RET
TAB:    DB 3FH, 06H, 5BH, 4FH, 66H, 6DH, 7DH, 07H, 7FH, 6FH
        END
```

2）C 语言程序代码

```
#include <reg51.h>
#define uchar unsigned char
#define uint unsigned int
```

```c
        uchar second_50ms;
        uchar second_1s;
        uchar miao_ge = 0; miao_shi = 0;
        sbit dxuan = P2^0;
        sbit wxuan = P2^1;
        uchar code seg_duan[ ] = {0x3f, 0x06, 0x5b, 0x4f, 0x66, 0x6d, 0x7d, 0x07, 0x7f, 0x6f};
        uchar code seg_wei[ ] = {0xfe, 0xfd, 0xfb, 0xf7, 0xef, 0xdf, 0xbf, 0x7f};
        void delay(uint cnt)
    {
    while( -- cnt);
    }
void timer0() interrupt 1                          //定时器 T0 中断服务子程序
    {
        TH0 = (65536 - 50000)/256;
        TL0 = (65536 - 50000) % 256;
        second_50ms++;
        if(second_50ms == 20)
        {   second_50ms = 0;
          second_1s++;
          if(second_1s == 100)
                second_1s = 0;
        }
    }
    void init()
    {
        TMOD = 0x01;
        TH0 = (65536 - 50000)/256;
        TL0 = (65536 - 50000) % 256;
        ET0 = 1;
        EA = 1;
        TR0 = 1;
    }
    //数码管显示子程序
    void disp(uchar miao_ge, uchar miao_shi)
    {
        P0 = seg_wei[0];
        wxuan = 1;
        wxuan = 0;
        P0 = seg_duan[miao_ge];
        dxuan = 1;
        dxuan = 0;
        delay(50);
        P0 = seg_wei[1];
        wxuan = 1;
        wxuan = 0;
        P0 = seg_duan[miao_shi];
        dxuan = 1;
        dxuan = 0;
        delay(50);
    }
void main()
```

```
{
    init();
    while(1)
    {
        miao_ge = second_1s % 10;
        miao_shi = second_1s/10;
        disp(miao_ge, miao_shi);
    }
}
```

6.4.5 控制功能的扩展

秒表的计时范围从 0～99 秒改为 0～999 秒,秒表有暂停功能。

思路提示:

(1) 实验中秒表计时从 00～99 秒,在数码管上显示的时候需要把秒数转换成十进制,如子程序 BTOD,转换是通过秒数除以 10 完成的,商是秒数的十位数,余数是秒的个位数。

(2) 如果秒表的计时是从 000～999 秒并显示,对于 C 语言,秒数转换成十进制,只需要先除以 100,就能得到秒数的百位,余数再除以 10,就能分别得到秒数的十位和个位,算法是一样的。

(3) 但是对于汇编语言,一旦秒数超过 256,被除数就是字数据,这时候直接使用除法 DIV 指令,无法完成字数据除以 100 的操作,使用计时到 999 秒转十进制的算法就很难实现了。这时可以采用"逢十进一"的算法,把计时的秒数转换成十进制,用于显示程序逐位显示。

(4) R7 中的数据代表定时器定时的秒数,R6 中用来存放秒的十位,R5 中用来存放秒的百位,也可以使用用户 RAM 区的存储单元存放。"逢十进一"的程序可以放在定时器中断服务程序中,也可以放在定时器中断服务程序外,形成一个子程序。"逢十进一"的汇编子程序如下:

```
DECIMAL:  CJNE   R7, #10, QUIT
          INC    R6
          MOV    R7, #0
          CJNE   R6, #10, QUIT
          INC    R5
          MOV    R6, #0
          CJNE   R5, #10, QUIT
          MOV    R5, #0
QUIT:     RET
```

如果这段程序放在中断服务程序之外,存放秒数据的 R7 内容加 1 必须在中断服务程序中完成,否则,R6 和 R5 中的数据就不是秒的十位和百位了。

6.5 基于串行通信的秒表设计

51 单片机集成了 1 个 8 位的全双工异步串行通信接口,串行通信功能使得单片机可以使用双机通信或多机通信的方式实现更复杂的功能,增强单片机信息处理能力。

6.5.1　实验内容和实验目的

1．实验内容

通过单片机双机串行通信,在实验 6.4 的秒表设计的基础上实现基于串行通信的秒表设计。单片机上电后,甲机单片机定时,把秒数(0～99s)发送给乙机,乙机把接收到的秒数在数码管上显示。甲机和乙机的串行接口以查询的方式工作,工作方式均设为工作方式 2,这样串行通信的波特率可以使用单片机内部的时钟。

2．实验目的

通过基于串行通信的秒表设计实现以下实验目的。

(1)掌握 51 单片机双机串行通信的硬件连接原理和软件编程。软件编程包括串行通信在工作方式 2 下的初始化内容,串行接口查询方式下发送数据、接收数据的编程方法。

(2)根据硬件接口设计结果,学会使用汇编语言、C 语言实现双机串行通信的程序的设计与调试。

6.5.2　实验步骤和实验环境

1．实验步骤

(1)分析基于串行通信秒表设计的要求,在 Proteus 中分别完成甲机发送数据、乙机接收数据并显示的电路原理图。

(2)根据硬件设计结果,完成程序流程图的设计。使用 Keil C 开发环境分别用汇编语言和 C 语言进行程序设计,并编译通过生成相应的.hex 文件。

(3)在 Proteus 中加载程序,观察仿真结果。

(4)把.hex 文件下载到单片机开发板中,根据硬件电路原理图连线,观察乙机数码管上显示的秒数。

2．实验环境

在 Proteus 中完成虚拟实验。有条件的话,用相应的硬件模块组建实际系统,然后将两次实验结果进行对比。

6.5.3　硬件电路的设计

分析双机串行通信秒表设计的控制要求,甲机使用单片机定时器生成秒数,发送给乙机。甲机是一个最小系统,使用 P3.1 发送数据给乙机。甲机的电路图如图 6-14 所示。

乙机接收数据并显示,乙机的单片机使用 P3.0 引脚接收数据。乙机显示数据的电路原理图与实验 6.4 的秒表的设计电路原理图一样,如图 6-15 所示。

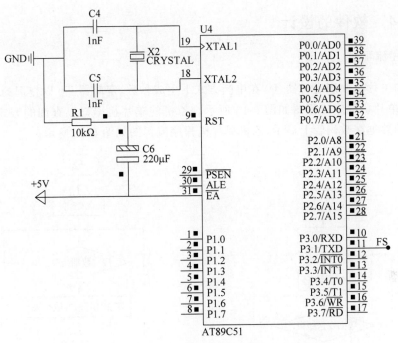

图 6-14 双机通信秒表设计电路原理图——甲机发送

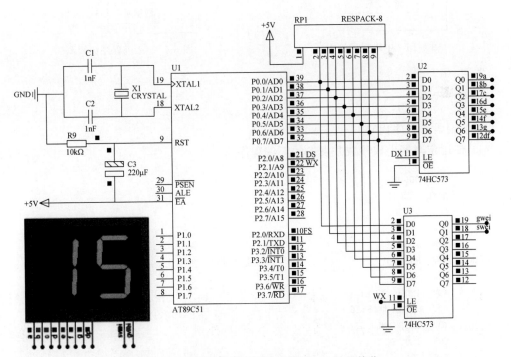

图 6-15 双机通信秒表设计电路图——乙机接收

6.5.4 软件的设计

1. 程序流程图

甲机的单片机使用定时器 T0 在中断方式下生成秒数，定时器 T0 以查询的方式发送给甲机，甲机单片机程序流程图如图 6-16 所示。乙机的单片机串口以查询的方式接收数据，并把接收的数据在数码管上显示，乙机单片机程序流程图如图 6-17 所示。

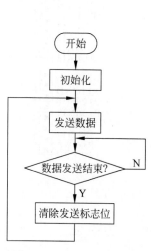

图 6-16　甲机程序流程图

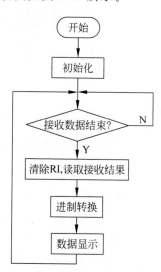

图 6-17　乙机程序流程图

2. 程序代码

1）汇编语言程序代码

（1）使用定时器生成秒数并发送的汇编程序。

```
        ORG   0000H
        AJMP  START
        ORG   000BH
        AJMP  TIME_0
        ORG   0030H
START:  MOV   R6, #0              ;定时器 T0 初始化:定时,以中断方式工作
        MOV   R5, #0
        MOV   TMOD, #01H
        MOV   DPTR, #15536
        MOV   TH0, DPH
        MOV   TL0, DPL
        SETB  EA
        SETB  ET0
        SETB  TR0
        MOV   SCON, #80H          ;串口初始化:发送数据,查询方式下工作
TRANS:  MOV   A, R5               ;把要发送的数据准备到累加器 A 中
        MOV   SBUF, A             ;启动发送
```

```
        JNB   TI, $                    ;等待发送结束
        CLR   TI                       ;清除发送标志位,准备下一次发送数据
        SJMP  TRANS
TIME_0: MOV   DPTR, #15536             ;定时器中断服务程序
        MOV   TH0, DPH
        MOV   TL0, DPL
        INC   R6
        CJNE  R6, #20, QUIT
        MOV   R6, #0
        INC   R5
        CJNE  R5, #100, QUIT
        MOV   R5, #0
QUIT:   RETI
        END
```

（2）接收秒数并显示秒数的汇编程序。

```
        ORG   0000H
        AJMP  START
        ORG   0030H
START:  MOV   R1, #0
        MOV   R2, #0
        MOV   SCON, #80H               ;串口初始化:接收数据,方式2,查询方式
        SETB  REN                      ;允许接收
        LP:JNB  RI, $                  ;等待接收结束
        CLR   RI                       ;清除接收标志位,为下一次接收做准备
        MOV   A, SBUF                  ;读取接收结果
        MOV   30H, A
AGAIN:  ACALL BTOD                     ;调用接收数据二进制到十进制转换程序
        ACALL DISP                     ;调用数码管显示程序
        AJMP  LP
;子程序名:BTOD
;功能:定时器生成的秒数转换成十进制
;入口参数:30H——存放乙机接收的数据(0~99)
;出口参数:R1——存放秒的个位;R2——存放秒的十位
BTOD:   MOV   A, 30H
        MOV   B, #10
        DIV   AB
        MOV   R1, B
        MOV   R2, A
        RET
;子程序名:DISP
;功能:数码管上显示秒的个位和十位
;入口参数:R1——秒的个位;R2——秒的十位
;出口参数:无
DISP:   SETB  P2.1
        MOV   P0, #0FEH
        CLR   P2.1
        SETB  P2.0
        MOV   A, R1
        MOV   DPTR, #TAB
```

```
              MOVC   A, @A + DPTR
              MOV   P0, A
              CLR   P2.0
              ACALL   DELAY
              SETB   P2.1
              MOV   P0, #0FDH
              CLR   P2.1
              SETB   P2.0
              MOV   A, R2
              MOVC   A, @A + DPTR
              MOV   P0, A
              CLR   P2.0
              ACALL   DELAY
              RET
DELAY:   MOV   R7, #100
LPP0:      NOP
              NOP
              DJNZ   R7, LPP0
              RET
TAB:      DB 3FH, 06H, 5BH, 4FH, 66H, 6DH, 7DH, 07H, 7FH, 6FH
              END
```

2）C 语言程序代码

（1）使用定时器生成秒数并发送的 C 程序。

```
#include < reg51.h >
#define uchar unsigned char
#define uint unsigned int
uchar second_50ms;
uchar second_1s;
uchar flag = 0;
void timer0() interrupt 1
    {
        TH0 = (65536 − 50000)/256;
        TL0 = (65536 − 50000) % 256;
        second_50ms++;
        if(second_50ms == 20)
        {   second_50ms = 0;
            second_1s++;
            flag = 1;                        //这里增加一个标志位。时长改变,标志位为1
            if(second_1s == 100)
                second_1s = 0;
        }
    }
    void init()
    {
        TMOD = 0x01;
        TH0 = (65536 − 50000)/256;
        TL0 = (65536 − 50000) % 256;
        ET0 = 1;
        EA = 1;
```

```
        TR0 = 1;
    }
void main()
{
    init();
    SCON = 0x80;
    SBUF = 0x00;
    while(1)
    {
      if(flag == 1)                          //时长有改变的情况下发送数据
          {   SBUF = second_1s;
              if(TI == 1)
              {
                    flag = 0;
                    TI = 0;
              }
          }
    }
}
```

（2）接收秒数并显示程序。

```
# include < reg51. h >
# define uchar unsigned char
# define uint unsigned int
uchar second_1s;
uchar miao_ge = 0;miao_shi = 0;
sbit dxuan = P2^0;
sbit wxuan = P2^1;
uchar code seg_duan[ ] = {0x3f, 0x06, 0x5b, 0x4f, 0x66, 0x6d, 0x7d, 0x07, 0x7f, 0x6f};
uchar code seg_wei[ ] = {0xfe, 0xfd, 0xfb, 0xf7, 0xef, 0xdf, 0xbf, 0x7f};
    void delay(uint cnt)
  {
    while( -- cnt);
  }

    void disp(uchar miao_ge, uchar miao_shi)
  {
    P0 = seg_wei[0];
    wxuan = 1;
    wxuan = 0;
    P0 = seg_duan[miao_ge];
    dxuan = 1;
    dxuan = 0;
    delay(50);
    P0 = seg_wei[1];
    wxuan = 1;
    wxuan = 0;
    P0 = seg_duan[miao_shi];
    dxuan = 1;
    dxuan = 0;
```

```
        delay(50);
    }
void main()
{
    SCON = 0x80;                        //串口方式 2,查询控制字
      REN = 1;                          //允许接收
    while(1)
    {
        if(RI == 1)                     //在 RI = 1 的情况下读取接收结果并对 RI 清零
            {
                RI = 0;
                second_1s = SBUF;
            }
        miao_ge = second_1s % 10;       //计算秒数的个位
        miao_shi = second_1s/10;        //计算秒数的十位
        disp(miao_ge, miao_shi);        //调用秒数显示子程序
    }
}
```

6.5.5　控制功能的扩展

上述甲机发送、乙机接收串口都是工作在查询方式下，工作方式是方式 2，根据串口中断方式下的原理，如何修改上述程序，实现串口中断方式下的发送和接收功能？ 如果串口的工作方式改为方式 1 或方式 3，定时器 T1 如何编程给串口提供波特率？ 方式 2、方式 3 下的奇偶校验又该如何应用？ 在图 6-14 的基础上，把甲机计时范围从 0～99 秒改为 0～999 秒发送给乙机显示。

思路提示：

（1）甲机的计时范围改为 0～999 秒，发送给乙机显示，对于汇编语言编程，同样会出现单片机字数据的处理问题。

（2）按照 999 秒的秒表设计思路，甲机以"逢十进一"的算法计时，会生成 3 个数据发送给乙机，乙机接收 3 个数据（秒的百位、十位、个位），一个新的问题是，甲机和乙机是异步通信，乙机无法判断接收的数据是哪一个，需要通过校验或增加特征值的方法实现多数据异步串行通信。

6.6　电子时钟的设计

电子时钟的设计是在实验 6.4 的秒表设计的基础上，使用单片机定时器 T0 定时，进行二十四小时制的"时-分-秒"的显示。

6.6.1　实验内容和实验目的

1. 实验内容

使用单片机定时器定时，单片机上电后在数码管上显示"时-分-秒"。 单片机上电后显

示 00-00-00,当显示到 23-59-59 后显示 00-00-00,继续计时。

2．实验目的

电子时钟实验是建立在秒表实验基础之上的,在数码管上显示小时、分钟和秒,至少需要 6 个数码管,相较于秒表实验的 2～3 个数码管,除了硬件上需要 I/O 口线增加之外,无论是数码管显示程序,还是秒、分钟、小时这 3 个时间参数的处理程序都比秒表程序复杂。通过电子时钟实验主要实现以下实验目的。

(1) 在硬件设计方面,进行 8 个数码管的位选码控制方案选择。

(2) 在软件编程方面,由于电子时钟要处理的数据相对比较多,对数据的存储空间片内 RAM 128B 要有合理规划的意识,同时 8 位数码管显示程序不适合逐位显示,用循环程序来实现可以有效缩短代码长度。

(3) 由于程序中涉及子程序、中断子程序,以及估算断点保护、现场保护需要堆栈空间大小,对堆栈的初始化显得尤为重要。

6.6.2　实验步骤和实验环境

1．实验步骤

(1) 分析电子时钟控制要求,选择单片机的 I/O 口作为输出口连接数码管,在 Proteus 中绘制电路原理图。

(2) 根据硬件设计结果,完成程序流程图的设计。使用 Keil C 开发环境分别用汇编语言和 C 语言进行程序设计,并编译通过生成相应的.hex 文件。

(3) 在 Proteus 中加载程序,观察仿真结果。

(4) 把.hex 文件下载到单片机开发板中,根据硬件电路原理图连线,观察开发板上数码管显示的时间。

2．实验环境

在 Proteus 中完成虚拟实验。有条件的话,用相应的硬件模块组建实际系统,然后将两次实验结果进行对比。

6.6.3　硬件电路的设计

分析电子时钟的设计要求,使用数码管做显示器,考虑到显示数据的可读性,共需要 8 位数码管,其中小时(0～23)、分钟(0～59)、秒(0～59)各需要两位数码管,时、分、秒之间用短横线"一"分隔。8 位数码管,显示的数据比较多,如果使用秒表的硬件设计思路,在软件编程的时候,1 个 8 位的 I/O 口既要输出"段选码",又要输出"位选码",会造成数据显示需要的处理比较麻烦。这里选用 74LS138 译码器给 8 个数码管提供位选码。电子时钟的电路图如图 6-18 所示。

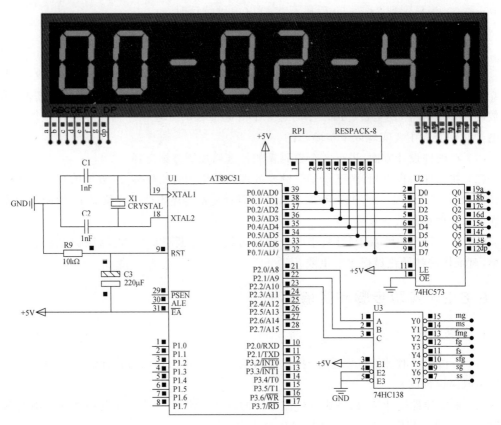

图 6-18　电子时钟电路图

6.6.4　软件的设计

1．程序流程图

电子时钟的设计在主程序思路上与实验 6.4 的秒表设计是一样的，在进行必要的初始化后，循环调用数据处理程序和数据显示程序。主程序流程图如图 6-19 所示。

小时、分钟、秒三个数据都是在定时器 T0 中断服务程序中生成的数据，在数据处理程序中，把上述三个数据均拆分成的个位、十位，以及数码管（如图 6-16 左起）位 2 和位 5 显示"－"对应的段码存放在片内 RAM 30H 开始的内存中，具体的存放如表 6-3 所示。

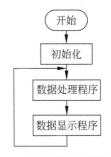

图 6-19　电子时钟主程序流程图

表 6-3　数据处理结果在内存中存放的规划

片内 RAM 地址	30H	31H	32H	33H	34H	35H	36H	37H
存放内容	秒		"－"段码	分钟		"－"段码	小时	
	个位	十位	40H	个位	十位	40H	个位	十位

数据显示程序要完成 8 个数的显示,用循环的方式可以缩短代码的长度。由于数据处理程序中秒、分钟和小时拆分出的个位、十位是要显示的数,而不是数的段码,所以显示的时候需要用查表指令查出段码再显示。按照图 6-18 的硬件原理图,数码管的位选码由 3-8 译码器提供,3-8译码器的输入是 P2.0～P2.1,当 P2 口输出 0～7,对应着数码管从左到右位 0 到位 7 共 8 个数码管。具体的数据显示流程图如图 6-20 所示。

2. 程序代码

1) 汇编语言程序代码

```
          ORG   0000H
          AJMP  START
          ORG   000BH
          AJMP  TIME_0
          ORG   0030H
START:    MOV   R6, #0        ;定时器 T0 初始化
          MOV   R5, #0
          MOV   TMOD, #01H
          MOV   TH0, #60
          MOV   TL0, #176
          SETB  EA
          SETB  ET0
          SETB  TR0
AGAIN:    ACALL BTOD                    ;调用数据处理程序
          ACALL DISP                    ;调用显示数据程序
          AJMP  AGAIN
;子程序名:BTOD
;子程序功能:依次把秒、分、时各拆分成个位、十位,和" - "段码一起存在片内 RAM
;入口参数:R5——秒;R4——分钟;R3——小时
;出口参数:片内 RAM,地址从 30H 开始共 8 字节
BTOD:     MOV   A, R5
          MOV   B, #10
          DIV   AB
          MOV   30H, B
          MOV   31H, A
          MOV   32H, #40H
          MOV   A, R4
          MOV   B, #10
          DIV   AB
          MOV   33H, B
          MOV   34H, A
          MOV   35H, #40H
          MOV   A, R3
          MOV   B, #10
```

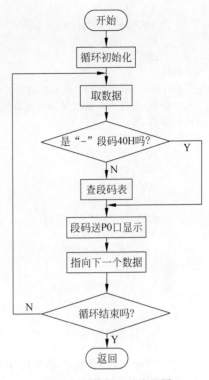

图 6-20　数据显示流程图

```
              DIV   AB
              MOV   36H, B
              MOV   37H, A
              RET
;子程序名:DISP
;子程序功能:依次把秒、分、时各拆分的个位、十位查段码和"-"段码一起显示
;入口参数:片内 RAM,地址从 30H 开始共 8 字节
;出口参数:无
DISP:   MOV   R2, #8
        MOV   R0, #30H
        MOV   P2, #0
        MOV   DPTR, #TAB
LOOP:   MOV   A, @R0
        CJNE  A, #40H, CHART
        SJMP  DCODE
CHART:  MOVC  A, @A + DPTR
DCODE:  MOV   P0, A
        ACALL DELAY
        INC   P2
        INC   R0
        DJNZ  R2, LOOP
        RET
;定时器 T0 中断服务子程序,产生秒、分钟、小时 3 个数据
TIME_0: MOV   TH0, #60
        MOV   TL0, #176
        INC   R6
        CJNE  R6, #20, QUIT
        MOV   R6, #0
        INC   R5                          ;秒
        CJNE  R5, #60, QUIT
        MOV   R5, #0
        INC   R4                          ;分钟
        CJNE  R4, #60, QUIT
        MOV   R4, #0
        INC   R3                          ;小时
        CJNE  R3, #24, QUIT
        MOV   R3, #0
QUIT:   RETI
DELAY:  MOV   60H, #240                   ;数码管正确显示延时子程序
LPP0:   NOP
        NOP
        DJNZ  60H, LPP0
        RET
TAB:    DB 3FH, 06H, 5BH, 4FH, 66H, 6DH, 7DH, 07H, 7FH, 6FH
        END
```

2）C 语言程序代码

```
# include < reg51. h>
# define uchar unsigned char
# define uint unsigned int
```

```
uchar second_50MS = 0;
uchar second = 0;
uchar minute = 0;
uchar hour = 0;
uchar code seg_code[ ] = {0x3f, 0x06, 0x5b, 0x4f, 0x66, 0x6d, 0x7d, 0x07, 0x7f, 0x6f};
uchar h_m_s[8] = {0};
    void delay(uint cnt)                          //数码管正确显示延时子程序
  {
    while( -- cnt);
  }
//定时器 T0 中断服务子程序,产生秒、分钟、小时 3 个数据
void timer0() interrupt 1
    {
        TH0 = (65536 - 50000)/256;
        TL0 = (65536 - 50000) % 256;
        second_50ms++;
        if(second_50ms == 20)
        {   second_50ms = 0;
            second++;
            if(second == 60)
            {
                second = 0;
                minute++;
                if(minute == 60)
                {   minute = 0;
                    hour++;
                    if(hour == 24)
                    hour = 0;
                }
            }
        }
    }
    void init()
    {
        TMOD = 0x01;
        TH0 = (65536 - 50000)/256;
        TL0 = (65536 - 50000) % 256;
        ET0 = 1;
        EA = 1;
        TR0 = 1;
    }
    void btod(uchar second, uchar minute, uchar hour)     //数据处理子程序
    {
        h_m_s[0] = second % 10;
        h_m_s[1] = second/10;
        h_m_s[2] = 0x40;
        h_m_s[3] = minute % 10;
        h_m_s[4] = minute/10;
        h_m_s[5] = 0x40;
        h_m_s[6] = hour % 10;
        h_m_s[7] = hour/10;
```

```
    }
    void disp()                                    //数据显示子程序
    {
        uint i, j;
        for(i = 0;i <= 7;i++)
        {
            P2 = i;
            if (h_m_s[i]!= 0x40)
            {   j = h_m_s[i];
            P0 = seg_code[j];}
            else
                P0 = 0x40;
            delay(50);
        }
    }
void main()                                        //主程序
{
    init();
    while(1)
    {
        btod(second, minute, hour);
        disp();
    }
}
```

6.6.5　控制功能的扩展

电子时钟计时只是小时、分钟、秒，可以在此基础上实现电子万年历的设计，显示公历年、月、日、小时、分钟、秒，并可以调整公历年、月、日、小时、分钟、秒，且走时准确。

思路提示：

(1) 硬件设计上，如果继续使用数码管显示，需要的数码管数量比较多，整体功耗会比较大，所以显示器可以使用 LCD 显示器，增加一个时钟芯片来计时，并设置调整时间的按键。

(2) 软件设计上，采用模块化程序设计，需要完成 LCD 显示器、时钟芯片的初始化程序设计；调整时间的按键程序设计；时钟芯片读数据程序设计；LCD 显示数据程序设计及主程序设计。

6.7　电子琴的设计

电子琴的设计是使用 8 个按键控制单片机定时器 T0 定时，产生特定音频的方波信号，通过扬声器发音。

6.7.1　实验内容和实验目的

1. 实验内容

一首音乐是许多不同的音阶组成的，每个音阶对应着不同的频率，利用不同频率组合即可构成想要的音乐了。对于单片机来说产生不同的频率非常方便,利用单片机的定时/计数器 T0 来产生方波频率信号,设计一台简易电子琴,要求能够发出中音的 DO、RE、MI、FA、SO、LA、SI、高音 DO 等 8 个音符。在单片机的晶振是 12MHz 的条件下,每个音符对应的频率及简谱码如表 6-4 所示。

表 6-4　8 个音符的简谱码

音　　符	频率(Hz)	简谱码(计数值)
中 1(DOU)	523	64580
中 2(RE)	587	64684
中 3(MI)	659	64777
中 4(FA)	698	64820
中 5(SOU)	784	64898
中 6(LA)	880	64968
中 7(SI)	988	65030
高 1(DOU)	1046	65058

2. 实验目的

根据电子琴设计的实验内容,通过按键控制扬声器发出指定音频信号需要使用 8 个按键作为输入设备,扬声器作为输出设备。在实验中需要实现以下实验目的。

(1) 掌握按键作为单片机输入设备的硬件接口设计方法和软件编程方法。

(2) 掌握扬声器作为单片机输出设备的硬件接口设计方法。因为单片机端口的驱动能力很弱,就是带有强上拉的单片机,一般也就 20mA 的驱动能力,不能把一个扬声器驱动得很响亮,所以一般都是外加三极管、MOS 管或者专业芯片来驱动扬声器。

6.7.2　实验步骤和实验环境

1. 实验步骤

(1) 分析电子琴控制要求,选择单片机的 I/O 口作为 8 个音符按键输入口和扬声器的输出口,在 Proteus 中绘制电路原理图。

(2) 根据硬件设计结果,完成程序流程图的设计。使用 Keil C 开发环境分别用汇编语言和 C 语言进行程序设计,并编译通过生成相应的.hex 文件。

(3) 在 Proteus 中加载程序,观察仿真结果。

(4) 把.hex 文件下载到单片机开发板中,根据硬件电路原理图连线,按下对应的音符按键,辨别扬声器的音调。

2. 实验环境

在 Proteus 中完成虚拟实验。有条件的话,用相应的硬件模块组建实际系统,然后将两次实验结果进行对比。

6.7.3 硬件电路的设计

分析电子琴的控制要求,需要使用 8 个按键控制扬声器发出指定频率的音频信号。8 个按键使用独立式键盘接口设计方法,这里选用的是 P2 口,并连接上拉电阻。没有按键按下时,P2 是高电平;有按键按下时,与该按键连接的 P2 口线是低电平。扬声器作为单片机常用的输出设备。考虑到单片机本身的驱动能力的限制,这里使用三极管进行驱动。具体电路如图 6-21 所示。

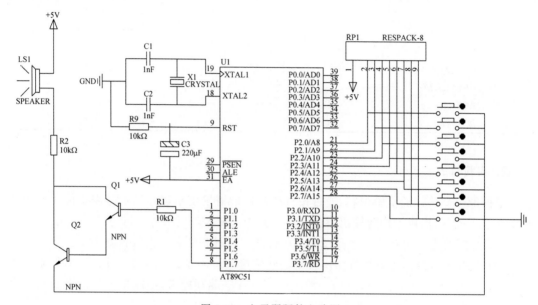

图 6-21 电子琴硬件电路图

6.7.4 软件的设计

1. 程序流程图

电子琴软件设计的核心是,通过按键检测控制扬声器发出指定频率的音频信号。指定的音频信号是单片机定时器 T0 以中断方式工作,通过赋值给定时器不同的初始值,产生不同频率的方波信号实现的。具体程序流程图如图 6-22 所示。

2. 程序代码

1)汇编语言程序代码

```
        ORG   0000H
        AJMP  START
        ORG   000BH
        AJMP  TIME_0
        ORG   0030H
START:  MOV   TMOD, #01H              ;定时器 T0 初始化
        SETB  ET0
```

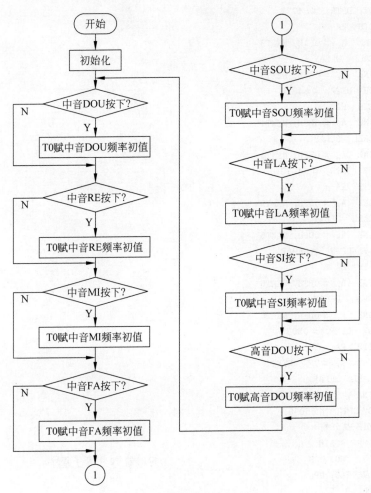

图 6-22 电子琴程序设计流程图

```
        SETB  TR0
        MOV   TH0, DPH          ;定时器初始值由 DPTR 在按下按键后确定数值
        MOV   TL0, DPL
        MOV   P2, #0FFH
AGAIN:  MOV   A, P2             ;读取 8 个按键的键值
        CJNE  A, #0FEH, NEXT    ;判断是中音 DOU 吗?
        ACALL DELAY             ;是中音 DOU,消抖
        CJNE  A, #0FEH, NEXT    ;再次判断是中音 DOU 吗?防止误按
        MOV   DPTR, #64580      ;是中音 DOU,给 DPTR 幅值
        SETB  EA                ;开中断(以下是各按键的判断)
NEXT:   CJNE  A, #0FDH, NEXT1
        ACALL DELAY
        CJNE  A, #0FDH, NEXT1
        MOV   DPTR, #64684
        SETB  EA
NEXT1:  CJNE  A, #0FBH, NEXT2
        ACALL DELAY
        CJNE  A, #0FBH, NEXT2
```

```
                MOV   DPTR, ＃64777
                SETB  EA
        NEXT2:  CJNE  A, ＃0F7H, NEXT3
                ACALL DELAY
                CJNE  A, ＃0F7H, NEXT3
                MOV   DPTR, ＃64820
                SETB  EA
        NEXT3:  CJNE  A, ＃0EFH, NEXT4
                ACALL DELAY
                CJNE  A, ＃0EFH, NEXT4
                MOV   DPTR, ＃64898
                SETB  EA
        NEXT4:  CJNE  A, ＃0DFH, NEXT5
                ACALL DELAY
                CJNE  A, ＃0DFH, NEXT5
                MOV   DPTR, ＃64968
                SETB  EA
        NEXT5:  CJNE  A, ＃0BFH, NEXT6
                ACALL DELAY
                CJNE  A, ＃0BFH, NEXT6
                MOV   DPTR, ＃65030
                SETB  EA
        NEXT6:  CJNE  A, ＃7FH, NEXT7
                ACALL DELAY
                CJNE A, ＃7FH, NEXT7
                MOV DPTR, ＃65058
                SETB EA
        NEXT7:  AJMP  AGAIN
        TIME_0: MOV   TH0, DPH              ;定时器 T0 中断子程序
                MOV   TL0, DPL
                CPL   P1.7
                INC   R0
                CJNE  R0, ＃2, QUIT
                MOV   R0, ＃0
                CLR   EA
        QUIT:   RETI
        DELAY:  MOV   R7, ＃100            ;按键消抖延时子程序
        LP:     NOP
                NOP
                DJNZ  R7, LP
                RET
                END
```

2）C 语言程序代码

```c
# include < reg51. h>
# define uint unsigned int
# define uchar unsigned char
sbit speaker = P1^7;
uchar a, b;
void check_key()
```

```
{
        P2 = 0xff;                              //读取 8 个按键的键值
        switch(P2)                              //根据读取的键值给定时器赋不同的值
        {
                case 0xfe:a = 0xfc;b = 0x44;EA = 1;break;
                case 0xfd:a = 0xfc;b = 0xac;EA = 1;break;
                case 0xfb:a = 0xfd;b = 0x09;EA = 1;break;
                case 0xf7:a = 0xfd;b = 0x34;EA = 1;break;
                case 0xef:a = 0xfd;b = 0x82;EA = 1;break;
                case 0xdf:a = 0xfd;b = 0xc8;EA = 1;break;
                case 0xbf:a = 0xfe;b = 0x06;EA = 1;break;
                case 0x7f:a = 0xfe;b = 0x22;EA = 1;break;
                default:EA = 0;speaker = 0;
        }
}
void main()
{
        TMOD = 0x01;
        TH0 = a;
        TL0 = b;
        ET0 = 1;
        TR0 = 1;
        while(1)
        {
                check_key();
        }
}

void time0() interrupt 1                        //定时器 T0 中断子程序
{
        TH0 = a;
        TL0 = b;
        speaker = ~speaker;
}
```

6.7.5　控制功能的扩展

电子琴的设计是实现 8 个音的简谱,在此基础上,可以通过矩阵键盘实现 16 个按键控制扬声器发出 16 个音的简谱,并通过数码管把当前音阶显示出来;此外,还可以增加电子琴播放音乐和录制音乐的能力。

思路提示:

(1) 播放音乐是把一首乐曲各音阶所对应的简谱码定义成一个数据表格存放在单片机的程序存储器中,通过按键选择确定要播放的音乐。

(2) 关于录制音乐,如果是录制现场弹奏乐曲,则需要在单片机硬件上增加一个存储器芯片如 AT24C02;如果是录制其他音频信号,则需要语音芯片。

6.8　温度检测仪

温度检测仪是使用单片机通过温度传感器检测温度信号并显示的系统。计算机控制系统除了使用按键、开关为系统提供输入信号，最常使用的是用传感器把各种非电的物理信号转换成电信号为系统输入信号，是系统实现控制的基础。

6.8.1　实验内容和实验目的

1. 实验内容

使用热电偶温度传感器测量温度，热电偶把温度信号转换为电压信号，经过信号处理电路转换成标准电压信号送给模数转换器，单片机把读取的电压信号在数码管上显示，如果温度超过设定值则红灯亮，否则绿灯亮。

2. 实验目的

根据温度检测仪的实验内容，该系统由单片机最小系统（温度检测电路、A/D 转换电路、显示电路和超高温报警电路）构成。通过该系统实现以下实验目的。

（1）掌握热电偶作为温度传感器的温度检测电路的设计，学习差分放大电路在信号处理电路中的应用。

（2）掌握串行模数转换器 ADC0831 与单片机硬件接口设计方法和软件编程方法。

（3）掌握继电器作为单片机常见输出设备的硬件连接设计方法。

6.8.2　实验步骤和实验环境

1. 实验步骤

（1）分析温度检测仪的控制要求，根据硬件电路设计结果在 Proteus 中绘制电路原理图。

（2）根据硬件设计结果，完成程序流程图的设计。使用 Keil C 开发环境分别用汇编语言和 C 语言进行程序设计，并编译通过生成相应的.hex 文件。

（3）在 Proteus 中加载程序，观察仿真结果。

（4）把.hex 文件下载到单片机开发板中，根据硬件电路原理图连线，观察开发板上数码管显示的数据是否随温度改变而相应变化，以及继电器驱动的指示灯的状态。

2. 实验环境

在 Proteus 中完成虚拟实验。有条件的话，用相应的硬件模块组建实际系统，然后将两次实验结果进行对比。

6.8.3　硬件电路的设计

分析温度检测仪的控制要求，选择热电偶传感器，经过差分运算放大电路对传感器信号进行放大处理,然后送到 ADC0831 进行 A/D 转换。ADC0831 是串行接口芯片,这里选择 P1 口的 P1.0、P1.1、P1.2 与 ADC0831 接口。数码管显示使用 P0 口作为段选码接口,P2 口的低 4 位作为位选码接口,P2.4 作为驱动继电器输出接口。具体硬件电路如图 6-23 所示。

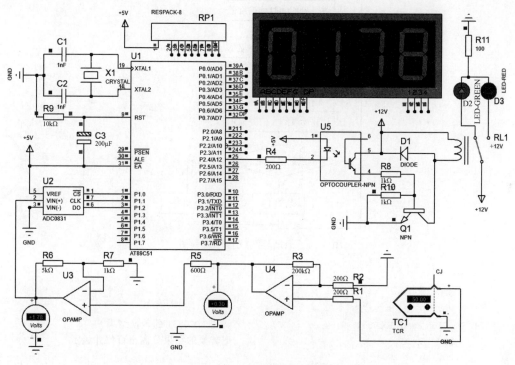

图 6-23 温度检测仪电路图

6.8.4 软件的设计

1. 程序流程图

温度检测仪的软件设计主要包括读取转换程序、数码管显示程序和超高温报警程序。由于 ADC0831 是 SPI 串行接口芯片,需要用软件来模拟 SPI 通信时序,在编程的时候要根据该芯片的时序图要求模拟时序。主程序流程图如图 6-24 所示。

2. 程序代码

1) 汇编语言程序代码

```
W1   BIT  P2.0                              ;符号定义
W2   BIT  P2.1
W3   BIT  P2.2
W4   BIT  P2.3
TempHighControl  BIT P2.4
CS_n BIT  P1.0
CLK  BIT  P1.1
DIO  BIT  P1.2
```

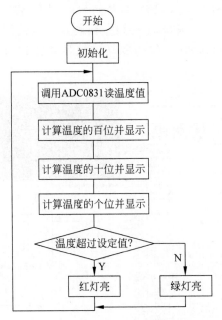

图 6-24　温度检测仪程序流程图

```
;主程序
        ORG   0000H
        MOV   DPTR, ♯TABLE
MAIN:   ACALL Read_ADC0831            ;调用 ADC0831 的转换结果
        MOV   A, R3                   ;把转换的结果分离出百位并显示
        MOV   B, ♯100
        DIV   AB
        MOVC  A, @A + DPTR
        MOV   P0, A
        CLR   W2
        SETB  W1
        SETB  W3
        SETB  W4
        ACALL DELAYMS
        MOV   P0, ♯0
        MOV   A, B                    ;把转换的结果分离出十位并显示
        MOV   B, ♯10
        DIV   AB
        MOVC  A, @A + DPTR
        MOV   P0, A
        SETB  W2
        SETB  W1
        SETB  W4
        CLR   W3
        ACALL DELAYMS
        MOV   P0, ♯0
        MOV   A, B                    ;把转换的结果分离出个位并显示
        MOVC  A, @A + DPTR
        MOV   P0, A
```

```
        SETB  W3
        SETB  W1
        SETB  W2
        CLR   W4
        ACALL DELAYMS
        MOV   P0, #0
        CJNE  R3, #300, NEXT          ;判断读取结果是否超过设定值
NEXT:   JC    NORMON
        SETB  TempHighControl         ;如超过,红灯亮
        SJMP  QUIT
NORMON: CLR   TempHighControl         ;否则绿灯亮
QUIT:   SJMP  MAIN
;子程序名: Read ADC0831
;子程序功能: ADC0831 读转换结果子程序
;入口参数: 无
;出口参数: R3, 存放 AD 转换的结果
Read_ADC0831: PUSH  ACC              ;累加器入栈
              MOV   A, #0            ;累加器清零,准备读取转换结果
              SETB  DIO              ;模拟 ADC0831 的时序
              CLR   CS_n
              NOP
              NOP
              CLR   CLK
              NOP
              NOP
              SETB  CLK
              NOP
              NOP
              CLR   CLK
              NOP
              NOP
              SETB  CLK
              NOP
              NOP
              CLR   CLK
              NOP
              NOP
              MOV   R4, #8           ;重复 8 次读取 ADC0831 转换结果
AGAIN:        MOV   C, DIO
              MOV   ACC.0, C
              RL    A
              SETB  CLK
              NOP
              NOP
              CLR   CLK
              NOP
              NOP
              DJNZ  R4, AGAIN
              SETB  CS_n
              CLR   CLK
              SETB  DIO
```

```
          MOV   R3, A                    ;读取的结果保存在寄存器 R3 中
          POP   ACC
          RET
;子程序名: DELAYMS
;子程序功能: 延时子程序
;入口参数: 无
;出口参数: 无
DELAYMS:  MOV   R7, #4
LP:       MOV   R6, #110
          DJNZ  R6, $
          DJNZ  R7, LP
          RET
TABLE:    DB 3FH, 06H, 5BH, 4FH, 66H, 6DH, 7DH, 07H, 7FH, 6FH, 77H
          END
```

2）C 语言程序设计

```c
#include <reg51.h>
#include <stdio.h>
#include <intrins.h>
#define TempHigh 300
sbit  w1 = P2^0;                    //符号定义
sbit  w2 = P2^1;
sbit  w3 = P2^2;
sbit  w4 = P2^3;
sbit  TempHControl = P2^4;
sbit  CS_n = P1^0;
sbit  CLK = P1^1;
sbit  DIO = P1^2;
unsigned char code table[] =
{
0x3f, 0x06, 0x5b, 0x4f,
0x66, 0x6d, 0x7d, 0x07,
0x7f, 0x6f, 0x77, 0x7c,
0x39, 0x5e, 0x79, 0x71
};
void wei(unsigned char add)          //确定位选码函数
{
switch(add)
{
case 1:
w1 = 0;
w2 = 1;
w3 = 1;
w4 = 1;
break;
case 2:
w1 = 1;
w2 = 0;
w3 = 1;
w4 = 1;
```

```
break;
case 3:
w1 = 1;
w2 = 1;
w3 = 0;
w4 = 1;
break;
case 4:
w1 = 1;
w2 = 1;
w3 = 1;
w4 = 0;
break;
}
}
void delayms(unsigned char xms)                //延时子函数
{
unsigned char i, j;
for( i = xms; i > 0; i-- )
for( j = 110; j > 0; j-- );
}
unsigned char Read_ADC0831()                    //ADC0831 读转换结果子函数
{
unsigned char i, temp;
DIO = 1;                                        //模拟 ADC0831 的时序
_nop_();
_nop_();
CS_n = 0;
_nop_();
_nop_();
CLK = 0;
_nop_();
_nop_();
CLK = 1;
_nop_();
_nop_();
CLK = 0;
_nop_();
_nop_();
CLK = 1;
_nop_();
_nop_();
CLK = 0;
_nop_();
_nop_();
for( i = 0; i < 8; i++)                          //重复 8 次读取 ADC0831 转换结果
{
CLK = 1;
_nop_();
_nop_();
    temp << = 1;
```

```
        if(DIO)
        {
            temp++;
        }
        CLK = 0;
        _nop_();
        _nop_();
    }
    CS_n = 1;
    _nop_();
    _nop_();
    return (temp);                      //读取的结果返回给主程序
}
void main(void)                         //主函数
{
unsigned int Result;
while (1)
{
    Result = Read_ADC0831() * 100;      //获得读取的结果
    Result = Result/51;
    P0 = table[Result/1000];            //分离读取的结果并显示
    wei(1);
    delayms(4);
    P0 = 0x00;
    P0 = table[Result/100 % 10];
    wei(2);
    delayms(4);
    P0 = 0x00;
    P0 = table[Result/10 % 10];
    wei(3);
    delayms(4);
    P0 = 0x00;
    P0 = table[Result % 10];
    wei(4);
    delayms(4);
    P0 = 0x00;
    if(Result > TempHigh)               //报警处理
        TempHControl = 1;
    else
        TempHControl = 0;
}
}
```

6.8.5　控制功能的扩展

测量是控制的基础,温度检测仪中选用的 ADC0831 是单通道 8 位 A/D 转换器,实际应用中通常是多通道参数测量,需要更高的转换精度。TLC2543 是串行 A/D 转换器,具有 12 位分辨率,有 11 个输入通道,选用 TLC2543 与单片机连接实现 8 通道温度参数测量并显示测量的平均值。

思路提示：

（1）阅读 TLC2543 的数据手册。TLC2543 有 4 个引脚需要和单片机连接，分别是片选信号、数据输入通道选择信号、数据输出信号和转换结束信号，可以选择单片机的 P1 口。

（2）TLC2543 与 ADC0831 一样都是 SPI 接口，51 单片机本身并没有集成 SPI 接口，需要用软件模拟 SPI 通信时序，所不同的是，读取 TLC2543 的结果时，需要通道号选择。

参 考 文 献

[1] 张毅刚,刘连胜,崔秀海.单片机原理及接口技术(C51 编程)(微课版)[M].3 版.北京:人民邮电出版社,2020.

[2] 高惠芳,张海峰,胡冀,等.单片机原理及应用[M].北京:电子工业出版社,2020.

[3] 林立,张俊亮.单片机原理及应用——基于 Proteus 和 Keil C[M].4 版.北京:电子工业出版社,2018.

[4] 何宏,龚威,田志宏.单片机原理与接口技术[M].北京:国防工业出版社,2006.

[5] 谢维成,杨加国.单片机原理与应用及 C51 程序设计[M].4 版.北京:清华大学出版社,2019.

[6] 丁有军,段中兴,何波,等.单片机原理及应用教程(C 语言)[M].北京:人民邮电出版社,2018.

[7] 梅丽凤,郭栋,汪毓铎,等.单片机原理及接口技术[M].4 版.北京:清华大学出版社,2018.

[8] 戴胜华,蒋大明,杨世武,等.单片机原理与应用(修订版)[M].北京:清华大学出版社,北京交通大学出版社,2018.

[9] 何宏,刘宝玫,潘红艳.单片机原理及接口技术教程[M].北京:国防工业出版社,2006.

[10] 李朝青,卢晋,王志勇,等.单片机原理及接口技术[M].5 版.北京:北京航空航天大学出版社,2017.

[11] 胡健,刘玉宾,朱焕立,等.单片机原理及接口技术[M].北京:机械工业出版社,2005.

[12] 何宏,龚威,刘源,等.微型计算机原理与接口技术[M].天津:天津大学出版社,2007.

[13] 张毅刚,赵光权,刘旺.单片机原理及应用[M].3 版.北京:高等教育出版社,2016.

[14] 何宏,王红君,刘瑞安,等.单片机原理及应用[M].北京:清华大学出版社,2015.

[15] 何宏,赵捷,李珍香,等.微机原理与接口技术[M].北京:清华大学出版社,2015.

MCS-51指令表

MCS-51 指令系统所用符号和含义：

符号	含义
addr11	11 位地址
addr16	16 位地址
bit	位地址
rel	相对偏移量，为 8 位有符号数(补码形式)
direct	直接寻址字节(RAM,SFR,I/O)
♯data	立即数
Rn	n＝0～7，工作寄存器 R0～R7
A	累加器
Ri	i＝0 或 1，数据指针 R0 或 R1
X	片内 RAM 中的直接地址或寄存器
@	在间接寻址方式中，表示间址寄存器的符号
(X)	在直接寻址方式中，表示直接地址 X 中的内容；在间接寻址方式中，表示间址寄存器 X 所指的地址单元中的内容
→	数据传送方向
∧	逻辑"与"
∨	逻辑"或"
⊕	逻辑"异或"
√	对标志位产生影响
×	不影响标志位

MCS-51 指令表

序 号	助 记 符	指 令 功 能	字节数	机器周期
		数据传送指令(29 条)		
1	MOV A ,Rn	寄存器内容送累加器	1	1
2	MOV Rn ,A	累加器内容送寄存器	1	1
3	MOV A ,@Ri	片内 RAM 内容送累加器	1	1
4	MOV @Ri ,A	累加器内容送片内 RAM	1	1
5	MOV A ,direct	直接寻址字节内容送累加器	2	1
6	MOV direct ,A	累加器内容送直接寻址字节	2	1
7	MOV direct ,Rn	寄存器内容送直接寻址字节	2	2
8	MOV Rn ,direct	直接寻址字节内容送寄存器	2	2
9	MOV direct ,@Ri	片内 RAM 内容送直接寻址字节	2	2

续表

序 号	助 记 符	指 令 功 能	字 节 数	机 器 周 期
10	MOV @Ri ,direct	直接寻址字节内容送片内 RAM	2	2
11	MOV direct ,direct	直接寻址字节内容送另一个直接寻址字节	3	2
12	MOV A ,♯data	立即数送累加器	2	1
13	MOV Rn ,♯data	立即数送寄存器	2	1
14	MOV @Ri ,♯data	立即数送片内 RAM	2	1
15	MOV direct ,♯data	立即数送直接寻址字节	3	2
16	MOVDPTR ,♯data16	16 位立即数送数据指针寄存器	3	2
17	MOVX A ,@Ri	片外 RAM 内容送累加器(8 位地址)	1	2
18	MOVX @Ri ,A	累加器内容送片外 RAM(8 位地址)	1	2
19	MOVX A ,@DPTR	片外 RAM 内容送累加器(16 位地址)	1	2
20	MOVX @DPTR ,A	累加器内容送片外 RAM(16 位地址)	1	2
21	MOVC A,@A+DPTRn	相对数据指针内容送累加器	1	2
22	MOVC A ,@A+PC	相对程序计数器内容送累加器	1	2
23	XCH A ,Rn	累加器与寄存器交换内容	1	1
24	XCH A ,@Ri	累加器与片内 RAM 交换内容	1	1
25	XCH A ,direct	累加器与直接寻址字节交换内容	2	1
26	XCHD A ,@Ri	累加器与片内 RAM 交换低字节内容	1	1
27	SWAP A	累加器交换高半字节与低半字节内容	1	1
28	PUSH direct	直接寻址字节内容压入堆栈栈顶	2	2
29	POP direct	堆栈栈顶内容弹出到直接寻址字节	2	2
算术运算指令(24 条)				
30	ADD A ,Rn	寄存器与累加器内容相加	1	1
31	ADD A ,@Ri	片内 RAM 与累加器内容相加	2	1
32	ADD A ,direct	直接寻址字节与累加器内容相加	2	1
33	ADD A ,♯data	立即数与累加器内容相加	1	1
34	ADDC A ,Rn	寄存器与累加器与进位位内容相加	1	1
35	ADDC A ,@Ri	片内 RAM 与累加器与进位位内容相加	2	1
36	ADDC A ,direct	直接寻址字节与累加器与进位位内容相加	2	1
37	ADDC A ,♯data	立即数与累加器与进位位内容相加	1	1
38	SUBB A ,Rn	累加器内容减寄存器与进位位内容	1	1
39	SUBB A ,@Ri	累加器减片内 RAM 与进位位内容	2	1
40	SUBB A ,direct	累加器内容减直接寻址字节与进位位内容	2	1
41	SUBB A ,♯data	累加器内容减立即数与进位位内容	1	1
42	INC A	累加器内容加 1	1	1
43	INC Rn	寄存器内容加 1	1	1
44	INC @Ri	片内 RAM 内容加 1	2	1
45	INC direct	直接寻址字节内容加 1	1	2
46	INC DPTR	数据指针寄存器内容加 1	1	1
47	DEC A	累加器内容减 1	1	1
48	DEC Rn	寄存器内容减 1	1	1
49	DEC @Ri	片内 RAM 内容减 1	2	1
50	DEC direct	直接寻址字节内容减 1	1	1

续表

序 号	助 记 符	指 令 功 能	字节数	机器周期
51	DA A	累加器内容十进制调整	1	4
52	MUL AB	累加器内容乘寄存器 B 内容	1	4
53	DIV AB	累加器内容除以寄存器 B 内容	1	1
		逻辑运算指令(24 条)		
54	ANL A,Rn	寄存器内容与累加器内容	2	1
55	ANL A,@Ri	片内 RAM 与累加器内容	2	1
56	AN L A ,direct	直接寻址字节内容与累加器内容	2	1
57	ANL direct ,A	累加器内容与直接寻址字节内	3	2
58	ANL A ,#data	立即数与累加器内容	1	1
59	ANL direct ,#data	立即数与直接寻址字节内容	1	1
60	ORL A ,Rn	寄存器内容或累加器内容	2	1
61	ORL A ,@Ri	片内 RAM 内容或累加器内容	2	1
62	ORL A ,direct	直接寻址字节内容或累加器内容	2	1
63	ORL direct ,A	累加器内容或直接寻址字节内容	3	2
64	ORL A ,#data	立即数或累加器内容	1	1
65	ORL direct ,#data	立即数内容或直接寻址字节内容	1	1
66	XRL A ,Rn	寄存器内容异或累加器内容	2	1
67	XRL A ,@Ri	片内 RAM 内容异或累加器内容	2	1
68	XRL A ,direct	直接寻址字节内容异或累加器内容	2	1
69	XRL direct ,A	累加器内容异或直接寻址字节内容	3	2
70	XRL A ,#data	立即数异或累加器内容	1	1
71	XRL direct ,#data	立即数异或直接寻址字节内容	1	1
72	CPL A	累加器内容取反	1	1
73	CLR A	累加器内容清零	1	1
74	RL A	累加器内容向左环移一位	1	1
75	RR A	累加器内容向右环移一位	1	1
76	RLC A	累加器内容带进位位向左环移一位	2	2
77	RRC A	累加器内容带进位位向右环移一位	3	2
		控制转移指令(17 条)		
78	AJMP addr 11	绝对转移(2KB 地址内)	1	2
79	LJMP addr 16	长转移(64KB 地址内)	2	2
80	SJMP rel	相对短转移(-128~+127B 地址内)	2	2
81	JMP @A+DPTR	相对长转移(64KB 地址内)	3	2
82	JZ rel	累加器内容为 0 转移	2	2
83	JNZ rel	累加器内容不为 0 转移	3	2
84	CJNE A ,direct ,rel	累加器内容与直接寻址字节内容不等转移	3	2
85	CJNE A ,#data ,rel	累加器内容与立即数不等转移	2	2
86	CJNE Rn ,#data ,rel	寄存器内容与立即数不等转移	3	2
87	CJNE @Ri ,#data ,rel	片内 RAM 内容与立即数不等转移	2	2
88	DJNZ Rn ,rel	寄存器内容减 1 不为 0 转移	3	2
89	DJNZ direct ,rel	直接寻址字节内容减 1 不为 0 转移	1	2
90	ACALL addr 11	绝对调子(2KB 地址内)	1	2

续表

序　号	助　记　符	指　令　功　能	字　节　数	机　器　周期
91	LACALL addr 16	长调子(64KB 地址内)	1	1
92	RET	返主程序	2	1
93	RETI	中断返主	2	1
94	NOP	空操作	1	1
		位操作(布尔处理)指令(17 条)		
95	MOV C,bit	直接寻址位内容送进位位	1	1
96	MOV bit ,C	进位位内容送直接寻址位	2	1
97	CPL C	进位位取反	2	1
98	CLR C	进位位清零	2	1
99	SETB C	进位位置位	2	2
100	CPL bit	直接寻址位取反	2	2
101	CLR bit	直接寻址位清零	2	2
102	SETB bit	直接寻址位置位	2	2
103	ANL C ,bit	直接寻址位内容与进位位内容	2	2
104	ORL C ,bit	直接寻址位内容或进位位内容	2	2
105	ANL C ,/bit	直接寻址位内容的反与进位位内容	3	2
106	ORL C ,/bit	直接寻址为内容的反或进位位内容	3	2
107	JC rel	进位位为转移	3	2
108	JNC rel	进位位不为 1 转移	1	1
109	JB bit ,rel	直接寻址位为转移	1	1
110	JNB bit ,rel	直接寻址位不为 1 转移	1	1
111	JBC bit ,rel	直接寻址位为 1 转移且该位清零	1	1

C51语言的常用关键字

语言的常用关键字

类　别	关　键　字	类　型	用　途　说　明
C51 扩展关键字	bit	位变量声明	声明 1 个位变量以及位类型的函数
	sbit	位变量声明	声明 1 个可进行位寻址的变量
	sfr	特殊功能寄存器声明	声明 1 个 8 位的特殊功能寄存器
	sfr16	特殊功能寄存器声明	声明 1 个 16 位的特殊功能寄存器
	data	存储器类型说明	直接寻址的单片机片内数据存储器
	bdata	存储器类型说明	可位寻址的单片机片内数据存储器
	idata	存储器类型说明	间接寻址的单片机片内数据存储器
	pdata	存储器类型说明	分页寻址的单片机片内数据存储器
	xdata	存储器类型说明	单片机片外数据存储器
	code	存储器类型说明	单片机程序存储器
	interrupt	中断函数说明	定义 1 个中断服务函数
	reentrant	重入函数说明	定义 1 个重入函数
	using	寄存器组定义	定义单片机的工作寄存器
ANSI C 标准关键字	auto	存储种类说明	常用于声明局部变量，默认值为此类型
	break	程序语句	无条件退出循环程序最内层循环
	case	程序语句	switch 选择语句中的选择项
	char	数据类型说明	单字节整型数据或字符型数据
	const	存储类型说明	定义不可更改的常量值
	continue	程序语句	中断本次循环，并转向下一次循环
	default	程序语句	switch 选择语句中的默认选择项
	do	程序语句	用以构成 do-while 循环
	double	数据类型说明	声明双精度浮点型数据
	else	程序语句	用以构成 if-else 循环
	enum	数据类型说明	枚举
	extern	存储种类说明	在其他程序模块中说明了的全局变量
	float	数据类型说明	定义单精度浮点型数据
	for	程序语句	构成 for 循环语句
	goto	程序语句	构成 goto 转移语句
	if	程序语句	用以构成 if-else 循环
	int	数据类型说明	声明基本整型数据
	long	数据类型说明	声明长整型数据
	register	存储种类说明	CPU 内部寄存的变量

续表

类　别	关　键　字	类　型	用　途　说　明
ANSI C 标准关键字	return	程序语句	用于返回函数的返回值
	short	数据类型说明	声明短整型数据
	for	程序语句	构成 for 循环语句
	signed	数据类型说明	声明有符号数，二进制数表示的最高位为符号位
	sizeof	运算符	计算表达式或数据类型的占有字节数
	static	存储种类说明	声明静态变量
	shruct	数据类型说明	声明结构类型数据
	switch	程序语句	构成 switch 选择语句
	typedef	数据类型说明	重新定义数据类型
	union	数据类型说明	声明联合数据类型
	unsigned	数据类型说明	声明无符号数据
	void	数据类型说明	声明无类型数据
	volatile	数据类型说明	该变量在程序执行中可被隐含地改变
	while	程序语句	用以构成 do-while 或 while 循环结构

ASCII字符表

ASCII 字符表

低位 \ 高位		0H 000	1H 001	2H 010	3H 011	4H 100	5H 101	6H 110	7H 111
0H	0000	NUL	DLE		0	@	P	`	p
1H	0001	SOH	DC1	!	1	A	Q	a	q
2H	0010	STX	DC2	"	2	B	R	b	r
3H	0011	ETX	DC3	#	3	C	S	c	s
4H	0100	EOT	DC4	$	4	D	T	d	t
5H	0101	ENQ	NAK	%	5	E	U	e	u
6H	0110	ACK	SYN	&.	6	F	V	f	v
7H	0111	BEL	ETB	'	7	G	W	g	w
8H	1000	BS	CAN	(	8	H	X	h	x
9H	1001	HT	EM	)	9	I	Y	i	y
AH	1010	LF	SUB	*	:	J	Z	j	z
BH	1011	VT	ESC	+	;	K	[	k	{
CH	1100	FF	FS	,	<	L	\	l	|
DH	1101	CR	GS	—	=	M	]	m	}
EH	1110	SO	RS	.	>	N	^	n	~
FH	1111	SI	US	/	?	O	_	o	DEL

表中符号说明：

NUL	空字符	FF	换页	CAN	取消
SOH	标题开始	CR	回车	EM	媒介结束
STX	正文开始	SO	不用切换	SUB	代替
ETX	正文结束	SI	启用切换	ESC	换码
EOT	传输结束	DLE	转义符	FS	文字分隔符
ENQ	请求	DC1	设备控制1	GS	分组符
ACK	应答	DC2	设备控制2	RS	记录分隔符
BEL	响铃	DC3	设备控制3	US	单元分隔符
BS	退格	DC4	设备控制4	(space)	空格
HT	水平制表符	NAK	拒绝接收	DEL	删除
LF	换行	SYN	同步空闲		
VT	垂直制表符	ETB	结束传输块		

图 书 资 源 支 持

感谢您一直以来对清华版图书的支持和爱护。为了配合本书的使用,本书提供配套的资源,有需求的读者请扫描下方的"书圈"微信公众号二维码,在图书专区下载,也可以拨打电话或发送电子邮件咨询。

如果您在使用本书的过程中遇到了什么问题,或者有相关图书出版计划,也请您发邮件告诉我们,以便我们更好地为您服务。

我们的联系方式:

地　　址:北京市海淀区双清路学研大厦 A 座 714

邮　　编:100084

电　　话:010-83470236　010-83470237

客服邮箱:2301891038@qq.com

QQ:2301891038(请写明您的单位和姓名)

资源下载:关注公众号"书圈"下载配套资源。

资源下载、样书申请

书 圈

图书案例

清华计算机学堂

观看课程直播